时间序列分析

王 沁 黄 磊 编著

科学出版社

北京

内 容 简 介

时间序列分析是概率统计学科中应用性很强的一个分支，具有非常特殊的、自成体系的一套理论和分析方法，在金融、经济、气象、水文、信号处理、工程技术等众多领域得到了广泛应用. 本书以时间序列的统计特征和建模步骤为主线，系统介绍时间序列的基本理论、建模和预测方法以及实践应用，目的是使读者掌握时间序列分析的基本理论、建模和预测的方法，并能分析时间序列的统计规律性，构造与之拟合的最佳数学模型，并进行预测.

本书可作为综合性大学、工科大学和高等师范院校本科生"应用时间序列分析"课程的教材或教学参考书，也可作为信息工程、通信工程、控制工程、电子信息等相关专业的教材或参考资料.

图书在版编目(CIP)数据

时间序列分析 / 王沁，黄磊编著. —北京：科学出版社，2023.2
ISBN 978-7-03-073528-7

Ⅰ. ①时…　Ⅱ. ①王…　②黄…　Ⅲ. ①时间序列分析　Ⅳ. ①O211.61

中国版本图书馆 CIP 数据核字(2022)第 191074 号

责任编辑：王胡权　李　萍 / 责任校对：杨聪敏
责任印制：张　伟 / 封面设计：蓝正设计

科学出版社 出版
北京东黄城根北街 16 号
邮政编码：100717
http://www.sciencep.com
北京盛通数码印刷有限公司印刷
科学出版社发行　各地新华书店经销
*
2023 年 2 月第 一 版　　开本：720×1000　1/16
2024 年 6 月第三次印刷　　印张：14 1/2
字数：292 000

定价：69.00 元
(如有印装质量问题，我社负责调换)

前　言

近些年来，时间序列分析引起了国内外学者及管理人员的极大兴趣. 特别是随着统计软件的开发与应用，广大工程技术与管理人员希望掌握时间序列分析方法，并利用时间序列分析的方法探索和描述社会经济现象的动态结构，预测发展规律，从而对未来状态进行控制.

科学研究和社会需求带动了时间序列分析教学的需求，并对相应的教材提出了更新更高的要求. 目前国内已出版了不少时间序列分析类的教材，在编写本书的过程中，笔者翻阅学习了一些相关教材，发现部分教材还存在一些可以改进的地方：例如有些教材理论推导与实际应用联系不紧密；有些教材建模步骤或软件操作步骤不够详细和完善；有些教材太偏重于理论，且例题和习题偏少. 这些对读者学习时间序列分析方法难免造成一些不便或影响.

本书以时间序列的统计特征和建模为主线，共八章，内容包括时间序列分析概论、ARMA 模型的统计特性、平稳时间序列模型的建立、平稳时间序列预测、时间序列的确定性分析、非平稳时间序列随机性分析、GARCH 族模型、向量自回归模型.

本书具有以下特色：

(1)主要用概率论与数理统计的观点研究与探讨若干基本模型的统计特征，将实际应用与理论推导联系起来.

(2)突出建模步骤所蕴含的基本思想和技巧，使用大量时间序列分析实例，体现时间序列分析的统计理论、建模步骤和应用.

(3)通过概念、定理、例题、详细的习题和软件操作，体现时间序列模型的分析手段和统计特征、时间序列模型的建模理论、时间序列模型的应用前景，以保证教材的综合性、整体性以及前瞻性.

(4)详细介绍了使用 R 软件的操作方法，引导读者能利用软件对时间序列拟合最佳数学模型并进行相应的预测.

本书语言通俗，案例新颖，理论联系实际紧密，习题难易程度适当，可作为综合性大学、工科大学和高等师范院校本科生应用时间序列分析课程的教材或教学参考书，也可作为信息工程、通信工程、控制工程、电子信息等相关专业的教材或参考资料.

本书的编写和出版，得到了西南交通大学研究生院、西南交通大学教务处、西南交通大学数学学院统计系的大力支持与帮助，获四川省 2021-2023 年高等教育人才培养质量和教学改革项目(编号 JG2021-261)、2020 年西南交通大学第二轮研究生教材(专著)建设项目、2020-2021 学年西南交通大学一流本科课程建设项目、西南交通大学 2021 年本科教育教学研究与改革项目(编号 2103113)、2022 年西南交通大学学位与研究生教育改革项目(编号 YJG5-2022-Y034)的系列支持,谨在此表示由衷的感谢.

　　限于水平,本书的错误与不妥之处在所难免,恳请同行及读者批评指正.

王　沁

2022 年 6 月于成都

目　录

第1章 时间序列分析概论

在工农业生产、科学技术和社会经济生活的许多领域，普遍存在着按时间顺序发生的具有概率特征的各种随机现象. 按照时间顺序把随机现象变化发展的过程记录下来就构成了时间序列的一次观察.

对时间序列进行观察、研究，提取有用的信息，以便找出客观事物发展的规律，预测其发展趋势并进行必要的控制就是时间序列分析. 时间序列分析是数理统计这一学科应用性较强的一个分支，在金融经济、气象水文、信号处理、机械振动等众多领域有着广泛的应用.

1.1　时　间　序　列

1.1.1　总体和样本

定义 1.1.1　研究对象的全部元素组成的集合，称为总体；组成总体的每一个元素称为个体.

例 1.1.1　以人均国内生产总值(GDP)这一指标考察地区经济发展的情况，则我国各个省市的人均国内生产总值的全体就是总体，以随机变量 X 来表示这个总体；相应地，某地区的人均国内生产总值就是一个个体，以随机变量 X_i 来表示第 i 个个体，$(X_1, X_2, \cdots, X_n)$ 是样本容量 n 的简单随机样本. 由于总体是一维随机变量，所以，相对应的称为一元统计.

例 1.1.2　以人均 GDP、固定投资资产、社会消费品零售总额、财政收入，这四个指标考察地区经济发展的情况，那么，我国各个省市的人均 GDP、固定投资资产、社会消费品零售总额、财政收入的全体就可以看作一个总体，以随机向量 (X, Y, ξ, η) 来表示这个总体.

相应地，某地区的人均 GDP、固定投资资产、社会消费品零售总额、财政收入就是一个个体，随机向量 $(X_i, Y_i, \xi_i, \eta_i)$ 来表示第 i 个个体，$(X_i, Y_i, \xi_i, \eta_i), i=1,2,\cdots,n$ 是样本容量 n 的简单随机样本，$x_{ij}(i=1,2,\cdots,n, j=1,2,3,4)$ 是第 i 个样本、第 j 个指标的观测值，也就是具体的数据. 由于总体是多维随机向量，所以，相对应的称为多元统计.

例 1.1.3　以居民消费价格指数(CPI)为指标，考察我国通货膨胀的变化趋势，假定 $X(t)$ 表示 t 时刻的 CPI，那么，一元随机过程 $\{X(t), t \in T\}$ 就是总体.

以随机变量 $X(t_i)$ 来表示 t_i 时刻的 CPI，这就是个体. 通常对时间进行离散化，以月度、季度、年度等对时间进行等间隔离散得到个体 $X(t_i)$. 假定 $t_1 < t_2 < \cdots < t_n$，那么 $(X(t_1), X(t_2), \cdots, X(t_n))$ 是样本容量为 n 的样本，$X(t_i)$ 与 $X(t_j)(i \neq j, i, j = 1, 2, \cdots, n)$ 通常不相互独立，其分布也不相同.

具体以 1990 年 1 月为基准，从 1990 年 1 月到 2021 年 4 月的居民消费价格指数 CPI，来反映我国的通货膨胀的变化趋势，这就是以月度为单位，对时间进行等间隔离散获得的数据，其时序图如图 1.1.1 所示.

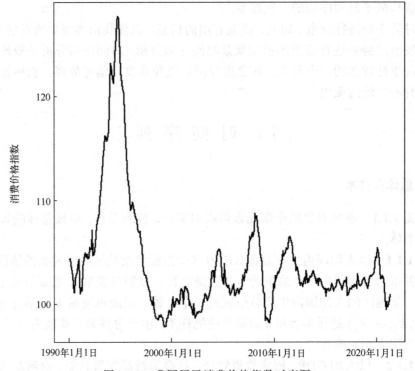

图 1.1.1 我国居民消费价格指数时序图

由于总体是一元随机过程，所以，相对应的称为一元时间序列.

例 1.1.4 以小麦、玉米、大豆为指标，考察农产品价格之间的冲击传导机制，假定 $X(t)$ 表示 t 时刻的小麦收盘价，$Y(t)$ 表示 t 时刻玉米收盘价，$\xi(t)$ 表示 t 时刻大豆收盘价，那么，多元随机过程 $\{(X(t), Y(t), \xi(t)), t \in T\}$ 就是总体.

以随机向量 $(X(t_i), Y(t_i), \xi(t_i))$ 来表示 t_i 时刻小麦、玉米和大豆的收盘价，这就是个体. 通常以日、周、月等对时间进行等间隔离散，得到个体 $(X(t_i), Y(t_i), \xi(t_i))$. 假定 $t_1 < t_2 < \cdots < t_n$，那么，$(X(t_i), Y(t_i), \xi(t_i)), i = 1, 2, \cdots, n$ 是样本容量为 n 的样本，具体以 2018 年 1 月到 2020 年 11 月的美国小麦、玉米和大豆的收盘价，来得到三元时间序列的数据，其时序图如图 1.1.2 所示.

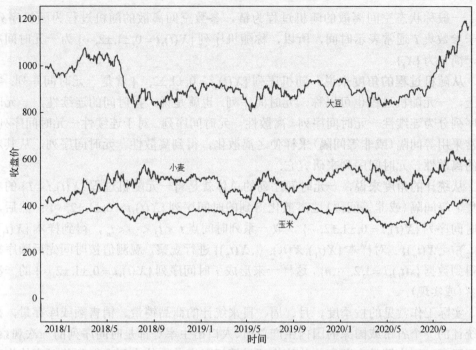

图 1.1.2 美国大豆、小麦及玉米的收盘价的时序图

由于总体是多元随机过程，所以，相对应的称为多元时间序列或多维时间序列.

1.1.2 随机过程与时间序列

随机过程是对一族随机变量动态关系的定量描述，是研究随"时间"变化的、"动态"的、"整体"的随机现象的统计规律性.

定义 1.1.2 从数学意义上来讲，S 为随机试验 E 的样本空间，T 为实数集的子集，如果对每个参数 $t \in T$，$X(e,t)$ 为样本空间 S 上的一维随机变量，对每一个 $e \in S$，$X(e,t)$ 为 t 的实函数，那么，$\{X(e,t), t \in T, e \in S\}$ 称为一元随机过程，简记为 $\{X(t), t \in T\}$.

参数 t 的变化范围 T，称为随机过程的参数集. 对于一切 $e \in S, t \in T$，$X(e,t)$ 的全部可能的取值的集合，称为随机过程的状态集，记为 I.

随机过程的参数集 T 可以分为离散集与连续集，状态集 I 亦可分为离散集与连续集，这样一来，随机过程分为以下 4 类:

(1) 连续参数集，连续状态集随机过程;

(2) 连续参数集，离散状态集随机过程;

(3) 离散参数集，连续状态集随机过程;

(4) 离散参数集，离散状态集随机过程.

一般称状态空间离散的随机过程为链，参数空间离散的随机过程为随机序列. 由于参数集 T 通常表示时间，所以，称随机序列 $\{X(t), t = 0, \pm 1, \pm 2, \cdots\}$ 为一元时间序列，简记为 $\{X_t\}$.

从随机过程的角度来说，随机序列 $\{X(t), t = 0, \pm 1, \pm 2, \cdots\}$ 就是一元时间序列. 实际上，一元随机过程也可以称一元时间序列. 也就是说，按时间的连续性，一元时间序列分为连续性一元时间序列、离散性一元时间序列. 对于连续性一元时间序列，通常采用等间隔(或非等间隔)采样使之离散化，得到离散性一元时间序列，从其对应的离散性一元时间序列来研究它.

从统计的角度来说，一元时间序列的总体就是将一元随机过程 $\{X(t), t \in T\}$ 的参数集 T 等间隔(或非等间隔)地离散化得到的时间序列 $\{X(t), t = 0, \pm 1, \pm 2, \cdots\}$；然后，对时间序列 $\{X(t), t = 0, \pm 1, \pm 2, \cdots\}$，取一系列时间点 $t_1 < t_2 < \cdots < t_n$，得到样本 $\{X(t_1), X(t_2), \cdots, X(t_n)\}$；对样本 $\{X(t_1), X(t_2), \cdots, X(t_n)\}$ 进行观察，观测值按时间先后顺序排列得到数据 $\{x(t_i), i = 1, 2, \cdots, n\}$，这样一来形成了时间序列 $\{X(t), t = 0, \pm 1, \pm 2, \cdots\}$ 的一次观察(或实现).

实际工作常见的按季度、月、周、日来统计的商品销量、销售额或库存量，按年统计的一个省市或国家的国内生产总值、人口出生率等都是时间序列的一次观察；按照温度、压力等具有顺序的其他物理量等间隔离散，从小到大得到其对应的物理量，如压强、长度等的观测值也是时间序列的一次观察.

例 1.1.5 考察某种材料的裂纹长度与所受到的压力周期的关系. 将材料裂纹长度按所承受的压力周期从小到大来排列，这就得到了一个时间序列的观察数据，其时序图如图 1.1.3 所示.

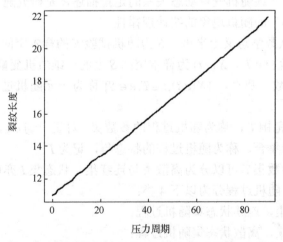

图 1.1.3　材料裂纹长度与承受的压力周期的时序图

图 1.1.3 中所展示的时间序列，就是按压力周期从小到大得到的裂纹长度的观测

值，也就是说，时间序列中"时间"可以指时间，也可以指压力、温度、长度等具有顺序的其他物理量.

从经济统计上讲，时间序列是指某个经济指标在某一时间段内不同时间点上观测值的集合，而且这些观测值按时间先后顺序排列.

从系统角度上讲，时间序列是指某个响应在某一个物理量(或某一段时间段内)不同值上(时间点上)的观测值的集合，而且这些观测值按物理量从小到大(或时间先后顺序)排列.

从模型角度上讲，一元时间序列是指能用有限维参数模型来描述的参数集离散的一类特殊随机序列.

时间序列 $\{X(t), t = 0, \pm 1, \pm 2, \cdots\}$ 的一次观察 $\{x(t_i), t_1 < t_2 < \cdots < t_n, i = 1, 2, \cdots, n\}$ 所得到的数据，实际上是 n 维随机变量 $\{X(t_1), X(t_2), \cdots, X(t_n)\}$ 的一次观察. 这些数据依赖于时间点和时间序列统计特征而变化，并按时间先后顺序排列，呈现一定的相关性，而且数据的相关性在整体上呈现某种趋势性或出现周期性变化的现象，反映了时间序列 $\{X(t), \quad t = 0, \pm 1, \pm 2, \cdots\}$ 随"时间"变化的、"动态"的、"整体"的统计规律性，包含了产生该时间序列系统的历史行为的全部信息.

1.1.3　时间序列的分类与特点

按时间的连续性，可将时间序列分为离散性时间序列、连续性时间序列；对于连续性一元时间序列，可以采用等间隔(非等间隔)采样使之化为离散性时间序列. 本书所描述的都是离散性一元时间序列，也就是说通常所说的时间序列，是一元离散性时间序列.

按所研究现象的多少，可将时间序列分为一元时间序列、二元时间序列和多元时间序列.

定义 1.1.3　从数学意义上来讲，S 为随机试验 E 的样本空间，T 为实数集的子集，如果对每个参数 $t \in T$，$\{X_1(e, t), X_2(e, t)\}$ 为样本空间 S 上的二维随机向量，对每一个 $e \in S$，$X_1(e, t)$ 为 t 的函数，$X_2(e, t)$ 也为 t 的函数，那么，$\{(X_1(e, t), X_2(e, t)), t \in T, e \in S\}$ 称为二元随机过程，简记为 $\{(X_1(t), X_2(t)), t \in T\}$. 相应地，称 $\{(X(t), Y(t)), t = 0, \pm 1, \pm 2, \cdots\}$ 为二元时间序列(或二维时间序列)；相应地，称 $\{(X_1(t), X_2(t), \cdots, X_m(t)), t = 0, \pm 1, \pm 2, \cdots, m \geqslant 2\}$ 为多元时间序列(或多维时间序列).

针对一元时间序列，按照时间序列的统计特征，可分为平稳时间序列和非平稳时间序列；按照时间序列的分布特征，可分为高斯时间序列和非高斯时间序列. 相对于一元统计，一元时间序列的特点如下.

(1)**顺序性**：对于一元统计，其样本是相互独立同分布的，不存在顺序性；对于一元时间序列，必须按照时间先后顺序，即按照 $t_1 < t_2 < \cdots < t_n$ 得到样本. 换句话来说，对于一元统计，其数据可以交换顺序，交换顺序的数据不会影响统计结果；而

对一元时间序列而言, 其数据必须按照时间的先后顺序排序, 不能交换顺序.

(2) **相关性**: 对于一元统计, 其样本是相互独立同分布的, 是互不相关的; 对于一元时间序列, 样本 $\{X(t_1), X(t_2), \cdots, X(t_n)\}$ 是 n 维随机变量, $X(t_i)$ 与 $X(t_j)$ 具有显著的相关性, 不是相互独立的.

(3) **分布的差异性**: 对于一元统计, 其样本是相互独立同分布的; 对于一元时间序列, 样本 $\{X(t_1), X(t_2), \cdots, X(t_n)\}$ 是 n 维随机变量, $X(t_i)$ 与 $X(t_j)$ 的分布有可能相同, 也有可能不同, 通常情况下 $X(t_i)$ 与 $X(t_j)$ 的分布是不同的.

对于多元时间序列, 上述特点仍然具备. 通常情况下, 本书所指的时间序列都是一元时间序列, 是能用有限维参数模型来描述的参数集离散的一类特殊随机序列.

1.1.4　时间序列的变动因素

随着科学技术的不断发展, 人们在实践中认识到时间序列的变动, 主要是由长期趋势变动、季节性变动、循环变动和不规则变动而形成的.

长期趋势变动(T: secular trend variation)是指时间序列在较长持续期内受某种基本因素的影响, 数据依时间变化时展现出来的总态势. 具体表现为不断增加或不断减少的基本趋势, 也可以表现为只围绕某一常数值波动而无明显增减变化的水平趋势. 例如, 每年死亡率, 因为医疗技术的进步及生活水平的提高而有长期递减的趋势.

季节性变动(S: seasonal variation)是指时间序列的观测值, 由于自然季节因素或节假日的影响, 在一年中或固定时间内, 呈现固定的规则变动. 例如, 医院住院患者人数, 每逢星期一都出现一个高峰, 而星期六将出现一个低谷, 呈现类似于 7 天周期性规律. 季节性变动其周期长度小于或等于一年, 通常为一年、一月、一周等.

循环变动(C: cyclical variation)是指时间序列的观测值以若干年、十几年, 甚至几十年为周期, 呈上升与下降交替出现的循环往复运动. 循环变动的周期大约二至十五年, 其变动的原因甚多, 周期的长短与幅度亦不一致. 通常一个时间序列的循环是由其他多个小的循环组合而成的. 例如, 总体经济指标的循环往往是由各个产业的循环组合而成; 经济膨胀往往在循环的顶点, 而经济萧条则在循环的谷底.

不规则变动(I: irregular variation)是指时间序列由于偶然不可控因素的影响, 而表现出的不规则波动.

总之, 时间序列是上述四种或其中几种变动因素的综合作用的结果.

1.2　时间序列分析方法简介

1.2.1　时间序列分析的方法

时间序列典型的一个本质特征就是相邻观测值之间的相关性. 时间序列观测值

之间的这种相关性具有很多的实际意义, 通过对时间序列 $\{X(t), t = 0, \pm 1, \pm 2, \cdots\}$ 的一次观察 $\{x(t_i), t_1 < t_2 < \cdots < t_n, i = 1, 2, \cdots, n\}$ 的研究, 可以认识所研究的时间序列的统计特征和结构特征, 揭示时间序列的运行规律, 进而预测其发展趋势并进行必要的控制. 用来实现上述目的的整个方法称为**时间序列分析**(time series analysis).

传统时间序列分析认为长期趋势变动、季节性变动、循环变动是依一定的规则变化的, 能够由确定性函数来刻画, 通过长期趋势变动、季节性变动、循环变动的提取, 剩余的不规则变动是白噪声. 基于这种认识, 形成了**确定性时间序列分析**. 确定性时间序列分析就是分别拟合长期趋势变动、季节性变动和循环变动, 通过长期趋势变动、季节性变动、循环变动的提取, 得到的不规则变动是白噪声等一系列确定性的方法.

随着科学技术的不断发展, 人们认识到, 虽然长期趋势变动的分析、季节性变动的分析和循环变动的分析控制着时间序列变动的基本样式, 但毕竟不是时间序列变动的全貌, 而且用随机过程理论和统计理论来考察长期趋势变动、季节性变动等许多因素的共同作用的时间序列更具有合理性和优越性. 根据随机过程理论和统计理论, 对时间序列进行分析, 从而形成了**统计时间序列分析**.

从所采用的数学工具和理论, 通常将统计时间序列分析分为时域(time domain)分析和频域(frequency domain)分析两大类.

(1)**时域分析**主要是从时间序列自相关角度揭示时间序列的发展规律, 常用的数学工具有自相关系数、偏相关系数、差分方程理论等, 其理论基础扎实, 操作步骤规范, 分析结果易于解释, 是时间序列分析的主流方法.

时域分析又称为随机性时间序列分析, 常采用的手段有数据图法、指标法和模型法三类. 数据图法是以时间为横轴, 以时间序列在 t 时刻的观测值为纵轴, 在平面坐标系中绘出曲线图, 根据图形直接观测序列的总趋势和周期变化以及变异点、升降转折点等. 这种方法简单、直观、易懂易用, 但是获取的信息少而且肤浅和粗略. 指标法是通过计算一系列核心指标, 从而反映研究系统的动态特征. 例如, 分别计算 2018 年到 2020 年的平均销售量和 2020 年到 2022 年的平均销售量, 并比较两者, 从而可以分析平均销售量是否保持某一水平或者是否具有某种趋势等. 这种方法也比较粗略. 模型法是根据数理统计理论和数学方法, 建立描述该时间序列的适应性或者最优化统计模型, 并进而进行预测或控制, 本书主要介绍模型法.

随机性时间序列分析包括平稳时间序列分析、非平稳时间序列分析、可控时间序列分析等, 常见的模型有自回归模型(auto regressive model)、移动平均模型(moving average model)、自回归移动平均模型(auto regressive moving average model)、自回归求和移动平均模型(auto regressive integrated moving average model)、乘积季节模型(multiplicative seasonality model)等.

从数学方法方面而言, 平稳时间序列分析是用一种比较简单的有限参数模型,近似地代替一类相当广泛的平稳随机序列. 在理论上平稳时间序列分析比较成熟，从而构成了随机性时间序列分析的基础.

(2) **频域分析**就是将时间序列分解成各种周期扰动的叠加，确定各周期的振动能量的分配，这种分配称为谱或功率谱，因此频域分析又称**谱分析**(spectral analysis). 常用的数学工具有傅里叶变换、功率谱密度、最大熵谱估计理论等，是一种非常有用的动态数据分析方法，但是由于分析方法复杂，结果抽象，有一定的使用局限性. 本书仅介绍时域分析.

确定性时间序列分析是一种因素分解方法，其侧重点在于确定性信息快速、便捷地提取；随机性时间序列分析是利用随机理论，研究时间序列的统计规律和各因素之间的相互影响. 自 20 世纪 20 年代以来，随机性时间序列分析的理论和方法引起了广大理论研究和实际工作者的极大重视，其理论和方法得到了不断发展和广泛应用. 虽然随机性时间序列分析大大丰富和发展了时间序列分析的理论和方法，成为时间序列分析的主流，但并不能完全取代确定性时间序列分析. 通常意义下的时间序列分析都是指随机性时间序列分析，即时域分析.

1.2.2 时间序列分析的特点

作为数理统计学的一个专业分支，时间序列分析遵循数理统计学的基本原理，都是利用观察信息估计总体的性质. 但是由于时间的不可重复性，在任意一个时刻只能获得唯一的一个时间序列观测值，这种特殊的数据结构导致时间序列分析有它非常特殊的、自成体系的一套分析方法. 近年来，时间序列分析已普遍应用于工农业生产、科学技术和社会经济生活的许多领域.

从数据的形成来看，时间序列分析所处理的数据是纵剖面数据. 所谓纵剖面数据就是由某一现象或若干现象在不同时刻上的状态所形成的数据，它反映的是现象以及现象之间关系的发展变化规律性的基本特征. 多元统计分析所处理的数据是横剖面数据. 横剖面数据是若干现象在某一时间点上所处的状态组成，它反映的是一定时间、地点等客观条件下各个现象之间所存在的内在数值关系. 所处理的数据是纵剖面数据，是时间序列分析区别于其他统计分析的重要特征之一.

时间序列分析是研究随机事件或随机现象随时间的动态发展变化模式，其观测值是按照时间的先后顺序取得，并保持其顺序不变. 观测值之间顺序的重要性，是时间序列分析区别于其他统计分析的又一重要特征.

时间序列的观测值是某一随机序列的一次样本实现，观测值之间存在相关性，并不满足所谓"各观测值相互独立"的必要假设，这是时间序列分析区别于其他统计分析的又一重要特征.

时间序列分析是一种根据动态数据揭示系统动态结构和规律的统计方法，其基本思想是，根据系统的有限长度的观察数据，建立能够比较精确地反映时间序列中所包含的动态依存关系的数学模型，并借以对系统的未来进行预报．所以，时间序列分析不仅可以从数量上揭示某一现象的发展变化规律或从动态的角度上刻画若干现象之间的内部数量关系及其变化规律，而且运用时间序列模型还可以预测和控制现象的未来行为，修正或重新设计系统以达到客观之目的，就此足以看出时间序列分析的重要性和应用的广泛性．

1.3　平稳时间序列

1.3.1　时间序列的分布与数字特征

对于时间序列 $\{X(t), t = 0, \pm 1, \pm 2, \cdots\}$，通常利用有限维分布函数和数字特征来描述统计特征．

(1) 有限维分布函数，$\{X(t), t = 0, \pm 1, \pm 2, \cdots\}$ 为实时间序列(本书只讨论值域为实数的时间序列，今后不再说明)，参数集 $T = \{0, \pm 1, \pm 2, \cdots\}$，对任意 k 个时刻 $t_1, t_2, \cdots, t_k \in T$ 及实数 $x_1, x_2, \cdots, x_k \in \mathbf{R}$，称

$$F_k(x_1, x_2, \cdots, x_k, t_1, t_2, \cdots, t_k) = P(X(t_1) \leq x_1, X(t_2) \leq x_2, \cdots, X(t_k) \leq x_k)$$

为时间序列 $\{X(t), t = 0, \pm 1, \pm 2, \cdots\}$ 的 k 维分布函数．

关于时间序列 $\{X(t), t = 0, \pm 1, \pm 2, \cdots\}$ 的所有有限维分布函数的集合

$$\{F_k(x_1, x_2, \cdots, x_k, t_1, t_2, \cdots, t_k), t_1, t_2, \cdots, t_k \in T = \{0, \pm 1, \pm 2, \cdots\}, k \geq 1\}$$

为时间序列 $\{X(t), t = 0, \pm 1, \pm 2, \cdots\}$ 的有限维分布函数族．时间序列的有限维分布函数族完全刻画了时间序列的统计特征．

(2) 均值函数，记为 $M_X(t)$，若对于 $\forall t \in T = \{0, \pm 1, \pm 2, \cdots\}$，$EX^2(t) < +\infty$，则

$$M_X(t) = EX(t)$$

(3) 均方值函数，记为 $\psi_X^2(t)$，若对于 $\forall t \in T = \{0, \pm 1, \pm 2, \cdots\}$，$EX^2(t) < +\infty$，则

$$\psi_X^2(t) = EX^2(t)$$

(4) 方差函数，记为 $D_X(t)$ 或 $\mathrm{Var}(X(t))$，若对于 $\forall t \in T = \{0, \pm 1, \pm 2, \cdots\}$，$EX^2(t) < +\infty$，则

$$D_X(t) = \mathrm{Var}(X(t)) = E(X(t) - M_X(t))^2 = EX^2(t) - M_X^2(t)$$

(5) 自相关函数，记为 $R_X(t_1, t_2)$，若对于 $\forall t_1, t_2 \in T = \{0, \pm 1, \pm 2, \cdots\}$，$EX^2(t) < +\infty$，则

$$R_X(t_1, t_2) = E(X(t_1)X(t_2))$$

(6) 自协方差函数，记为 $C_X(t_1, t_2)$，若对于 $\forall t_1, t_2 \in T = \{0, \pm 1, \pm 2, \cdots\}$，$EX^2(t) < +\infty$，则

$$C_X(t_1, t_2) = \text{Cov}(X(t_1), X(t_2)) = E((X(t_1) - M_X(t_1))(X(t_2) - M_X(t_2)))$$
$$= R_X(t_1, t_2) - M_X(t_1)M_X(t_2)$$

(7) **自相关系数**，记为 $\rho_X(t_1, t_2)$，若对于 $\forall t_1, t_2 \in T = \{0, \pm 1, \pm 2, \cdots\}$，$EX^2(t) < +\infty$，则

$$\rho_X(t_1, t_2) = \frac{C_X(t_1, t_2)}{\sqrt{D_X(t_1)D_X(t_2)}}$$

定义 1.3.1   如果时间序列 $\{X(t), t = 0, \pm 1, \pm 2, \cdots\}$ 的任意 $k(k \geq 1)$ 维随机变量 $(X(t_1), X(t_2), \cdots, X(t_k))$ 都服从高斯(正态)分布，那么，称之为**高斯型时间序列**，此时，k 维随机变量 $(X(t_1), X(t_2), \cdots, X(t_k))$ 的概率密度为

$$f(x_1, x_2, \cdots, x_k) = (2\pi)^{-\frac{k}{2}} |C|^{-\frac{1}{2}} \exp\left[-\frac{1}{2}(x - \mu)^{\mathrm{T}} C^{-1}(x - \mu)\right]$$

其中 $x = (x_1, x_2, \cdots, x_k)^{\mathrm{T}}$，$x_1, x_2, \cdots, x_k \in \mathbf{R}$，$\mu_i = EX(t_i)$，$i = 1, 2, \cdots, k$，$\mu = (\mu_1, \mu_2, \cdots, \mu_k)^{\mathrm{T}}$，$C = (C_{ij})_{k \times k}$，$C_{ij} = \text{Cov}(X(t_i), X(t_j))$，$i, j = 1, 2, \cdots, k$.

定义 1.3.2   如果时间序列 $\{X(t), t = 0, \pm 1, \pm 2, \cdots\}$ 的概率分布不随时间的变化而变化，即对 $\forall \varepsilon$，$\forall k \in \mathbf{N}$，$\forall t_1, t_2, \cdots, t_n \in T$，$\forall x_1, x_2, \cdots, x_k \in \mathbf{R}$ 有

$$P(X(t_1) \leq x_1, X(t_2) \leq x_2, \cdots, X(t_k) \leq x_k)$$
$$= P(X(t_1 + \varepsilon) \leq x_1, X(t_2 + \varepsilon) \leq x_2, \cdots, X(t_k + \varepsilon) \leq x_k)$$

那么，称该时间序列为**严平稳时间序列**.

定义 1.3.3   如果时间序列 $\{X(t), t = 0, \pm 1, \pm 2, \cdots\}$ 满足以下三个条件：

(1) 时间序列的均方值函数是存在的，即 $\forall t \in T = \{0, \pm 1, \pm 2, \cdots\}$，$\psi_X^2(t) = EX^2(t) < \infty$；

(2) 时间序列的均值函数恒为常数：即 $\forall t \in T = \{0, \pm 1, \pm 2, \cdots\}$，$M_X(t) = E[X(t)] = \mu$；

(3) 时间序列的自协方差函数是时间间隔的函数，即 $\forall t, s \in T = 0, \pm 1, \pm 2, \cdots$，$k = s - t$，

$$\text{Cov}(X_t, X_s) = E(X_t - \mu)(X_s - \mu) = C(k) = C(-k)$$

那么，称该时间序列为**宽平稳时间序列**，简称为**平稳时间序列** (stationary time series).

如果时间序列的均方值函数存在，那么，严平稳时间序列一定是宽平稳时间序列. 通常意义下的平稳时间序列都是指宽平稳时间序列.

定义 1.3.4   若时间序列 $\{\varepsilon(t), 0, \pm 1, \pm 2, \cdots\}$ 满足

$$E\varepsilon_t = 0$$

$$\text{Cov}(\varepsilon_t, \varepsilon_s) = E\varepsilon_t\varepsilon_s = \begin{cases} \sigma_\varepsilon^2, & t = s \\ 0, & t \neq s \end{cases}$$

则称 $\{\varepsilon(t), t = 0, \pm 1, \pm 2, \cdots\}$ 为白噪声，表示为 $\{\varepsilon_t\} \sim \text{WN}(0, \sigma_\varepsilon^2)$.

若 $\{\varepsilon_t\}$ 是独立同分布、均值为零、方差为 σ_ε^2 的白噪声，则表示为 $\{\varepsilon_t\} \sim \mathrm{IID}(0, \sigma_\varepsilon^2)$. 若 $\{\varepsilon_t\}$ 是独立同正态分布、均值为零、方差为 σ_ε^2 的白噪声，则表示为 $\{\varepsilon_t\} \sim \mathrm{NID}(0, \sigma_\varepsilon^2)$.

白噪声是一类典型的平稳时间序列，其本质的特点是时刻 t 的随机变量 ε_t 与另一时刻 s 的随机变量 ε_s 互不相关，不存在线性关系.

1.3.2　平稳时间序列的自协方差函数和自相关系数

设 $\{X(t), t = 0, \pm 1, \pm 2, \cdots\}$ 是平稳时间序列，由平稳性可知，对任意整数 k，自协方差函数为

$$\mathrm{Cov}(X_t, X_{t+k}) = E[(X_t - \mu)(X_{t+k} - \mu)] = C(k), \quad k = 0, \pm 1, \pm 2, \cdots$$

协方差函数 $C(k)$ 是 k 的函数，有时也用下标形式表达，记为 C_k，k 称为"滞后"量. 对每个 k，$C(k)$ 反映了时间序列中时间间隔为 k 的随机变量之间的线性相依关系. 容易验证，平稳时间序列的自协方差函数序列 $\{C(k), k = 0, \pm 1, \pm 2, \cdots\}$ 具有下列重要性质：

（1）$C(k)$ 是偶函数，即 $C(k) = C(-k)$；

（2）$C(k)$ 具有界性：$|C(k)| \leqslant C(0)$；

（3）$\{C(k), k = 0, \pm 1, \pm 2, \cdots\}$ 是非负定的序列. 即对任意正整数 m，实数 $a_1, a_2, \cdots, a_m$ 及时刻 $t_1, t_2, \cdots, t_m$，有 $\sum_{i=1}^{m} \sum_{j=1}^{m} C(t_i - t_j) a_i a_j \geqslant 0$.

实际上，

$$C(k) = E X_t X_{t+k} - \mu^2 = R(k) - \mu^2, \quad k = 0, \pm 1, \pm 2, \cdots$$

其中 $\{R(k), k = 0, \pm 1, \pm 2, \cdots\}$ 是时间序列 $\{X(t), t = 0, \pm 1, \pm 2, \cdots\}$ 的自相关函数序列. 自相关函数 $R(k)$，有时也用下标形式表达，记为 R_k，反映了时间序列中时间间隔为 k 的随机变量之间的线性相依关系.

平稳时间序列 $\{X(t), t = 0, \pm 1, \pm 2, \cdots\}$ 的自相关系数(autocorrelation coefficient, AC, R 语言中用 ACF 表示)为

$$\rho(X_t, X_{t+k}) = \frac{\mathrm{Cov}(X_t, X_{t+k})}{\sqrt{\mathrm{Var}(X_t)\mathrm{Var}(X_{t+k})}}$$

由平稳性可知

$$\mathrm{Var}(X_t) = E[(X_t - \mu)^2] = E[(X_{t+k} - \mu)^2] = \mathrm{Var}(X_{t+k}) = C(0)$$

$$\rho(X_t, X_{t+k}) = \rho(k) = \frac{C(k)}{C(0)}$$

对每个 k，$\rho(k)$ 是时间序列中相隔时间 k 的随机变量之间的相关系数，是滞后量为 k 之间"相似"程度的度量，有时也用下标形式表达，简记为 ρ_k.

同自协方差函数类似. 自相关系数序列 $\{\rho(k), k = 0, \pm 1, \pm 2, \cdots\}$ 具有如下性质：

(1) $\rho(0) = 1$；

(2) $|\rho(k)| \leqslant 1$；

(3) $\rho(-k) = \rho(k)$；

(4) $\{\rho(k), k = 0, \pm 1, \pm 2, \cdots\}$ 是非负定的序列.

由以上性质可知，$C(k)$ 和 $\rho(k)$ 都是关于原点对称的，且在原点处具有极大值.

1.3.3　常用统计量

平稳时间序列的均值与自相关系数是反映平稳性的重要数字特征. 如果平稳时间序列具备各态遍历性，那么，只要观测数据足够多，时间平均接近于总体平均，这样一来就可以利用 $t_1 < t_2 < \cdots < t_n$ 下的有限样本 $(X(t_1), X(t_2), \cdots, X(t_n))$，简记为 $(X_1, X_2, \cdots, X_n)$，以及其观测值 $(x_1, x_2, \cdots, x_n)$ 对平稳时间序列 $\{X(t), t = 0, \pm 1, \pm 2, \cdots\}$ 的均值与自相关系数做出估计.

平稳时间序列 $\{X(t), t = 0, \pm 1, \pm 2, \cdots\}$ 的均值的估计为

$$\hat{\mu} = \bar{X} = \frac{1}{n} \sum_{i=1}^{n} X(t_i) = \frac{1}{n} \sum_{i=1}^{n} X_i$$

可以证明，样本均值 $\bar{X}$ 是平稳时间序列的均值的一个无偏的一致估计.

平稳时间序列 $\{X(t), t = 0, \pm 1, \pm 2, \cdots\}$ 的第 k 期的自相关函数的估计有两种类型：

$$\hat{R}^*(k) = \frac{1}{n - |k|} \sum_{i=1}^{n-|k|} X_i X_{i+|k|}, \quad k = 0, \pm 1, \pm 2, \cdots, \pm M$$

$$\hat{R}(k) = \frac{1}{n} \sum_{i=1}^{n-|k|} X_i X_{i+|k|}, \quad k = 0, \pm 1, \pm 2, \cdots, \pm M$$

相应地，第 k 期的自协方差函数的估计有两种类型：

$$\hat{C}^*(k) = \frac{1}{n - |k|} \sum_{i=1}^{n-|k|} (X_i - \bar{X})(X_{i+|k|} - \bar{X}), \quad k = 0, \pm 1, \pm 2, \cdots, \pm M$$

$$\hat{C}(k) = \frac{1}{n} \sum_{i=1}^{n-|k|} (X_i - \bar{X})(X_{i+|k|} - \bar{X}), \quad k = 0, \pm 1, \pm 2, \cdots, \pm M$$

相应地，第 k 期的自相关系数的估计也有两种类型：

$$\hat{\rho}^*(k) = \frac{\frac{1}{n-|k|}\sum_{i=1}^{n-|k|}(X_i-\bar{X})(X_{i+|k|}-\bar{X})}{\frac{1}{n}\sum_{i=1}^{n}(X_i-\bar{X})^2}, \quad k=0,\pm 1,\pm 2,\cdots,\pm M$$

$$\hat{\rho}(k) = \frac{\sum_{i=1}^{n-|k|}(X_i-\bar{X})(X_{i+|k|}-\bar{X})}{\sum_{i=1}^{n}(X_i-\bar{X})^2}, \quad k=0,\pm 1,\pm 2,\cdots,\pm M$$

自协方差函数的估计 $\hat{C}(k)$，$\hat{C}^*(k)$ 都是 k 的函数，有时也用下标形式 $\hat{C}_k$，$\hat{C}_k^*$ 来表达，同理也用 $\hat{R}_k$，$\hat{R}_k^*$ 来表达第 k 期的自相关函数的两种估计形式，用 $\hat{\rho}_k$，$\hat{\rho}_k^*$ 来表达第 k 期的自相关系数的两种估计形式. 注意由于样本容量为 n，因此不存在间隔大于 $n-1$ 的观察值，所以不可能估计 $|k| \geqslant n$ 的值. 另外，间隔距离越大所利用的观测值越少，估计误差越大，所以一般估计到第 M 期，M 称为最大滞后期. 当观测值较多时，M 取 $[n/10]$ 或 $[\sqrt{n}]$；当观测值较少时，M 取 $[n/4]$.

可以证明：

(1) 当时间序列的均值是零或常数已知时，$\hat{C}(k)$ 是自协方差函数 $C(k)$ 的有偏估计，$\hat{C}^*(k)$ 是自协方差函数的无偏估计. 实际上，

$$E(\hat{C}_k^*) = C(k), \quad E(\hat{C}_k) = \frac{n-k}{n}C(k)$$

$$\mathrm{Var}(\hat{C}_k) = O\left(\frac{1}{n}\right), \quad \mathrm{Var}(\hat{C}_k^*) = O\left(\frac{1}{n}\right)$$

(2) 当时间序列的均值是未知时，$\hat{C}(k)$ 和 $\hat{C}^*(k)$ 都是自协方差函数的有偏估计.

(3) 当观测值 $x_1, x_2, \cdots, x_n$ 不全为零时，$\{\hat{C}(k)\}$ 是正定序列，但 $\{\hat{C}^*(k)\}$ 却不一定具备正定性.

(4) 当观测值 $x_1, x_2, \cdots, x_n$ 不全为零时，$\{\hat{\rho}(k)\}$ 是正定序列，但 $\{\hat{\rho}^*(k)\}$ 却不一定具备正定性.

对于平稳时间序列而言，自协方差函数和自相关系数的正定性是最本质的，所以，常用估计量 $\hat{C}(k)$，$\hat{\rho}(k)$ 来估计自协方差函数和自相关系数. 所以，如果平稳序列为零均值平稳时间序列，那么，平稳时间序列 $\{X(t), t=0,\pm 1,\pm 2,\cdots\}$ 的第 k 期的自协方差函数和自相关系数的估计为

$$\hat{C}(k) = \hat{R}(k) = \frac{1}{n}\sum_{i=1}^{n-|k|}X_i X_{i+|k|}, \quad k=0,\pm 1,\pm 2,\cdots,\pm M$$

$$\hat{\rho}(k) = \frac{\sum\limits_{i=1}^{N-|k|} X_i X_{i+|k|}}{\sum\limits_{i=1}^{N} X_i^2} = \frac{\hat{R}(k)}{\hat{R}(0)}, \quad k = 0, \pm 1, \pm 2, \cdots, \pm M$$

1.4　R 软件简介

1.4.1　R 软件的下载和安装

　　R 语言具有完整的程序设计语言, 可以自定义函数, 调入 C, C++, Fortran 编译的代码, 能够实现经典的和现代的统计方法, 如参数假设检验、非参数假设检验、线性回归、广义线性回归、非线性回归、可加模型、树回归、混合模型、方差分析、判别分析、聚类分析、时间序列分析等, R 语言强调交互式数据分析, 支持复杂算法描述, 图形功能强. 通常又将 R 语言称为 R 统计软件, 简称 R 软件.

　　对于 R 软件的初学者来说, 首先要下载 R 软件. R 软件是免费的, 以 Windows 操作系统为例. R 软件的主网站是

　　　　https://www.r-project.org/

也可从 CRAN 的镜像网站下载软件, 常用的一个镜像为

　　　　http://mirror.bjtu.edu.cn/cran/

　　点击链接, 进入 R 软件镜像网站, 并在 "bjtu.edu.cn" 社区中, 选择 "Download R for Windows", 进入相应的页面. 在 "Download R for Windows" 的页面中 (图 1.4.1 所示), 包括了 R 软件的基础包 "base", R 软件的附加扩展程序包 "contrib", 以及软件的工具 "Rtools". 基础程序 "base" 是首次下载 R 软件所安装的基础包, "contrib" 要求所安装的 R 版本必须为 3.4 以上的版本, 安装 "Rtools", R 软件就可以调用 C、C++ 和 Fortran 程序代码.

　　在 "Download R for Windows" 的页面中点击 "base", 进入 R 软件下载页面, 选择 "Download R-4.2.1 for Windows" (R-4.2.1 是截至本书出版时 R 下载网站上给出的最新版本) 链接进行下载, 如图 1.4.2 所示.

　　下载官方的 R 软件后按提示安装. 安装后获得一个桌面快捷方式, 如 "R i386 4.0.4" (这是 32 位版本). 如果是 64 位 Windows 操作系统, 可以同时安装 32 位版本和 64 位版本, 对初学者这两种版本区别不大, 尽量选用 64 位版本, 这是将来的趋势. R 的界面如图 1.4.3 所示, 本书的操作是基于 R4.0.4 版本来撰写的.

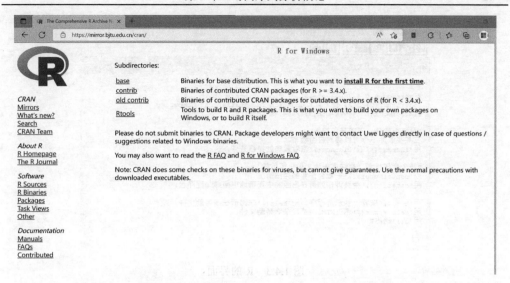

图 1.4.1　镜像网站 bjtu.edu.cn 社区中 Download R for Windows 的页面

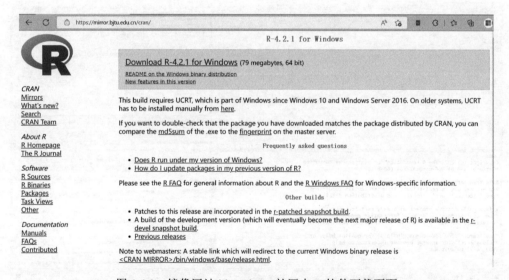

图 1.4.2　镜像网站 bjtu.edu.cn 社区中 R 软件下载页面

安装官方的 R 软件后,可以安装 RStudio. RStudio 是 R 软件的集成开发环境(IDE).
在 RStudio 中可以编辑、运行、逐行跟踪运行 R 软件的程序文件,还可以将运行结果
和图表融合在一起形成研究报告、论文、网站等. RStudio 软件的下载网址是

```
https://rstudio.com/products/rstudio/
```

在网址下载 RStudio,并安装恰当的 RStudio 版本,打开 RStudio 其界面如图 1.4.4.

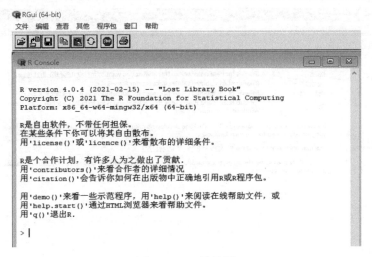

图 1.4.3　R 的界面

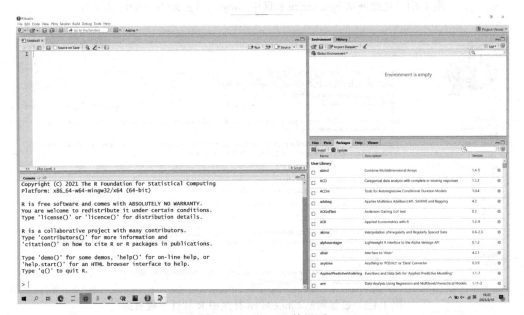

图 1.4.4　RStudio 的界面

　　RStudio 的界面一般分为四个窗格, 其中编辑窗口与控制台(console)是最重要的两个窗格. 编辑窗格用来查看和编辑程序、文本型的数据文件、程序与文字融合在一起的 Rmd 文件等. 在编辑窗格中点开 "File" 下拉的第四个按钮 "Reopen with Encoding", 然后选择 "UTF-8", 点 "OK", 这样一来, 输入的中文将不会以乱码出现, 否则会出现乱码.

　　RStudio 的控制台是显示程序运行信息的地方, 与标准的 R 控制台的功能基本相似，但功能有所增强. 在编辑窗口中可以用操作系统中常用的编辑方法对源文件进行编辑，如复制、粘贴、查找、替换，还支持基于正则表达式的查找替换. 在右下侧的窗口中用"Packages"菜单的"Install"安装软件包.

1.4.2　R 软件的基本语法

R 中的变量名称严格区分大小写，也可用中文命名.

R 中的变量可采用 4 种形式：=，<−，−>，assign 函数，来赋值. R 中的变量类型自动由变量赋值确定. R 中用符号"#"来注释，语句连接符用"；".

R 中算术运算符有：+，−，*，/，^（乘方），%%（模），%/%（整除），常用的数学函数有：abs（绝对值函数），sign（符号函数），log（自然对数），log2（2 为底的对数），log10（10 为底的对数），sqrt（开方），exp（指数），sin（正弦），cos（余弦），tan（正切），acos（反余弦），asin（反余弦），atan（反正切），cosh（双曲余弦），sinh（双曲正弦），tanh（双曲正切）.

例 1.4.1　某中学在体检时测得 15 名学生的身高 X 和体重 Y 资料如表 1.4.1 所示，试计算身高与体重的均值和标准差.

表 1.4.1

编号	身高/cm	体重/kg	编号	身高/cm	体重/kg	编号	身高/cm	体重/kg
1	176	78	6	162	58	11	168	70
2	168	65	7	181	83	12	160	58
3	172	74	8	174	76	13	178	80
4	165	66	9	178	79	14	173	76
5	166	65	10	171	76	15	166	67

解　直接在操作窗口输入以下命令：

```
> #输入身高数据
>height<-c(176,168,172,165,166,162,181,174,178,171,168,160,178,173,166)
>#计算身高的样本均值
>mean(height)
> #计算身高的样本标准差
> sd(height)
> #输入体重数据
> weight<-c(78,65,74,66,65,58,83,76,79,76,70,58,80,76,67)
> #计算体重的样本均值
```

```
> mean(weight)
> #计算体重的样本标准差
> sd(weight)
```

从上面的过程可以看出，R 软件比较简单.

(1)符号"#"是说明语句字符，用于注释，说明语句的目的，从而增强程序的可读性，并不执行任何命令.

(2)符号"<-"是变量赋值运算，也可用"="进行变量赋值.

(3)c()为连接函数，其作用是将每个元素的值合并成一个向量.

(4)mean()函数是计算样本均值；sd()函数是计算样本标准差；该组同学身高的样本均值为 170.5333cm，标准差为 6.209056；体重的样本均值为 71.4kg，标准差为 7.89032.

例 1.4.2 产生服从均值为 1.5，标准差为 0.5，样本容量为 500 的正态分布的随机数，并计算该数据的均值和标准差，绘制该正态分布概率密度的图像.

解 直接在操作窗口输入以下命令：

```
> X=rnorm(500, mean=1.5,sd=0.5)
> mean(X)
[1] 1.52888
> sd(X)
[1] 0.4786574
> Y<-seq(-5,5,length.out=100)
> plot(Y,dnorm(Y,1.5,0.5),type="l")
>lines(Y,dnorm(Y,1.5,0.5))
```

(1)rnorm()函数是产生一系列服从正态分布的随机数，第一个位置是随机数的样本容量 n，第二个位置是均值 mean，第三个位置是标准差.

例如，rnorm(500, mean = 1.5, sd = 0.5)，表示产生服从均值为 1.5，标准差为 0.5，样本容量为 500 的正态分布的随机数.

seq(from, to, length.out =)，该函数表示生成从 from 到 to，序列的输出长度为 length.out 的一组数，此时每两个数间的间隔是：by =((to−from)/(length.out−1)).

例如：seq(−5,5,length.out = 100)，生成一组数字，从 −5 开始，到 5 结束，序列 Y 的长度为 100.

(2)plot 函数是 R 软件画图用得最多的函数，而它的参数非常繁多，其常用的语法结构为

```
plot(x, y = NULL, type = "p", xlim = NULL, ylim = NULL, log = "",
main = NULL,…)
```

其中第一个位置 "x" 是横坐标对应的向量(或数据), 第二个位置 "y" 是纵坐标对应的向量(或数据), "type" 表示画图的类型, "xlim" 表示用(x1, x2)限制的 x 轴的范围. 同理, "ylim" 为用(y1, y2)限制的 y 轴的范围, "main" 表示给图片加标题. "NULL" 表示可以省略.

(3) lines()函数是一个低水平绘图函数, 它主要是在当前绘图中通过线段依次将点连接起来, 其通常的语法结构为

```
lines(x, y = NULL, type = "l",…)
```

其中 "x, y" 是数值向量, 表示点的坐标, "type" 是字符串, 表示绘图的类型.

(4) dnorm()函数是计算正态分布概率密度的函数值, 其语法结构为

```
dnorm(x, mean=0, sd=1, log=FALSE)
```

表示计算标准正态分布概率密度在 x 处的值, 如果 "log = TURE", 表示对该值取对数. 点击右下侧的窗口中的 "Plots" 菜单, 将出现绘制的图 1.4.5.

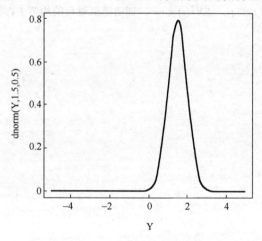

图 1.4.5　正态分布概率密度图

说明: 本书中对基于 R 软件绘制的图像进行了一些形象化的处理, 例如添加了横坐标、纵坐标的表达, 添加了图例指示, 这些直观上的处理在画图编辑中完成的, 特此说明.

习　题　1

1. 什么是时间序列? 请举出几个生活中的时间序列.
2. 时间序列分析与传统的数理统计的主要区别是什么?
3. 什么是时间序列的确定性分析和随机性分析?

4．时域分析的特点是什么？谱域分析的特点是什么？

5．证明平稳时间序列的自协方差函数序列 $\{C(k), k = 0, \pm 1, \pm 2, \cdots\}$ 具有下列性质：

（1）$C(k)$ 是偶函数，即 $C(k) = C(-k)$；

（2）$C(k)$ 具有有界性：$|C(k)| \leqslant C(0)$；

（3）$\{C(k), k = 0, \pm 1, \pm 2, \cdots\}$ 是非负定序列，即对任意正整数 m，实数 $a_1, a_2, \cdots, a_m$ 及整数 $t_1, t_2, \cdots,$ t_m，有 $\sum\limits_{i=1}^{m}\sum\limits_{j=1}^{m} C(t_i - t_j) a_i a_j \geqslant 0$．

6．平稳时间序列 $\{X(t), t = 0, \pm 1, \pm 2, \cdots\}$，证明均值的估计 $\bar{X}$ 是 $EX(t) = \mu$ 的一个无偏的一致估计．

7．平稳时间序列 $\{X(t), t = 0, \pm 1, \pm 2, \cdots\}$，证明当序列的均值是零或常数已知时，$\hat{C}(k)$ 是自协方差函数 $C(k) = E[(X_t - \mu)(X_{t+k} - \mu)]$ 的有偏估计，$\hat{C}^*(k)$ 是自协方差函数的无偏估计．

8．平稳时间序列 $\{X(t), t = 0, \pm 1, \pm 2, \cdots\}$，证明当时间序列的均值是未知时，$\hat{C}(k)$，$\hat{C}^*(k)$ 都是自协方差函数的有偏估计．

9．随机过程 $\{X(t), t \in T\}$，$EX^2(t) < +\infty$，证明随机过程的均值 EX_t 和协方差 $E[(X_t - EX_t) \times (X_s - EX_s)]$ 是存在的．

第 2 章　ARMA 模型的统计特性

一个非白噪声的平稳时间序列蕴含着相关信息，可以建立一个模型来拟合该时间序列的发展，从而提取时间序列中的有用信息，预测和控制未来. 常用的模型有自回归模型(auto regressive model，AR 模型)、移动平均模型(moving average model，MA 模型)、自回归移动平均模型(auto regressive moving average model，ARMA 模型)；每个模型具有各自的统计特征，这些统计特征为建立模型提供了相应的依据.

2.1　自回归模型

2.1.1　模型引进

如果时间序列 $\{X(t), t = 0, \pm 1, \pm 2, \cdots\}$ 是独立的，没有任何依赖关系，也就是随机事件处于当前时刻的行为 X_t 与前一时刻的行为 X_{t-1} 毫无关系，也与 $X_{t-2}, X_{t-3}, X_{t-4}$, $\cdots, X_{t-k}, \cdots$ 毫无关系，系统无记忆能力. 如果情况不是这样，假定随机事件处于当前时刻的行为与前一时刻的行为存在依存关系，而与其前一时刻以前的行为无直接联系，即已知 X_{t-1} 的条件下，X_t 主要与 X_{t-1} 相关，与 $X_{t-2}, X_{t-3}, X_{t-4}, \cdots, X_{t-k}, \cdots$ 无关，拥有一期的记忆、一阶的动态性，描述这种关系的数学模型就是一阶自回归模型，即

$$X_t = \varphi_1 X_{t-1} + \varepsilon_t$$

称为一阶中心化自回归模型(first order centralized auto regressive model)，简记为 AR(1)模型.

例 2.1.1　单摆现象. 单摆在第 t 时刻摆动周期的最大振幅为 X_t，由于阻尼作用，在第 $t+1$ 时刻摆动周期的最大振幅为

$$X_{t+1} = \rho X_t$$

其中 $\rho(0 < \rho < 1)$ 为阻尼系数. 若考虑第 $t+1$ 时刻受外界干扰 ε_{t+1} 的影响，那么，实际上在第 $t+1$ 时刻摆动周期的最大振幅为

$$X_{t+1} = \rho X_t + \varepsilon_{t+1}$$

这是一个一阶中心化自回归模型，也就是说，一阶中心化自回归模型能够描述单摆现象的最大振幅随时间演变的特点.

　　例 2.1.2 镇痛药的效果. 一个患者服用镇痛药, 假设此药在后面四个小时内有效, 且效力呈递减, 第五个小时后无效. 考虑外界和个体身体情况 ε_t 的影响, 在第 t 个时刻镇痛效果 X_t 为

$$X_t = \varphi_1 X_{t-1} + \varphi_2 X_{t-2} + \varphi_3 X_{t-3} + \varphi_4 X_{t-4} + \varepsilon_t$$

其中 $\varphi_i (i=1,2,3,4)$ 为衰减系数, 此即为一个四阶中心化自回归模型.

2.1.2 自回归模型的定义与举例

　　定义 2.1.1 如果时间序列 $\{X(t), t=0, \pm 1, \pm 2, \cdots\}$ 有如下结构:

$$X_t = \varphi_1 X_{t-1} + \varphi_2 X_{t-2} + \cdots + \varphi_p X_{t-p} + \varepsilon_t \tag{2.1.1}$$

则称为 p 阶自回归模型 (auto regressive model of order p), 简记为 **AR(p)** 模型. p 阶自回归模型中, ① $\varphi_p \neq 0$, 保证最高的阶数为 p 阶, $p \in \mathbf{N}$. 即时间序列当前时刻行为 X_t 与前 p 时刻的行为 X_{t-p} 存在相依关系. ②时间序列 $\{\varepsilon_t, t=0, \pm 1, \pm 2, \cdots\}$ 是白噪声序列, 也就是 $E(\varepsilon_t)=0$, $\mathrm{Var}(\varepsilon_t)=\sigma_\varepsilon^2$, $E(\varepsilon_t \varepsilon_s)=0, s \neq t$. ③当前 t 时刻随机扰动 ε_t 与 t 时刻以前的响应 $X_{t-i}(i=1,2,\cdots)$ 互不相关, 即 $\forall s < t, \mathrm{Cov}(X_s, \varepsilon_t) = EX_s \varepsilon_t = 0$.

　　定义 2.1.2 如果时间序列 $\{X(t), t=0, \pm 1, \pm 2, \cdots\}$ 有如下结构和假设:

$$\begin{cases} X_t = \varphi_0 + \varphi_1 X_{t-1} + \varphi_2 X_{t-2} + \cdots + \varphi_p X_{t-p} + \varepsilon_t \\ \varphi_p \neq 0 \\ E(\varepsilon_t)=0, \mathrm{Var}(\varepsilon_t)=\sigma_\varepsilon^2, E(\varepsilon_t \varepsilon_s)=0, s \neq t \\ EX_s \varepsilon_t = 0, \forall s < t \end{cases} \tag{2.1.2}$$

则称为**非中心化 p 阶自回归模型**.

　　非中心化 AR(p) 模型可以通过下面的变换转化为中心化 AR(p) 模型

$$Y_t = X_t - \frac{\varphi_0}{1 - \varphi_0 - \cdots - \varphi_p} = X_t - \mu \tag{2.1.3}$$

其中 $1 - \varphi_0 - \cdots - \varphi_p \neq 0$, $\mu = \dfrac{\varphi_0}{1 - \varphi_0 - \cdots - \varphi_p}$ 为中心位置. 中心化变换 (2.1.3) 实际上是对非中心化 AR(p) 模型整个平移了一个常数单位, 这种整体移动对时间序列的统计特征没有任何影响, 也就是说,

$$EY_t = EX_t - \mu$$

$$DY_t = DX_t, \quad \mathrm{Cov}(Y_t, Y_s) = \mathrm{Cov}(X_t, X_s)$$

$$\mathrm{Cov}(Y_t, \varepsilon_s) = \mathrm{Cov}(X_t, \varepsilon_s)$$

　　由于非中心化 AR(p) 模型通过中心化变化, 可以转化为中心化的自回归模型, 而

且统计特征没有本质的改变, 所以, **通常情况所说的自回归模型是中心化的自回归模型**, 其模型的结构为

$$X_t - \varphi_1 X_{t-1} - \varphi_2 X_{t-2} - \cdots - \varphi_p X_{t-p} = \varepsilon_t \tag{2.1.4}$$

为了简化模型的表达式及便于计算, 引进**延迟算子 B**(back, B; 或 lagging, L), 其定义为

$$BX_t = X_{t-1} \tag{2.1.5}$$

容易验证算子 B 具有如下性质:

(1) $B^0 = 1, B^k X_t = X_{t-k}$;

(2) $B^k(aX_t + bY_t) = aX_{t-k} + bY_{t-k}$, 其中 a, b 为常数.

基于延迟算子 B, p 阶自回归模型, 也就是中心化的自回归模型, 可以表示为

$$(1 - \varphi_1 B - \varphi_2 B^2 - \cdots - \varphi_p B^p)X_t = \varphi(B)X_t = \varepsilon_t \tag{2.1.6}$$

其中 $\varphi_0 = -1$, $\varphi(B) = 1 - \varphi_1 B - \varphi_2 B^2 - \cdots - \varphi_p B^p = -\sum_{k=0}^{p} \varphi_k B^k$.

定义 2.1.3　方程

$$f(z) = z^p - \varphi_1 z^{p-1} - \varphi_2 z^{p-2} - \cdots - \varphi_p = 0 \tag{2.1.7}$$

称为 **AR(p) 模型的特征方程**. 关于延迟算子 B 的方程

$$\varphi(B) = 1 - \varphi_1 B - \varphi_2 B^2 - \cdots - \varphi_p B^p = -\sum_{k=0}^{p} \varphi_k B^k = 0 \tag{2.1.8}$$

称为 **p 阶自回归系数的多项式方程**. 实际上, $\varphi(x) = 0$ 的根与 $f(z) = 0$ 的根互为倒数.

定义 2.1.4　如果 AR(p) 模型的特征方程

$$f(z) = z^p - \varphi_1 z^{p-1} - \varphi_2 z^{p-2} - \cdots - \varphi_p = 0$$

所有根(称为**特征根**)都在单位圆内, 即特征根 $|\lambda_i| < 1, i = 1, 2, \cdots, p$, 则称 **AR($p$) 模型满足平稳性条件**.

定义 2.1.5　AR(p) 模型的特征方程的特征根的模小于 1 的系数向量的取值集合, 称为**平稳域**, 即

$$平稳域 = \{(\varphi_1, \varphi_2, \cdots, \varphi_p) \mid f(z) = z^p - \varphi_1 z^{p-1} - \varphi_2 z^{p-2} - \cdots - \varphi_p = 0$$

$$的根 |\lambda_i| < 1, i = 1, 2, \cdots, p\} \tag{2.1.9}$$

例 2.1.3　时间序列分别满足下列模型:

(1) $X_t - \dfrac{5}{2}X_{t-1} + X_{t-2} = \varepsilon_t, t = 0, \pm 1, \cdots$;

(2) $X_t = X_{t-1} - 0.5 X_{t-2} + \varepsilon_t, t = 0, \pm 1, \cdots.$

试问时间序列 $\{X_t, t = 0, \pm 1, \pm 2, \cdots\}$ 是否满足平稳性条件.

解 (1) 对于 AR(2) 模型 $X_t - \dfrac{5}{2} X_{t-1} + X_{t-2} = \varepsilon_t$ 来说, 基于延迟算子 B 表达的结构如下:

$$\left(1 - \frac{5}{2} B + B^2\right) X_t = \varphi(B) X_t = \varepsilon_t$$

其 p 阶自回归系数的多项式方程为 2 次方程

$$\varphi(x) = 1 - \frac{5}{2} x + x^2 = 0$$

令 $z = \dfrac{1}{x}$, 得到该 AR(2) 模型的特征方程

$$f(z) = z^2 - \frac{5}{2} z + 1 = 0$$

求解方程, 得到特征根

$$\lambda_1 = 2, \quad \lambda_2 = \frac{1}{2}$$

由于 $|\lambda_1| > 1$, 所以, 该 AR(2) 模型不满足平稳性条件.

(2) 对于 AR(2) 模型 $X_t = X_{t-1} - 0.5 X_{t-2} + \varepsilon_t$ 来说, 基于延迟算子 B 表达的结构如下:

$$(1 - B + 0.5 B^2) X_t = \varphi(B) X_t = \varepsilon_t$$

其 p 阶自回归系数的多项式方程为 2 次方程

$$\varphi(x) = 1 - x + 0.5 x^2 = 0$$

令 $z = \dfrac{1}{x}$, 得到该 AR(2) 模型的特征方程

$$f(z) = z^2 - z + 0.5 = 0$$

求解方程, 得到特征根

$$\lambda_1 = \frac{1-i}{2}, \quad \lambda_2 = \frac{1+i}{2},$$

由于 $|\lambda_1| < 1$, 而且 $|\lambda_2| < 1$, 所以, 该 AR(2) 模型满足平稳性条件.

例 2.1.4 试求 AR(2) 模型的平稳域.

解 AR(2) 模型的结构如下:

$$(1 - \varphi_1 B - \varphi_2 B^2) X_t = \varphi(B) X_t = \varepsilon_t$$

其特征方程为 $f(z)=z^2-\varphi_1 z-\varphi_2=0$，满足平稳性条件，也就是说，特征根 λ_1,λ_2 满足 $|\lambda_1|<1,\ |\lambda_2|<1$，根据韦达定理知 $\varphi_2=-\lambda_1\lambda_2$，$\varphi_1=\lambda_1+\lambda_2$，所以，$|\varphi_2|<1$，同时，

$$\lambda_1(1-\lambda_2)<(1-\lambda_2),\quad -(1+\lambda_2)<\lambda_1(1+\lambda_2)$$

所以，

$$\lambda_1+\lambda_2-\lambda_1\lambda_2=\varphi_1+\varphi_2<1,\quad -\lambda_1\lambda_2-(\lambda_1+\lambda_2)=\varphi_2-\varphi_1<1$$

所以，AR(2) 模型的平稳域为

$$\{(\varphi_1,\varphi_2):-1<\varphi_2<1,\varphi_2+\varphi_1<1,\varphi_2-\varphi_1<1\} \tag{2.1.10}$$

AR(2) 模型的平稳域图像如图 2.1.1 所示.

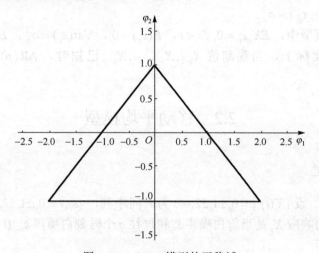

图 2.1.1　AR(2)模型的平稳域

也就是说，AR(2) 模型的平稳域是一顶点分别为(-2, -1)，(2, -1)，(0, 1)的三角形.

对 AR(p) 模型来说，X_t 仅与 $X_{t-1},X_{t-2},\cdots,X_{t-p}$ 有线性关系，在 $X_{t-1},X_{t-2},\cdots,X_{t-p}$ 已知条件下，X_t 与 $X_{t-j}(j=p+1,p+2,\cdots)$ 无关. ε_t 是一个均值为零的白噪声，仅对 X_t 有影响，与 $X_s(s<t)$ 不相关. 换句话说，将依赖 X_{t-1} 的部分 $\varphi_1 X_{t-1}$，依赖 X_{t-2} 的部分 $\varphi_2 X_{t-2}$，一直到依赖 X_{t-p} 的部分 $\varphi_p X_{t-p}$ 全部剔除，X_t 转化为互不相关的白噪声 ε_t.

经典统计的 p 元线性回归模型可以表示为

$$y_t=\beta_1 x_{t1}+\beta_2 x_{t2}+\cdots+\beta_p x_{tp}+\varepsilon_t,\quad t=1,2,\cdots,n$$

其中 y_t 与 $x_{tj}(j=1,2,\cdots,p)$ 为中心化处理后的样本序列，ε_t 是互不相关的白噪声序列.

从形式上看，AR(p) 模型与 p 元线性回归非常相似，但是两者既有联系，又有区别，其主要区别如下.

(1)在线性回归模型中，$\{x_{t1}, x_{t2}, \cdots, x_{tp}\}$ 是确定性变量，$\{y_t, t = 1, 2, \cdots, n\}$ 是互不相关的随机变量，其统计特性由 $\{\varepsilon_t, t = 1, 2, \cdots, n\}$ 确定，刻画了一个随机变量与多个确定性变量的依存关系. 在 AR(p) 模型，X_t 和 $X_{t-1}, X_{t-2}, \cdots, X_{t-n}$ 都是随机变量，同属于时间序列 $\{X(t), t = 0, \pm 1, \pm 2, \cdots\}$，它们彼此间存在一定的依赖关系，刻画了一个随机变量对其自身过去行为的依存关系.

(2)线性回归是在静态条件下来研究；而 AR(p) 模型是在动态条件下研究.

(3)基本假设不同. 统计回归模型要求 y_t 和 $x_{tj}(j = 1, 2, \cdots, p)$ 为中心处理后的序列，$\{\varepsilon_t, t = 1, 2, \cdots, n\}$ 互不相关，且 $\{\varepsilon_t, t = 1, 2, \cdots, n\}$ 与 $x_{tj}(j = 1, 2, \cdots, p)$ 也互不相关，$x_{tj}(j = 1, 2, \cdots, p)$ 为确定性变量，$\{y_t, t = 1, 2, \cdots, n\}$ 是互不相关的随机变量，而且 $\mathrm{Var}(\varepsilon_t \mid x_{t1}, x_{t2}, \cdots, x_{tp}) = \sigma_\varepsilon^2$.

而 AR(p) 模型中，$EX_s \varepsilon_t = 0, \forall s < t$，$E(\varepsilon_t) = 0$，$\mathrm{Var}(\varepsilon_t) = \sigma_\varepsilon^2$，$E(\varepsilon_t \varepsilon_s) = 0, s \neq t$，$E(X_t X_s) \neq 0$. 实际上，当观测值 $X_{t-1}, X_{t-2}, \cdots, X_{t-p}$ 已知时，AR(p) 就是 p 元线性回归.

2.2　移动平均模型

2.2.1　模型引进

定义 2.2.1　设 $\{X(t), t = 0, \pm 1, \pm 2, \cdots\}$ 为时间序列，$\{\varepsilon_t, t = 0, \pm 1, \pm 2, \cdots\}$ 是白噪声序列，当前时刻的响应 X_t 是当前白噪声 ε_t 和过往 q 个时刻白噪声 $\varepsilon_{t-i}(i = 1, 2, \cdots, q)$ 的广义加权平均，即

$$X_t = a_0 \varepsilon_t + a_1 \varepsilon_{t-1} + a_2 \varepsilon_{t-2} + \cdots + a_q \varepsilon_{t-q} \tag{2.2.1}$$

其中 $a_i \in \mathbf{R}, i = 0, 1, 2, \cdots, q$，$q \in \mathbf{N}$，那么，$\{X(t), t = 0, \pm 1, \pm 2, \cdots\}$ 称为**广义加权移动平均模型**.

假定 $a_0 = 0$，$a_i = \dfrac{1}{q}, i = 1, 2, \cdots, q$，那么，

$$X_t = \frac{1}{q} \varepsilon_{t-1} + \frac{1}{q} \varepsilon_{t-2} + \cdots + \frac{1}{q} \varepsilon_{t-q} \tag{2.2.2}$$

此时，得到的时间序列 $\{X(t), t = 0, \pm 1, \pm 2, \cdots\}$ 称为**左侧 q 阶移动平均预测时间序列**.

假定 $a_0 \neq 0$，$a_q \neq 0$，那么，

$$Y_t = \frac{X_t}{a_0} = \varepsilon_t + \frac{a_1}{a_0} \varepsilon_{t-1} + \frac{a_2}{a_0} \varepsilon_{t-2} + \cdots + \frac{a_q}{a_0} \varepsilon_{t-q}$$

此时，得到的时间序列 $\{Y(t), t = 0, \pm 1, \pm 2, \cdots\}$ 称为**中心化的 q 阶移动平均模型**.

2.2.2　移动平均模型的定义与举例

定义 2.2.2　如果时间序列 $\{X(t), t = 0, \pm 1, \pm 2, \cdots\}$ 有如下结构：

$$X_t = \varepsilon_t + \theta_1 \varepsilon_{t-1} + \theta_2 \varepsilon_{t-2} + \cdots + \theta_q \varepsilon_{t-q} \tag{2.2.3}$$

则称为 q 阶中心化移动平均模型，简称为 **q 阶移动平均模型** (moving average model of order q)，简记为 **MA(q) 模型**，其中：① $\theta_q \neq 0$，保证白噪声序列移动到前 q 时刻，当前时刻的响应 X_t 与前 q 时刻的白噪声 ε_{t-q} 存在依存关系，最高阶数为 q 阶，$q \in \mathbf{N}$；② $\{\varepsilon_t, t = 0, \pm 1, \pm 2, \cdots\}$ 是白噪声序列，也就是 $E(\varepsilon_t) = 0$，$\mathrm{Var}(\varepsilon_t) = \sigma_\varepsilon^2$，$E(\varepsilon_t \varepsilon_s) = 0$，$s \neq t$．

定义 2.2.3　如果时间序列 $\{X(t), t = 0, \pm 1, \pm 2, \cdots\}$ 有如下结构和假设：

$$\begin{cases} X_t = C + \varepsilon_t + \theta_1 \varepsilon_{t-1} + \theta_2 \varepsilon_{t-2} + \cdots + \theta_q \varepsilon_{t-q} \\ \theta_q \neq 0 \\ E(\varepsilon_t) = 0, \mathrm{Var}(\varepsilon_t) = \sigma_\varepsilon^2, E(\varepsilon_t \varepsilon_s) = 0, s \neq t \end{cases} \tag{2.2.4}$$

则称为**非中心化 q 阶移动平均模型**．

非中心化 MA(q) 模型可以通过下面的变换转化为中心化 MA(q) 模型，

$$Y_t = X_t - C \tag{2.2.5}$$

中心化变换 (2.2.5) 实际上是对非中心化 MA(q) 模型整个平移了一个常数单位，这种整体移动对序列的统计特征没有任何影响．

由于非中心化 MA(q) 模型通过中心化变化，可以转化为中心化移动平均模型，而且统计特征没有本质的改变，所以，通常情况所说的**移动平均模型是中心化的移动平均模型**，其模型的结构为

$$X_t = (1 + \theta_1 B + \theta_2 B^2 + \cdots + \theta_q B^q) \varepsilon_t = \theta(B) \varepsilon_t \tag{2.2.6}$$

其中 $\theta_0 = 1$，$\theta(B) = 1 + \theta_1 B + \theta_2 B^2 + \cdots + \theta_q B^q = \sum_{k=0}^{q} \theta_k B^k$．

定义 2.2.4　方程

$$f(z) = z^q + \theta_1 z^{q-1} + \theta_2 z^{q-2} + \cdots + \theta_q = 0 \tag{2.2.7}$$

称为 **q 阶移动平均系数的特征方程**．关于延迟算子 B 的方程

$$\theta(B) = 1 + \theta_1 B + \theta_2 B^2 + \cdots + \theta_q B^q = \sum_{k=0}^{q} \theta_k B^k = 0 \tag{2.2.8}$$

称为 **q 阶移动平均系数多项式方程**．实际上，$\theta(x) = 0$ 的根与 $f(z) = 0$ 的根互为倒数．

定义 2.2.5　如果 MA(q) 模型所对应的 q 阶移动平均系数的特征方程

$$f(z) = z^q + \theta_1 z^{q-1} + \theta_2 z^{q-2} + \cdots + \theta_q = 0$$

的所有根(称为**特征根**)都在单位圆内,即特征根 $|\lambda_i| < 1, i = 1, 2, \cdots, q$,则称 **MA(q) 模型**满足可逆性条件.

定义 2.2.6　MA(q) 模型的特征方程的特征根的模小于 1 的系数向量的取值集合称为**可逆域**,即

$$可逆域 = \{(\theta_1, \theta_2, \cdots, \theta_q) \mid f(z) = z^q + \theta_1 z^{q-1} + \theta_2 z^{q-2} + \cdots + \theta_q = 0$$

$$的根 |\lambda_i| < 1, i = 1, 2, \cdots, q\} \qquad (2.2.9)$$

例 2.2.1　时间序列分别满足下列模型:

(1) $X_t = \varepsilon_t - 1.5\varepsilon_{t-1} + 0.36\varepsilon_{t-2}, t = 0, \pm 1, \cdots$;

(2) $X_t = \varepsilon_t - 0.49\varepsilon_{t-2}, t = 0, \pm 1, \cdots$,

试问时间序列 $\{X_t, t = 0, \pm 1, \pm 2, \cdots\}$ 是否满足可逆性条件.

解　(1) 对于 MA(2) 模型 $X_t = \varepsilon_t - 1.5\varepsilon_{t-1} + 0.36\varepsilon_{t-2}$ 来说,其延迟算子 B 表达的结构如下:

$$X_t = \theta(B)\varepsilon_t = (1 - 1.5B + 0.36B^2)\varepsilon_t$$

其 2 次移动平均系数的多项式方程为

$$\theta(x) = 1 - 1.5x + 0.36x^2 = 0$$

令 $z = \dfrac{1}{x}$,得到该 MA(2) 模型的特征方程

$$f(z) = z^2 - 1.5z + 0.36 = 0$$

求解方程,得到特征根 $\lambda_1 = 1.2, \lambda_2 = 0.3$,由于 $|\lambda_1| > 1$,所以,该 MA(2) 模型不满足可逆性条件.

(2) 对于 MA(2) 模型 $X_t = \varepsilon_t - 0.49\varepsilon_{t-2}$ 来说,其延迟算子 B 表达的结构如下:

$$X_t = \theta(B)X_t = (1 - 0.49B^2)\varepsilon_t$$

其 2 次移动平均系数的多项式方程为

$$\theta(x) = 1 - 0.49x^2 = 0$$

令 $z = \dfrac{1}{x}$,得到该 MA(2) 模型的特征方程

$$f(z) = z^2 - 0.49 = 0$$

求解方程,得到特征根

$$\lambda_1 = 0.7, \quad \lambda_2 = -0.7$$

由于 $|\lambda_i| < 1$，$i = 1, 2$，所以，该 MA(2) 模型满足可逆性条件.

　　例 2.2.2　如果一个时间序列满足 MA(q) 模型，其模型的结构为

$$X_t = (1 + \theta_1 B + \theta_2 B^2 + \cdots + \theta_q B^q)\varepsilon_t = \theta(B)\varepsilon_t$$

证明：$E\varepsilon_s X_t = 0, \forall s > t$.

　　证明　由于 $\{\varepsilon_t, t = 0, \pm 1, \pm 2, \cdots\}$ 是白噪声序列，也就是

$$E(\varepsilon_t) = 0, \quad \mathrm{Var}(\varepsilon_t) = \sigma_\varepsilon^2, \quad E(\varepsilon_t \varepsilon_s) = 0, \quad s \neq t$$

所以，

$$\begin{aligned}
E\varepsilon_s X_t &= E[(\varepsilon_t + \theta_1 \varepsilon_{t-1} + \theta_2 \varepsilon_{t-2} + \cdots + \theta_q \varepsilon_{t-q})\varepsilon_s] \\
&= E(\varepsilon_t \varepsilon_s) + \theta_1 E(\varepsilon_{t-1} \varepsilon_s) + \theta_2 E(\varepsilon_{t-2} \varepsilon_s) + \cdots + \theta_q E(\varepsilon_{t-q} \varepsilon_s)
\end{aligned}$$

由于

$$E(\varepsilon_i \varepsilon_j) = \begin{cases} 0, & i \neq j \\ \sigma_\varepsilon^2, & i = j \end{cases}$$

所以，

$$E\varepsilon_s X_t = 0, \quad \forall s > t$$

2.3　自回归移动平均模型

2.3.1　ARMA 模型

　　定义 2.3.1　如果时间序列 $\{X(t), t = 0, \pm 1, \pm 2, \cdots\}$ 有如下结构的模型：

$$\begin{cases}
X_t = \varphi_1 X_{t-1} + \varphi_2 X_{t-2} + \cdots + \varphi_p X_{t-p} + \varepsilon_t + \theta_1 \varepsilon_{t-1} + \theta_2 \varepsilon_{t-2} + \cdots + \theta_q \varepsilon_{t-q} \\
\varphi_p \neq 0, \theta_q \neq 0 \\
E(\varepsilon_t) = 0, \mathrm{Var}(\varepsilon_t) = \sigma_\varepsilon^2, E(\varepsilon_t \varepsilon_s) = 0, s \neq t \\
EX_s \varepsilon_t = 0, \forall s < t
\end{cases} \tag{2.3.1}$$

则称为**自回归移动平均模型** (auto regressive moving average model)，又称为中心化
自回归移动平均模型，简记为 ARMA(p, q) 模型.

　　如果模型结构为

$$X_t = \varphi_0 + \varphi_1 X_{t-1} + \varphi_2 X_{t-2} + \cdots + \varphi_p X_{t-p} + \varepsilon_t + \theta_1 \varepsilon_{t-1} + \theta_2 \varepsilon_{t-2} + \cdots + \theta_q \varepsilon_{t-q}$$

则称为非中心化 ARMA(p, q) 模型.

　　ARMA(p, q) 模型可以表示为

$$\varphi(B)X_t = \theta(B)\varepsilon_t \tag{2.3.2}$$

其中 $\theta_0 = 1, \varphi_0 = -1$，$\theta(B) = \sum_{k=0}^{q} \theta_k B^k$ 为 q 阶移动平均系数多项式；$\varphi(B) = -\sum_{k=0}^{p} \varphi_k B^k$ 为 p 阶自回归系数多项式.

实际上，如果时间序列 $\{X(t), t = 0, \pm 1, \pm 2, \cdots\}$ 在时刻 t 的随机变量 X_t 不仅与时刻 $t-1, t-2, \cdots, t-p$ 的随机变量 $X_{t-i}(i = 1, 2, \cdots, p)$ 有关，而且还与时刻 $t-1, t-2, \cdots, t-q$ 的随机扰动 $\varepsilon_{t-j}(j = 1, \cdots, q)$ 有关，那么，这个时间序列所适应的数学模型就是自回归移动平均模型.

非中心化 ARMA(p, q) 模型通过下面的变换转化为中心化 ARMA(p, q) 模型

$$Y_t = X_t - \frac{\varphi_0}{1 - \varphi_0 - \cdots - \varphi_p} = X_t - \mu \tag{2.3.3}$$

其中 $1 - \varphi_0 - \cdots - \varphi_p \neq 0$，$\mu = \dfrac{\varphi_0}{1 - \varphi_0 - \cdots - \varphi_p}$ 为中心位置. 由于中心化对序列的统计特征没有任何影响，今后只针对中心化 **MA 模型**、**AR 模型**、**ARMA 模型**进行相应的讨论.

定义 2.3.2　方程

$$f(z) = z^p - \varphi_1 z^{p-1} - \varphi_2 z^{p-2} - \cdots - \varphi_p = 0 \tag{2.3.4}$$

称为 **ARMA(p, q)模型**的**自回归部分的特征方程**. 方程

$$f(z) = z^q + \theta_1 z^{q-1} + \theta_2 z^{q-2} + \cdots + \theta_q = 0 \tag{2.3.5}$$

称为 **ARMA(p, q)模型**的**移动平均部分特征方程**.

定义 2.3.3　ARMA(p, q)模型，其移动平均系数使得移动平均部分特征方程的特征根的模小于 1 的取值集合称为 ARMA(p, q)型的**可逆域**，其自回归部分系数使得自回归部分特征方程的特征根的模小于 1 的取值集合称为 ARMA(p, q)模型的**平稳域**，即

$$\text{可逆域} = \{(\theta_1, \cdots, \theta_q) \mid f(z) = z^q + \theta_1 z^{q-1} + \theta_2 z^{q-2} + \cdots + \theta_q = 0$$

$$\text{的根} |\lambda_i| < 1, i = 1, 2, \cdots, q\} \tag{2.3.6}$$

$$\text{平稳域} = \{(\varphi_1, \cdots, \varphi_p) \mid f(z) = z^p - \varphi_1 z^{p-1} - \varphi_2 z^{p-2} - \cdots - \varphi_p = 0$$

$$\text{的根} |\lambda_i| < 1, i = 1, 2, \cdots, p\} \tag{2.3.7}$$

对于 ARMA(p, q)模型，其平稳域由自回归部分确定，可逆域由移动平均部分确定，平稳性由 AR 部分决定，可逆性由 MA 部分决定.

例 2.3.1　试求 ARMA$(2, 2)$模型的平稳域和可逆域.

解　ARMA$(2, 2)$模型的移动平均部分的特征方程为

$$f(z) = z^2 + \theta_1 z + \theta_2 = 0$$

满足可逆性条件，也就是说，特征根 λ_1, λ_2 满足 $|\lambda_1| < 1$, $|\lambda_2| < 1$，根据韦达定理知 $\theta_2 = \lambda_1\lambda_2$，$-\theta_1 = \lambda_1 + \lambda_2$，所以，$|\theta_2| < 1$，同时，

$$\lambda_1(1 - \lambda_2) < (1 - \lambda_2), \quad -(1 + \lambda_2) < \lambda_1(1 + \lambda_2)$$

所以，

$$\lambda_1 + \lambda_2 - \lambda_1\lambda_2 = -\theta_1 - \theta_2 < 1, \quad -\lambda_1\lambda_2 - (\lambda_1 + \lambda_2) = -\theta_2 + \theta_1 < 1$$

所以，ARMA(2, 2)模型的可逆域为

$$\{(\theta_1, \theta_2): -1 < \theta_2 < 1, -\theta_2 - \theta_1 < 1, \theta_1 - \theta_2 < 1\}$$

根据例 2.1.4 知，ARMA(2, 2)模型的平稳域和 AR(2)模型的平稳域是一样的，为

$$\{(\varphi_1, \varphi_2): -1 < \varphi_2 < 1, \varphi_2 + \varphi_1 < 1, \varphi_2 - \varphi_1 < 1\}$$

如果 $\varphi_1 = \varphi_2 = \cdots = \varphi_p = 0$，ARMA($p$, q)模型退化为 MA(q)模型；另一方面，如果 $\theta_1 = \theta_2 = \cdots = \theta_q = 0$，ARMA($p$, q)模型退化为 AR(p)模型. 从数学角度来看，AR(p)模型和 MA(q)模型是 ARMA(p, q)模型的特殊情况，但实际上，AR(p)模型、MA(q)模型和 ARMA(p, q)模型在统计特征上是完全不同的模型.

2.3.2 线性差分方程

ARMA(p, q)模型实际上是基于时间序列 $\{X_t\}$ 建立起来的线性随机差分方程，下面介绍常系数线性差分方程和线性随机差分方程的相关内容.

定义 2.3.4 设 $\{y_t, t = 0, \pm 1, \pm 2, \cdots\}$ 为实数序列，满足如下关系式

$$y(t+n) + a_1(t)y(t+n-1) + \cdots + a_n(t)y(t) = u(t) \tag{2.3.8}$$

则称 $\{y_t\}$ 满足**线性差分方程**，其中 $\{u_t, t = 0, \pm 1, \pm 2, \cdots\}$ 是已知实数序列，称为**驱动函数**，$a_1(t), a_2(t), \cdots, a_n(t)$ 为已知的实函数.

(1) 当 $a_1(t), a_2(t), \cdots, a_n(t)$ 退化为常数时，

$$y(t+n) + a_1 y(t+n-1) + \cdots + a_n y(t) = u(t) \tag{2.3.9}$$

称为 **n 阶常系数线性差分方程**. 如果 $u(t) \neq 0$，方程称为 **n 阶常系数非齐次线性差分方程**.

(2) 当 $a_1(t), a_2(t), \cdots, a_n(t)$ 退化为常数，而且所有的 $u(t) = 0$ 时，方程变为

$$y(t+n) + a_1 y(t+n-1) + \cdots + a_n y(t) = 0 \tag{2.3.10}$$

称为 **n 阶常系数齐次线性差分方程**. 利用延迟算子 B 可以表示为

$$(1 + a_1 B + \cdots + a_n B^n)y(t+n) = 0$$

(3) 如果 $\{u_t, t = 0, \pm 1, \pm 2, \cdots\}$ 是统计特征已知的随机序列，$\{y_t, t = 0, \pm 1, \pm 2, \cdots\}$ 也是

随机序列，而且 $E[y(t)]^2 < +\infty$，$E[u(t)]^2 < +\infty$，$a_1(t), a_2(t), \cdots, a_n(t)$ 为常数，那么，

$$y(t+n) + a_1 y(t+n-1) + \cdots + a_n y(t) = u(t)$$

称为 **n 阶常系数线性随机差分方程.**

定理 2.3.1（齐次线性差分方程解的叠加原理）　若 $y_1(t), y_2(t), \cdots, y_m(t)$ 是 n 阶常系数齐次线性差分方程 $y(t+n) + a_1 y(t+n-1) + \cdots + a_n y(t) = 0$ 的 m $(m \geqslant 2)$ 个特解，则其任意的线性组合

$$y(t) = c_1 y_1(t) + c_2 y_2(t) + \cdots + c_m y_m(t)$$

也是 n 阶常系数齐次线性差分方程的解，其中 $c_1, c_2, \cdots, c_m$ 为任意常数.

定理 2.3.2　n 阶常系数齐次线性差分方程

$$y(t+n) + a_1 y(t+n-1) + \cdots + a_n y(t) = 0$$

一定存在 n 个线性无关的特解.

定理 2.3.3（齐次线性差分方程通解结构定理）　如果 $y_1(t), y_2(t), \cdots, y_n(t)$ 是 n 阶常系数齐次线性差分方程 $y(t+n) + a_1 y(t+n-1) + \cdots + a_n y(t) = 0$ 的 n 个线性无关的特解，则方程的通解为

$$y(t) = A(t) = c_1 y_1(t) + c_2 y_2(t) + \cdots + c_n y_n(t)$$

其中 $c_1, c_2, \cdots, c_n$ 为任意常数.

定理 2.3.4（非齐次线性差分方程通解结构定理）　如果 $f(t)$ 是常系数 n 阶非齐次线性方程 $y(t+n) + a_1 y(t+n-1) + \cdots + a_n y(t) = u(t)$ 的一个特解，$A(t)$ 是其对应的齐次线性方程 $y(t+n) + a_1 y(t+n-1) + \cdots + a_n y(t) = 0$ 的通解，那么，非齐次线性差分方程的通解为

$$y(t) = A(t) + f(t) = c_1 y_1(t) + c_2 y_2(t) + \cdots + c_n y_n(t) + f(t)$$

其中 $c_1, c_2, \cdots, c_n$ 为任意常数，$y_1(t), y_2(t), \cdots, y_n(t)$ 是常系数 n 阶齐次线性差分方程的 n 个线性无关的特解.

从上面的定理可知，求解常系数 n 阶非齐次线性差分方程，先求相应的齐次方程的通解，然后求出非齐次线性差分方程的一个特解. 原方程的解是通解和特解的线性组合. 在 n 个初始条件 $y(0), y(1), \cdots, y(n-1)$ 下，可以求出通解中的常数，从而得出一般解. 常系数 n 阶非齐次线性差分方程的特解，要根据驱动函数的具体形式而定；相应的齐次方程的通解由相应特征方程的特征根决定.

定义 2.3.5　设 n 阶常系数齐次线性差分方程 (2.3.10) 有特解 $\bar{y}_t = \lambda^t$，λ 为非零常数，则

$$\lambda^n + a_1 \lambda^{n-1} + \cdots + a_n = 0 \tag{2.3.11}$$

称为常系数 n 阶齐次线性差分方程 (2.3.10) 所对应的特征方程，特征方程的根称为特

征根，记为 $\lambda_k(k=1,2,\cdots,n)$.

(1)若 n 阶常系数齐次线性差分方程所对应的特征方程有一个重数为 $m(m\leqslant n)$ 的实特征根 λ ，那么，

$$\lambda^t,t\lambda^t,t^2\lambda^t,\cdots,t^{m-1}\lambda^t \tag{2.3.12}$$

为 n 阶常系数齐次线性差分方程的 m 个线性无关的特解.

(2)若 n 阶常系数齐次线性差分方程所对应的特征方程有一对重数为 $k(2k\leqslant n)$ 的共轭复根 $\lambda=a+bi=r(\cos\omega+\mathrm{i}\sin\omega)$ ，$\bar\lambda=a-bi=r(\cos\omega-\mathrm{i}\sin\omega)$ ，则

$$\begin{cases} r^t\cos\omega t,tr^t\cos\omega t,t^2r^t\cos\omega t,\cdots,t^{k-1}r^t\cos\omega t \\ r^t\sin\omega t,tr^t\sin\omega t,t^2r^t\sin\omega t,\cdots,t^{k-1}r^t\sin\omega t \end{cases} \tag{2.3.13}$$

为常系数 n 阶齐次线性差分方程的 $2k$ 个线性无关的特解，其中 $\tan\omega=\dfrac{b}{a},\omega\in(0,\pi)$ ，$r=\sqrt{a^2+b^2}$.

(3)若 n 阶常系数齐次线性差分方程所对应的特征方程有 n 个互不相等的根，即 $\lambda_i\neq\lambda_j(i\neq j)$ ，则 n 阶常系数齐次线性差分方程的通解为

$$y(t)=c_1\lambda_1^t+c_2\lambda_2^t+\cdots+c_n\lambda_n^t=\sum_{i=1}^n c_i\lambda_i^t$$

其中 $c_1,c_2,\cdots,c_n$ 为任意常数.

(4)若 n 阶常系数齐次线性差分方程所对应的特征方程存在 l 个相等的实根，为方便起见，设 $\lambda_1=\lambda_2=\cdots=\lambda_l$ ，而 $\lambda_{l+1},\lambda_{l+2},\cdots,\lambda_n$ 为两两互不相等的根. 则 n 阶常系数齐次线性差分方程的通解为

$$y(t)=(c_1+c_2t+\cdots+c_lt^{l-1})\lambda_1^t+c_{l+1}\lambda_{l+1}^t+\cdots+c_n\lambda_n^t$$

其中 $c_1,c_2,\cdots,c_l,c_{l+1},\cdots,c_n$ 为任意常数.

定义 2.3.6　时间序列 $\{X_t\}$ 满足 ARMA(p, q)模型

$$X_t-\varphi_1X_{t-1}-\varphi_2X_{t-2}-\cdots-\varphi_pX_{t-p}=\varepsilon_t+\theta_1\varepsilon_{t-1}+\theta_2\varepsilon_{t-2}+\cdots+\theta_q\varepsilon_{t-q}$$

(1)令 $u_t=\varepsilon_t+\theta_1\varepsilon_{t-1}+\theta_2\varepsilon_{t-2}+\cdots+\theta_q\varepsilon_{t-q}$ ，那么，$\{X(t),t=0,\pm1,\pm2,\cdots\}$ 满足 p 阶常系数随机线性差分方程，相应的解称为 **ARMA(p, q)模型的平稳解**. 基于 $\theta(B)$ 和 $\varphi(B)$ 算子，ARMA(p, q)模型的平稳解在形式上可以表示为

$$X_t=\frac{\theta(B)}{\varphi(B)}\varepsilon_t=\sum_{j=0}^{\infty}G_jB^j\varepsilon_t=\sum_{j=0}^{\infty}G_j\varepsilon_{t-j}$$

(2)令 $u_t=X_t-\varphi_1X_{t-1}-\varphi_2X_{t-2}-\cdots-\varphi_pX_{t-p}$ ，那么，$\{\varepsilon(t),t=0,\pm1,\pm2,\cdots\}$ 满足 q 阶常系数随机线性差分方程，相应的解称为 **ARMA(p, q)模型的可逆解**. 基于 $\theta(B)$ 和

$\varphi(B)$ 算子，ARMA(p, q) 模型的可逆解在形式上可以表示为

$$\varepsilon_t = \frac{\varphi(B)}{\theta(B)} X_t = -\sum_{j=0}^{\infty} I_j B^j X_t = -\sum_{j=0}^{\infty} I_j X_{t-j}$$

其中 $\theta_0 = 1, \varphi_0 = -1$，$\theta(B) = \sum_{k=0}^{q} \theta_k B^k$ 为 q 阶移动平均系数多项式；$\varphi(B) = -\sum_{k=0}^{p} \varphi_k B^k$ 为 p 阶自回归系数多项式.

　　不论是 ARMA(p, q) 模型的平稳解，还是可逆解，其求解的原理和过程与常系数线性差分方程相似，具体求解的原理和过程将分别在下面的 2.4 节和 2.5 节讲解.

2.4　格林函数与平稳解

2.4.1　格林函数的定义

　　定义 2.4.1　针对 ARMA(p, q) 模型，通过线性变换将时间序列 $\{X_t\}$ 表示成既往白噪声 $\varepsilon_{t-j}(j \geq 0)$ 的加权求和形式

$$X_t = \sum_{j=0}^{\infty} G_j \varepsilon_{t-j} = \sum_{j=0}^{\infty} G_j B^j \varepsilon_t \tag{2.4.1}$$

则称为时间序列 $\{X_t\}$ 的**传递形式**，其中 G_j 称为格林函数或记忆函数.

　　时间序列的传递形式就是将 $\{X_t\}$ 分解为若干个(可以是有限的，也可以是无限的)白噪声的和. 若传递形式是有限多项的和，显然 $\{X_t\}$ 的二阶矩是存在的，满足均方收敛性. 若时间序列 $\{X_t\}$ 的传递形式是无穷多项的和，必须要求 $\{X_t\}$ 的二阶矩存在的，从而满足均方收敛性. 即

$$EX_t^2 = E\left[\left(\sum_{j=0}^{\infty} G_j \varepsilon_{t-j}\right)\left(\sum_{i=0}^{\infty} G_i \varepsilon_{t-i}\right)\right] = \sum_{j=0}^{\infty} \sum_{i=0}^{\infty} G_i G_j E[\varepsilon_{t-j} \varepsilon_{t-i}] = \sigma_\varepsilon^2 \sum_{j=0}^{\infty} G_j^2$$

要求 $\{X_t\}$ 的二阶矩存在，显然，必须有 $\sum_{j=0}^{\infty} G_j^2 < \infty$.

　　定义 2.4.2　针对时间序列 $\{X_t\}$ 的传递形式，即 $X_t = \sum_{j=0}^{\infty} G_j \varepsilon_{t-j}$，若格林函数 G_j 满足

$$\sum_{j=0}^{\infty} G_j^2 < \infty \tag{2.4.2}$$

则称时间序列 $\{X_t\}$ 满足**系统的稳定性**条件.

只有当时间序列 $\{X_t\}$ 满足稳定性条件时，其传递形式才有统计意义，此时，时间序列 $\{X_t\}$ 的传递形式就是 ARMA(p, q) 模型的平稳解.

即当 $\sum\limits_{j=0}^{\infty} G_j^2 < \infty$ 时，ARMA(p, q) 模型的平稳解为

$$X_t = \sum_{j=0}^{\infty} G_j \varepsilon_{t-j} = \sum_{j=0}^{\infty} G_j B^j \varepsilon_t$$

否则，时间序列 $\{X_t\}$ 的传递形式只是一个形式表达，ARMA(p, q) 模型不存在平稳解.

我们可以从四个方面理解时间序列 $\{X_t\}$ 的传递形式的本质. ①当时间序列 $\{X_t\}$ 满足稳定性条件时，时间序列 $\{X_t\}$ 的传递形式实际上就是 ARMA(p, q) 模型的平稳解. ②时间序列 $\{X_t\}$ 的传递形式就是将 $\{X_t\}$ 分解为若干个(可以有限、也可以无限)互不相关的白噪声之和. 格林函数描述了系统如何记忆扰动的. ③时间序列 $\{X_t\}$ 的传递形式本质就是用一个无限阶 MA 模型来逼近时间序列. ④从线性空间的角度来解释 $\{X_t\}$ 的传递形式，时间序列 $\{X_t\}$ 的传递形式就是 X_t 由基 $\{\varepsilon_t, \varepsilon_{t-1}, \cdots,$ $\varepsilon_{t-j}, \cdots\}$ 线性表示，格林函数 G_j 是 X_t 对于 ε_{t-j} 的坐标. 这一思想是由沃尔德(Wold)在 1938 年引入的，因而，时间序列 $\{X_t\}$ 的传递形式也叫作沃尔德分解式，G_j 也被称为沃尔德系数.

2.4.2　求解格林函数和平稳解

当时间序列 $\{X_t\}$ 满足系统的稳定性条件时，求解 ARMA(p, q) 模型的平稳解，本质就是计算格林函数. 格林函数的求解通常可以采用待定系数法，或利用常系数线性差分方程等方法来求解.

例 2.4.1　在 $|\varphi| < 1$ 的条件下，求解 AR(1)模型 $X_t - \varphi X_{t-1} = \varepsilon_t$ 的格林函数及其平稳解.

解　(1)方法一，迭代法.

$$\begin{aligned}
X_t &= \varphi X_{t-1} + \varepsilon_t = \varphi(\varphi X_{t-2} + \varepsilon_{t-1}) + \varepsilon_t = \varphi^2 X_{t-2} + \varphi \varepsilon_{t-1} + \varepsilon_t \\
&= \varphi^3 X_{t-3} + \varphi^2 \varepsilon_{t-2} + \varphi \varepsilon_{t-1} + \varepsilon_t = \cdots \\
&= \varphi^n X_{t-n} + \varphi^{n-1} \varepsilon_{t-n+1} + \varphi^{n-2} \varepsilon_{t-n+2} + \cdots + \varphi \varepsilon_{t-1} + \varepsilon_t
\end{aligned}$$

所以，

$$X_t = \varphi^n X_{t-n} + \sum_{k=0}^{n-1} \varphi^k \varepsilon_{t-k}$$

在 $|\varphi| < 1$ 的条件下，有

$$E\left(X_t - \sum_{k=0}^{n-1}\varphi^k\varepsilon_{t-k}\right)^2 = E\left(\varphi^{2n}X_{t-n}^2\right) = \varphi^{2n}E(X_{t-n}^2) \xrightarrow{n\to\infty} 0$$

所以，当 $|\varphi| < 1$ 时，有 AR(1) 模型满足均方收敛性，存在平稳解，其平稳解为

$$X_t = \sum_{k=0}^{\infty}\varphi^k\varepsilon_{t-k}$$

相应的格林函数为

$$G_j = \varphi^j, \quad j = 0,1,2,\cdots$$

(2) 方法二，**待定系数法**. AR(1) 模型的 Back 算子形式为

$$(1-\varphi B)X_t = \varepsilon_t$$

将 $X_t = \sum_{j=0}^{\infty}G_j\varepsilon_{t-j} = \sum_{j=0}^{\infty}G_jB^j\varepsilon_t$ 代入，比较 Back 算子的同次幂的系数，得

$$G_0 = 1, \quad G_j - \varphi G_{j-1} = 0, \quad j = 1,2,\cdots$$

所以，AR(1) 模型的格林函数为

$$G_j = \varphi^j, \quad j = 0,1,2,\cdots$$

在 $|\varphi| < 1$ 的条件下，$\sum_{j=0}^{\infty}G_j^2 < +\infty$，所以，AR(1) 模型的平稳解为

$$X_t = \sum_{k=0}^{\infty}\varphi^k\varepsilon_{t-k}$$

当 $|\varphi| \geq 1$ 时，AR(1) 模型的格林函数为 $G_j = \varphi^j, j = 0,1,2,\cdots$，但不存在平稳解，时间序列的传递形式只是一个形式表达.

(3) 方法三，**Back 算子分解法**. AR(1) 模型的 Back 算子形式为

$$(1-\varphi B)X_t = \varepsilon_t \to X_t = \frac{1}{1-\varphi B}\varepsilon_t$$

在 $|\varphi| < 1$ 的条件下，将 $\dfrac{1}{1-\varphi B}$ 视为公比为 φB 的等比序列的级数，即

$$X_t = \frac{1}{1-\varphi B}\varepsilon_t = \sum_{j=0}^{\infty}(\varphi B)^j\varepsilon_t = \sum_{j=0}^{\infty}\varphi^j\varepsilon_{t-j}$$

所以，在 $|\varphi| < 1$ 的条件下，AR(1) 模型的格林函数为 $G_j = \varphi^j, j = 0,1,2,\cdots$，平稳解为

$$X_t = \sum_{j=0}^{\infty} \varphi^j \varepsilon_{t-j}$$

例 2.4.2 求解 AR(2) 模型 $X_t - \varphi_1 X_{t-1} - \varphi_2 X_{t-2} = \varepsilon_t$ 的格林函数.

解 将 $X_t = \sum_{j=0}^{\infty} G_j B^j \varepsilon_t$ 代入 AR(2) 模型，得

$$(1 - \varphi_1 B - \varphi_2 B^2) X_t = (1 - \varphi_1 B - \varphi_2 B^2) \sum_{j=0}^{\infty} G_j B^j \varepsilon_t = \varepsilon_t$$

$$(G_0 + (G_1 - \varphi_1 G_0) B + (G_2 - \varphi_1 G_1 - \varphi_2 G_0) B^2 + \cdots) \varepsilon_t = \varepsilon_t$$

对比上述等式两端 Back 算子同次幂的系数，可得一系列方程组，从而求出相应的格林函数

$$\begin{cases} G_0 = 1 \\ G_1 - \varphi_1 G_0 = 0 \\ G_2 - \varphi_1 G_1 - \varphi_2 G_0 = 0 \\ \qquad \cdots\cdots \\ G_k - \varphi_1 G_{k-1} - \varphi_2 G_{k-2} = 0, \quad k \geqslant 2 \end{cases}$$

其中 $G_0 = 1, G_1 - \varphi_1 G_0 = 0$ 称为 AR(2) 模型的格林函数满足的初始条件，常系数齐次差分方程

$$(1 - \varphi_1 B - \varphi_2 B^2) G_k = 0, \quad k \geqslant 2$$

称为 AR(2) 模型的格林函数满足的通式.

从例 2.4.2 可以看出，若要求出第 k 个格林函数 G_k，必须依次求出 G_k 前面的所有的格林函数 $G_1, G_2, \cdots, G_{k-1}$.

定义 2.4.3 将时间序列 $\{X_t\}$ 的传递形式

$$X_t = \sum_{j=0}^{\infty} G_j \varepsilon_{t-j} = \sum_{j=0}^{\infty} G_j B^j \varepsilon_t$$

代入 ARMA(p, q) 模型的 Back 算子形式中，

$$(1 - \varphi_1 B - \varphi_2 B^2 - \cdots - \varphi_p B^p) X_t = (1 + \theta_1 B + \theta_2 B^2 + \cdots + \theta_q B^q) \varepsilon_t$$

根据 Back 算子同次幂的系数一定相等这一特征，利用待定系数法求解格林函数，那么，依次递推出格林函数的一系列表达式，称这一系列表达式为**格林函数的隐式**.

例 2.4.3 求解 ARMA(2, 1) 模型 $X_t - \varphi_1 X_{t-1} - \varphi_2 X_{t-2} = \varepsilon_t + \theta_1 \varepsilon_{t-1}$ 的格林函数.

解 (1) 方法一，**待定系数法**. ARMA(2, 1) 模型的 Back 算子形式为

$$(1-\varphi_1 B - \varphi_2 B^2)X_t = (1+\theta_1 B)\varepsilon_t$$

将 $X_t = \sum_{j=0}^{\infty} G_j \varepsilon_{t-j} = \sum_{j=0}^{\infty} G_j B^j \varepsilon_t$ 代入上式得

$$(1-\varphi_1 B - \varphi_2 B^2)\sum_{j=0}^{\infty} G_j B^j \varepsilon_t = (1+\theta_1 B)\varepsilon_t$$

比较 B 的同次幂的系数，得

$$0: \quad G_0 = 1$$
$$1: \quad G_1 - \varphi_1 G_0 = \theta_1$$
$$2: \quad G_2 - \varphi_1 G_1 - \varphi_2 G_0 = 0$$
$$\cdots\cdots$$
$$j: \quad G_j - \varphi_1 G_{j-1} - \varphi_2 G_{j-2} = 0$$

所以，

$$G_0 = 1; \quad G_1 = \varphi_1 + \theta_1; \quad (1-\varphi_1 B - \varphi_2 B^2)G_j = 0, \quad j \geq 2$$

可以看出，当 $j \geq 2$ 时，格林函数 G_j 满足 ARMA(2, 1) 模型的自回归部分对应的齐次差分方程.

(2) 方法二，**线性差分法**. 由于 ARMA(2, 1) 模型的格林函数在 $j \geq 2$ 都满足齐次差分方程

$$(1-\varphi_1 B - \varphi_2 B^2)G_j = 0, \quad j \geq 2$$

(i) 当 $\varphi_1^2 + 4\varphi_2 > 0$ 时，自回归部分对应的特征方程有两个不相等的特征根

$$\lambda_1, \lambda_2 = \frac{\varphi_1 \pm \sqrt{\varphi_1^2 + 4\varphi_2}}{2}$$

所以，格林函数的通解为

$$G_j = g_1 \lambda_1^j + g_2 \lambda_2^j, \quad j \geq 2 \quad (\text{其中} g_1, g_2 \text{为常数})$$

基于常数变易法，将 $G_j = g_1(\lambda_1, \lambda_2)\lambda_1^j + g_2(\lambda_1, \lambda_2)\lambda_2^j$ 代入 $X_t = \sum_{j=0}^{\infty} G_j B^j \varepsilon_t$，并代入模型

$$(1-\varphi_1 B - \varphi_2 B^2)X_t = (1+\theta_1 B)\varepsilon_t$$

得

$$(1-\varphi_1 B - \varphi_2 B^2)\sum_{j=0}^{\infty} (g_1(\lambda_1, \lambda_2)\lambda_1^j + g_2(\lambda_1, \lambda_2)\lambda_2^j)B^j \varepsilon_t = (1+\theta_1 B)\varepsilon_t$$

比较 B 的同次幂的系数，得

B^0:　左 $= g_1(\lambda_1,\lambda_2) + g_2(\lambda_1,\lambda_2)$,右 $=1$

B^1:　左 $= g_1(\lambda_1,\lambda_2)\lambda_1 + g_2(\lambda_1,\lambda_2)\lambda_2 - \varphi_1(g_1(\lambda_1,\lambda_2) + g_2(\lambda_1,\lambda_2))$,右 $= \theta_1$

所以：
$$\begin{cases} g_1(\lambda_1,\lambda_2) + g_2(\lambda_1,\lambda_2) = 1, \\ g_1(\lambda_1,\lambda_2)\lambda_1 + g_2(\lambda_1,\lambda_2)\lambda_2 = \varphi_1 + \theta_1. \end{cases}$$

由于特征根已经包含自回归部分的信息，所以通常情况下，g_i 用移动平均部分的系数和自回归部分特征方程的根来表示. 根据韦达定理，可知 $\varphi_1 = \lambda_1 + \lambda_2$，所以，

$$g_1(\lambda_1,\lambda_2) = \frac{\lambda_1 + \theta_1}{\lambda_1 - \lambda_2}, \quad g_2(\lambda_1,\lambda_2) = \frac{\lambda_2 + \theta_1}{\lambda_2 - \lambda_1}$$

格林函数为

$$G_j = \left(\frac{\lambda_1 + \theta_1}{\lambda_1 - \lambda_2}\right)\lambda_1^j + \left(\frac{\lambda_2 + \theta_1}{\lambda_2 - \lambda_1}\right)\lambda_2^j, \quad j = 0,1,2,\cdots \tag{2.4.3}$$

(ii) 当 $\Delta = \varphi_1^2 + 4\varphi_2 = 0$ 时，自回归部分对应的特征方程有两个相等特征根 $\lambda_1 = \lambda_2 = \frac{\varphi_1}{2}$，所以，格林函数的通解为

$$G_j = (g_1 + g_2 j)\lambda_1^j$$

将 $X_t = \sum_{j=0}^{\infty} G_j B^j \varepsilon_t$ 代入 ARMA(2, 1)模型，比较 B 的同次幂的系数得

B^0:　　左 $= g_1$,　　右 $=1$

B^1:　　左 $= (g_1 + g_2)\lambda_1 - \varphi_1 g_1 = \theta_1$

$$\Rightarrow g_1 = 1, g_2 = \frac{\varphi_1 + \theta_1 - \lambda_1}{\lambda_1}$$

由韦达定理，知 $\varphi_1 = 2\lambda_1$，所以

$$G_j = \left(1 + \frac{2\lambda_1 + \theta_1 - \lambda_1}{\lambda_1}j\right)\lambda_1^j = \lambda_1^j + \frac{\lambda_1 + \theta_1}{\lambda_1}j\lambda_1^j, \quad j = 0,1,2,\cdots \tag{2.4.4}$$

(iii) 如果 $\Delta = \varphi_1^2 + 4\varphi_2 < 0$，自回归部分对应的特征方程 $\lambda^2 - \varphi_1\lambda - \varphi_2 = 0$ 有两个虚根

$$\lambda_1,\lambda_2 = \frac{\varphi_1 - \sqrt{-\varphi_1^2 - 4\varphi_2}\,\mathrm{i}}{2} = r(\cos\omega \pm \mathrm{i}\sin\omega)$$

其中 $r = |\lambda_1| = |\lambda_2| = \sqrt{\left(\frac{1}{2}\varphi_1\right)^2 + \left(\frac{1}{2}\sqrt{-\varphi_1^2 - 4\varphi_2}\right)^2} = \sqrt{-\varphi_2}$ 为虚根的模，$\omega = \arccos\left(\frac{\varphi_1}{2}\Big/r\right) =$

$\arccos\left[\dfrac{\varphi_1}{2\sqrt{-\varphi_2}}\right]$ 为虚根的频率.

由于有两个不相等的根, 所以格林函数为

$$G_j = g_1\lambda_1^j + g_2\lambda_2^j, \quad j \geqslant 2$$

其中

$$g_1 = \frac{\lambda_1 + \theta_1}{\lambda_1 - \lambda_2} = \frac{re^{i\omega} + \theta_1}{re^{i\omega} - re^{-i\omega}} = \frac{r\cos\omega + \theta_1 + ir\sin\omega}{2ir\sin\omega} = \frac{1}{2} - \frac{i}{2}\frac{\theta_1 + r\cos\omega}{r\sin\omega}$$

$$g_2 = \frac{\lambda_2 + \theta_1}{\lambda_2 - \lambda_1} = \frac{re^{-i\omega} + \theta_1}{re^{-i\omega} - re^{i\omega}} = \frac{r\cos\omega + \theta_1 - ir\sin\omega}{-2ir\sin\omega} = \frac{1}{2} + \frac{i}{2}\frac{\theta_1 + r\cos\omega}{r\sin\omega}$$

也就是, 虚数 g_1, g_2 为共轭复数, 其模为 $g = |g_1| = |g_2| = \sqrt{\left(\dfrac{1}{2}\right)^2 + \left(\dfrac{\theta_1 + r\cos\omega}{2r\sin\omega}\right)^2}$, 频率为 $\beta = \arctan\left(\dfrac{\theta_1 + r\cos\omega}{r\sin\omega}\right)$, 所以, 格林函数为

$$G_j = gr^j 2\cos(\beta + j\omega) = r^j A\cos(\beta + j\omega) \quad (A = 2g) \tag{2.4.5}$$

定义 2.4.4　当阶数大于自回归阶数和移动平均阶数的最大值时, 格林函数满足的常系数齐次差分方程, 称为**格林函数的一般表达式**(又称**通式**). 反之, 当阶数小于等于自回归阶数和移动平均阶数的最大值时格林函数满足的差分方程, 称为**格林函数的初始条件**. 利用线性差分方程的知识求解格林函数的通式, 就可得到格林函数的通解, 然后利用常数变易法, 根据格林函数的初始条件, 求出格林函数的特解, 这时所得到的称为**格林函数的显式**.

例 2.4.4　AR(2)模型, 其中 $\varphi_1^2 + 4\varphi_2 > 0$, 求格林函数的显式.

解　ARMA(2, 1)中, 如果 $\theta_1 = 0$, 则变为 AR(2)模型, 因此利用例 2.4.3 的结果, 可以得到 AR(2)的格林函数显式为

$$G_j = \frac{\lambda_1}{\lambda_1 - \lambda_2}\lambda_1^j + \frac{\lambda_2}{\lambda_2 - \lambda_1}\lambda_2^j = \frac{1}{\lambda_1 - \lambda_2}(\lambda_1^{j+1} - \lambda_2^{j+1}), \quad j = 0, 1, 2, \cdots \tag{2.4.6}$$

例 2.4.5　求 ARMA(1, 1)模型格林函数的显式.

解　ARMA(1, 1)模型 $X_t - \varphi_1 X_{t-1} = \varepsilon_t + \theta_1\varepsilon_{t-1}$ 是 ARMA(2, 1)模型中 $\varphi_2 = 0$ 的特殊情况. 所以, ARMA(1, 1)模型格林函数的显式为

$$G_j = \left(\frac{\lambda_1 + \theta_1}{\lambda_1 - \lambda_2}\right)\lambda_1^j + \left(\frac{\lambda_2 + \theta_1}{\lambda_2 - \lambda_1}\right)\lambda_2^j$$

其中 $\lambda_1 = \varphi_1, \lambda_2 = 0$, 所以, ARMA(1, 1)模型的格林函数为

$$G_0 = 1, \quad G_j = (\lambda_1 + \theta_1)\lambda_1^{j-1} \quad (j = 1, 2, \cdots) \tag{2.4.7}$$

上面讨论了 ARMA(2, 1)模型、AR(2)模型和 ARMA(1, 1)模型的格林函数显式，上述公式可以推广到 ARMA$(n, n-1)$模型. 对于 ARMA$(n, n-1)$模型，

$$X_t - \varphi_1 X_{t-1} - \varphi_2 X_{t-2} - \cdots - \varphi_n X_{t-n} = \varepsilon_t + \theta_1\varepsilon_{t-1} + \theta_2\varepsilon_{t-2} + \cdots + \theta_{n-1}\varepsilon_{t-n+1}$$

当自回归部分所对应的特征方程 $\lambda^n - \varphi_1\lambda^{n-1} - \varphi_2\lambda^{n-2} - \cdots - \varphi_n = 0$ 有 n 个不同特征根时，设为 $\lambda_1, \lambda_2, \cdots, \lambda_n$，则格林函数的显式为

$$G_i = g_1\lambda_1^j + g_2\lambda_2^j + \cdots + g_n\lambda_n^j, \quad j \geqslant 1 \tag{2.4.8}$$

其中 $g_i = \dfrac{\lambda_i^{n-1} + \theta_1\lambda_i^{n-2} + \cdots + \theta_{n-1}}{(\lambda_i - \lambda_1)(\lambda_i - \lambda_2)\cdots(\lambda_i - \lambda_{i-1})(\lambda_i - \lambda_{i+1})\cdots(\lambda_i - \lambda_n)}$，$G_0 = 1$.

例 2.4.6　已知 ARMA(3, 1)模型为 $(1 - 0.7B)(1 - 0.9B + 0.2B^2)X(t) = \varepsilon_t + 0.3\varepsilon_{t-1}$，求其对应的格林函数的显式.

解　ARMA(3, 1)模型是 ARMA(3, 2)模型中 $\theta_2 = 0$ 的特殊情况，所以，当自回归部分的特征根全部不相同时，ARMA(3, 1)模型格林函数的显式为

$$G_i = g_1\lambda_1^j + g_2\lambda_2^j + g_3\lambda_3^j, \quad j > 1$$

其中

$$g_1 = \frac{\lambda_1^2 + \theta_1\lambda_1 + \theta_2}{(\lambda_1 - \lambda_3)(\lambda_1 - \lambda_2)} = \frac{\lambda_1^2 + \theta_1\lambda_1}{(\lambda_1 - \lambda_3)(\lambda_1 - \lambda_2)}$$

$$g_2 = \frac{\lambda_2^2 + \theta_1\lambda_2}{(\lambda_2 - \lambda_3)(\lambda_2 - \lambda_3)}$$

$$g_3 = \frac{\lambda_3^2 + \theta_1\lambda_3}{(\lambda_3 - \lambda_1)(\lambda_3 - \lambda_1)}$$

上述 ARMA(3, 1)模型中，$\lambda_1 = 0.7$，$\lambda_2 = 0.4$，$\lambda_3 = 0.5$，$\theta_1 = 0.3$，从而求出该 ARMA(3,1)模型的格林函数的显式.

例 2.4.7　利用 Back 算子分解法求 ARMA(1, 1)模型 $X_t + 0.2X_{t-1} = \varepsilon_t - 0.4\varepsilon_{t-1}$ 的格林函数和平稳解.

解　因为 $(1 + 0.2B)X_t = (1 - 0.4B)\varepsilon_t$，所以，

$$X_t = \frac{1 - 0.4B}{1 + 0.2B}\varepsilon_t = \frac{3 - 2(1 + 0.2B)}{1 + 0.2B}\varepsilon_t = \left(-2 + \frac{3}{1 + 0.2B}\right)\varepsilon_t$$

$$= \left[-2 + 3\sum_{j=0}^{\infty}(-0.2B)^j\right]\varepsilon_t = \sum_{j=0}^{\infty}G_j\varepsilon_{t-j}$$

其中 $G_0 = -2 + 3 = 1$，$G_j = 3 \times (-0.2)^j, j \geqslant 1$，这样一来，求出了上述 ARMA(1, 1)模型

的格林函数及其平稳解.

2.4.3　MA 模型、AR 模型、ARMA 模型格林函数的特点

例 2.4.8　求 MA(q) 模型 $X_t = \varepsilon_t - \theta_1\varepsilon_{t-1} - \theta_2\varepsilon_{t-2} - \cdots - \theta_q\varepsilon_{t-q}$ 的格林函数.

解　从格林函数的定义可以很容易得出

$$G_0 = 1, \quad G_i = \theta_i \ (1 \leqslant i \leqslant q), \quad G_i = 0 \ (i > q) \tag{2.4.9}$$

对于移动平均模型，当阶数大于移动平均的阶数，即 $i > q$ 时，格林函数 G_i 都等于零. **移动平均模型(MA 模型)的格林函数具有截尾性.**

例 2.4.9　求 AR(p) 模型 $(1 - \varphi_1 B - \varphi_2 B^2 - \cdots - \varphi_p B^p)X_t = \varepsilon_t$ 的格林函数.

解　将 $X_t = \sum\limits_{j=0}^{\infty} G_j B^j \varepsilon_t$ 代入模型中，比较 Back 算子的同次幂系数，得格林函数所满足的初始条件及其满足的齐次差分方程

$$\text{初始条件}\begin{cases} G_0 = 1 \\ G_1 - \varphi_1 G_0 = 0 \\ G_2 - \varphi_1 G_1 - \varphi_2 G_0 = 0 \\ \qquad\cdots\cdots \\ G_p - \varphi_1 G_{p-1} - \varphi_2 G_{p-3} - \cdots - \varphi_p G_0 = 0 \end{cases} \tag{2.4.10}$$

当 $k > p$ 时，格林函数满足齐次差分方程

$$(1 - \varphi_1 B - \varphi_2 B^2 - \cdots - \varphi_p B^p)G_k = 0, \quad k > p \tag{2.4.11}$$

如果特征方程 $\lambda^p - \varphi_1\lambda^{p-1} - \varphi_2\lambda^{p-2} - \cdots - \varphi_p = 0$ 的特征根 $\lambda_1, \lambda_2, \cdots, \lambda_p$ 互不相同，而且 $|\lambda_i| < 1(i = 1, 2, \cdots, p)$，那么，

$$G_k = \sum_{j=1}^{p} c_j \lambda_j^k, \quad |G_k| \leqslant w_1 \mathrm{e}^{-kw_2} \tag{2.4.12}$$

从上面可知：

(1)对于 AR(p) 模型，当格林函数的阶数 $k > p$ 时，格林函数 G_k 满足自回归部分的 p 阶齐次线性差分方程. 当阶数 $k = 1, 2, \cdots, p$ 时，格林函数 G_k 满足阶数从 1，2，…变到 p 阶，系数为自回归部分的齐次线性差分方程.

(2)自回归部分的特征方程所对应的特征根中的实根(包括重根)，确定格林函数的趋势性，从而确定了时间序列的趋势性.

(3)自回归部分的特征方程所对应的特征根中的共轭虚根(包括重根)，确定格林函数的周期性，从而确定了时间序列的季节效应和循环变动.

(4)对于 AR(p) 模型，只有当自回归部分特征方程的特征根的模都小于 1，满足

平稳性条件时，AR(p)模型才有传递形式，才有平稳解. 此时，格林函数以负指数的形式收敛到零，称为拖尾性. **满足平稳性条件的 AR(p)模型，其格林函数以负指数的形式收敛到零，具有拖尾性，AR(p)模型存在平稳解.**

例 2.4.10　求 ARMA(p,q)模型

$$(1-\varphi_1 B-\varphi_2 B^2-\cdots-\varphi_p B^p)X_t=(1+\theta_1 B+\theta_2 B^2+\cdots+\theta_q B^q)\varepsilon_t$$

的格林函数.

解　将 $X_t=\sum\limits_{j=0}^{\infty}G_j B^j \varepsilon_t$ 代入模型中，比较 B 的同次幂的系数，可得

初始条件 $\begin{cases}G_0=1\\G_1-\varphi_1 G_0=\theta_1\\G_2-\varphi_1 G_1-\varphi_2 G_0=\theta_2\\\qquad\cdots\cdots\\G_m-\varphi_1 G_{m-1}-\varphi_2 G_{m-2}-\cdots-\varphi_m G_0=\theta_m\quad(m\leqslant\max(p,q))\end{cases}$　(2.4.13)

当 $k>\max(p,q)$ 时，格林函数 G_k 都满足自回归部分的齐次差分方程，即

$$(1-\varphi_1 B-\varphi_2 B^2-\cdots-\varphi_p B^p)G_k=0,\quad k>\max(p,q)\qquad(2.4.14)$$

整理，可得

$$G_l=\sum_{j=1}^{l}\varphi_j^* G_{l-j}+\theta_l^*,\quad l=1,2,\cdots\qquad(2.4.15)$$

其中 $\varphi_j^*=\begin{cases}\varphi_j,&1\leqslant j\leqslant p,\\0,&j>p,\end{cases}$　$\theta_j^*=\begin{cases}\theta_j,&1\leqslant j\leqslant q,\\0,&j>q,\end{cases}$　$G_0=1,\varphi_0=-1,\theta_0=1$.

从上面可知：

(1)对于 ARMA(p,q)模型，当格林函数的阶数 $k>\max(p,q)$ 时，格林函数 G_k 满足自回归部分的 p 阶齐次线性差分方程. 当阶数 $k\leqslant\max(p,q)$ 时，格林函数 G_k 满足系数为自回归部分的非齐次线性差分方程.

(2)自回归部分的特征方程所对应的特征根中的实根(包括重根)，确定格林函数的趋势性，从而确定时间序列的趋势性.

(3)自回归部分的特征方程所对应的特征根中的共轭虚根(包括重根)，确定格林函数的周期性，从而确定了时间序列的季节效应和循环变动.

(4)对于 ARMA(p,q)模型，只有当自回归部分特征方程的特征根的模都小于 1，满足平稳性条件时，ARMA(p,q)模型才有传递形式，才有平稳解. 此时，格林函数以负指数的形式收敛到零，称为拖尾性. 换句话说，**满足平稳性条件的 ARMA(p,q)模型，其格林函数以负指数的形式收敛到零，具有拖尾性，ARMA(p,q)模型存在平稳解.**

2.5　逆函数与可逆解

2.5.1　逆函数的定义

定义 2.5.1　针对 ARMA(p,q) 模型，通过线性变换将白噪声 ε_t 表示成既往响应 $X_{t-j}(j \geq 0)$ 的加权求和形式

$$\varepsilon_t = -\sum_{j=0}^{\infty} I_j B^j X_t = -\sum_{j=0}^{\infty} I_j X_{t-j} \tag{2.5.1}$$

则称为 $\{X_t\}$ 的逆转形式，I_j 称为逆函数.

由于随机扰动 ε_t 为零均值白噪声，其方差 $D\varepsilon_t = \sigma_\varepsilon^2$ 为一个常数，所以，逆函数 I_j 必须满足一定的条件，即

$$E[\varepsilon_t^2] = E\left[\left(-\sum_{j=0}^{\infty} I_j X_{t-j}\right)\left(-\sum_{k=0}^{\infty} I_k X_{t-k}\right)\right] = \sum_{k=0}^{\infty}\sum_{j=0}^{\infty} I_j I_k E[X_{t-j}X_{t-k}]$$

要保证 ε_t 的方差是存在的，那么，$\sum_{j=0}^{\infty} I_j^2 < +\infty$.

定义 2.5.2　针对时间序列 $\{X_t\}$ 的逆转形式，即 $\varepsilon_t = -\sum_{j=0}^{\infty} I_j X_{t-j}$，若逆函数 I_j 满足

$$\sum_{j=0}^{\infty} I_j^2 < \infty \tag{2.5.2}$$

则称时间序列 $\{X_t\}$ 满足系统的可逆性条件. 只有当 $\sum_{j=0}^{\infty} I_j^2 < +\infty$ 时，ARMA(p,q) 模型的逆转形式 $\varepsilon_t = -\sum_{j=0}^{\infty} I_j B^j X_t$ 才有意义，ARMA(p,q) 模型存在可逆解.

2.5.2　逆函数的求解和可逆解

对逆函数也可以采用待定系数法，或利用差分方程等方法来求解.

例 2.5.1　已知 MA(2) 模型 $X_t = (1 - 1.1B + 0.3B^2)\varepsilon_t$，求出该模型前 3 个逆函数，以及相应的可逆解.

解　(1)方法一，待定系数法. 将 $\{X_t\}$ 的逆转形式

$$\varepsilon_t = \sum_{j=0}^{\infty}(-I_j)X_{t-j} = \sum_{j=0}^{\infty}(-I_j)B^j X_t$$

代入模型中得

$$X_t = (1-1.1B+0.3B^2)(-I_0 - I_1 B - I_2 B^2 - \cdots)X_t$$

比较 B 的同次幂的系数得

$$B^0 : -I_0 = 1 \Rightarrow I_0 = -1$$

$$B : -I_1 + 1.1 I_0 = 0 \Rightarrow I_1 = -1.1$$

$$B^2 : -I_2 + 1.1 I_1 - 0.3 I_0 = 0 \Rightarrow I_2 = -0.91$$

$$B^3 : -I_3 + 1.1 I_2 - 0.3 I_1 = 0 \Rightarrow I_3 = -0.671$$

也就是此 MA(2) 模型逆函数满足的初始条件为

$$I_0 = -1, \quad I_1 - 1.1 I_0 = 0$$

此 MA(2) 模型逆函数的通式为

$$(1-1.1B+0.3B^2)I_k = 0, \quad k \geqslant 2$$

(2) 方法二, 差分方程法. 由于 MA(2) 的逆函数在 $k \geqslant 2$ 都满足齐次差分方程

$$(1+\theta_1 B+\theta_2 B^2)I_j = (1-1.1B+0.3B^2)I_j = 0, \quad j \geqslant 2$$

其移动平均部分对应的特征方程为

$$\lambda^2 + \theta_1 \lambda + \theta_2 = \lambda^2 - 1.1\lambda + 0.3 = (\lambda - 0.6)(\lambda - 0.5) = 0$$

有两不相等的特征根

$$\lambda_1 = 0.6, \quad \lambda_2 = 0.5$$

所以, 逆函数的通解为

$$I_j = c_1 \lambda_1^j + c_2 \lambda_2^j, \quad j \geqslant 2 \, (c_1, \ c_2 \ \text{为常数})$$

将 $\varepsilon_t = \sum\limits_{j=0}^{\infty}(-I_j)B^j X_t = -\sum\limits_{j=0}^{\infty}(c_1 \lambda_1^j + c_2 \lambda_2^j)B^j X_t$ 代入 $X_t = (1+\theta_1 B+\theta_2 B^2)\varepsilon_t$, 得

$$X_t = (1+\theta_1 B+\theta_2 B^2)\left(-\sum_{j=0}^{\infty}(c_1 \lambda_1^j + c_2 \lambda_2^j)B^j\right)X_t$$

比较 B 的同次幂的系数,

$$B^0:\quad 左=-(c_1+c_2),右=1$$
$$B^1:\quad 左=-(c_1\lambda_1+c_2\lambda_2)-\theta_1(c_1+c_2),右=0$$

所以 $\begin{cases} c_1+c_2=-1, \\ c_1\lambda_1+c_2\lambda_2=\theta_1. \end{cases}$

由于特征根已包含移动平均部分的信息，所以通常情况下，c_i 用移动平均部分特征方程的特征根来表示. 根据韦达定理，可知 $\theta_1=-(\lambda_1+\lambda_2)$，所以

$$c_1=-\frac{\lambda_1}{\lambda_1-\lambda_2},\quad c_2=-\frac{\lambda_2}{\lambda_2-\lambda_1}$$

逆函数为

$$I_j=-\left(\frac{\lambda_1}{\lambda_1-\lambda_2}\right)\lambda_1^j-\left(\frac{\lambda_2}{\lambda_2-\lambda_1}\right)\lambda_2^j,\quad j=0,1,2,\cdots \tag{2.5.3}$$

可逆解为

$$\varepsilon_t=\sum_{j=0}^{\infty}\left(\left(-\frac{\lambda_1}{\lambda_1-\lambda_2}\right)\lambda_1^j+\left(-\frac{\lambda_2}{\lambda_2-\lambda_1}\right)\lambda_2^j\right)B^jX_t$$

$$=\sum_{j=0}^{\infty}(5(0.5)^j-6(0.6)^j)B^jX_t$$

例 2.5.2　已知 ARMA(2,1)模型 $(1-\varphi_1B-\varphi_2B^2)X_t=(1+\theta_1B)\varepsilon_t$，求出该模型的逆函数.

解　将 $\{X_t\}$ 的逆转形式 $\varepsilon_t=-\sum_{j=0}^{\infty}I_jX_{t-j}=\sum_{j=0}^{\infty}(-I_j)B^jX_t$ 代入模型中得

$$(1-\varphi_1B-\varphi_2B^2)X_t=(1+\theta_1B)(-I_0-I_1B-I_2B^2-\cdots)X_t$$

比较 B 的同次幂的系数得

$$B^0:-I_0=1\Rightarrow I_0=-1,\quad B^1:-I_1-\theta_1I_0=-\varphi_1\Rightarrow I_1=\varphi_1+\theta_1$$

$$B^2:-I_2-\theta_1I_1=-\varphi_2\Rightarrow I_2=\varphi_2-\theta_1I_1,\quad B^3:-I_3-\theta_1I_2=0\Rightarrow I_3=-\theta_1I_2$$

也就是 ARMA(2,1)模型的逆函数满足初始条件为

$$I_0=-1,\quad I_1=\varphi_1+\theta_1,\quad I_2=\varphi_2-\theta_1(\varphi_1+\theta_1)$$

ARMA(2,1)模型的逆函数满足通式为

$$I_k=-\theta_1I_{k-1}=(\varphi_2-\theta_1\varphi_1-\theta_1^2)\cdot(-\theta_1)^{k-2},\quad k\geqslant 3$$

2.5.3　MA 模型、AR 模型、ARMA 模型逆函数的特点

例 2.5.3　求 AR(p) 模型 $X_t = \varphi_1 X_1 + \varphi_2 X_2 + \cdots + \varphi_p X_{t-p} + \varepsilon_t$ 的逆函数.

解　从逆函数的定义很容易可以得出

$$I_0 = -1, \quad I_i = \varphi_i \ (1 \leqslant i \leqslant p), \quad I_i = 0 \ (i > p) \tag{2.5.4}$$

对于自回归模型，当逆函数的阶数大于自回归的阶数以后所有的逆函数 I_j 都等于零，即 **AR(p) 模型的逆函数具有截尾性**.

例 2.5.4　求 MA(q) 模型 $X_t = \varepsilon_t + \theta_1 \varepsilon_{t-1} + \theta_2 \varepsilon_{t-2} + \cdots + \theta_q \varepsilon_{t-q}$ 的逆函数.

解　将 $\{X_t\}$ 的逆转形式

$$\varepsilon_t = \sum_{j=0}^{\infty}(-I_j)X_{t-j} = \sum_{j=0}^{\infty}(-I_j)B^j X_t$$

代入模型中得

$$X_t = (1 + \theta_1 B + \theta_2 B^2 + \cdots + \theta_q B^q)(-I_0 - I_1 B - I_2 B^2 - \cdots)X_t$$

比较 B 的同次幂的系数得

$$初始条件 \begin{cases} I_0 = -1 \\ -I_1 - \theta_1 I_0 = 0 \\ -I_2 - \theta_1 I_1 - \theta_2 I_0 = 0 \\ -I_3 - \theta_1 I_2 - \theta_2 I_1 - \theta_3 I_0 = 0 \\ \qquad \cdots\cdots \\ -I_m - \theta_1 I_{m-1} - \theta_2 I_{m-2} - \cdots - \theta_m I_0 = 0, \quad m \leqslant q \end{cases} \tag{2.5.5}$$

当 $k > q$ 时，逆函数满足移动平均部分的齐次差分方程

$$(1 + \theta_1 B + \theta_2 B^2 + \cdots + \theta_q B^q)I_k = 0, \quad k > q \tag{2.5.6}$$

如果特征方程 $\lambda^q + \theta_1 \lambda^{q-1} + \theta_2 \lambda^{q-2} + \cdots + \theta_q = 0$ 的特征根 $\lambda_1, \lambda_2, \cdots, \lambda_q$ 互不相同，而且 $|\lambda_i| < 1(i = 1, 2, \cdots, q)$，那么，

$$I_k = \sum_{j=1}^{q} c_j \lambda_j^k, \quad |I_k| \leqslant w_1 e^{-kw_2} \tag{2.5.7}$$

从上面可知：①对于 MA(q) 模型，当逆函数的阶数 $k > q$ 时，逆函数 I_k 满足移动平均部分的 q 阶齐次线性差分方程. ②当阶数 $k = 1, 2, \cdots, q$ 时，逆函数 I_k 满足阶数从 1，2，$\cdots$ 变到 q 阶，系数为移动平均部分的齐次线性差分方程. ③对于 MA(q) 模型，只有当移动平均部分特征方程的特征根的模都小于 1，满足可逆性条件时，MA(q) 模型才有逆转形式，才有可逆解. 此时，逆函数以负指数的形式收敛到零，

称为拖尾性. 满足可逆性条件的 **MA(q)模型**，其逆函数以负指数的形式收敛到零，具有拖尾性，**MA(q)模型**存在可逆解.

例 2.5.5 求 ARMA(p,q) 模型

$$(1-\varphi_1 B-\varphi_2 B^2-\cdots-\varphi_p B^p)X_t=(1+\theta_1 B+\theta_2 B^2+\cdots+\theta_q B^q)\varepsilon_t$$

的逆函数.

解 将 $\varepsilon_t=-\sum_{j=0}^{\infty}I_j B^j X_t$ 代入模型中，比较 Back 算子的同次幂的系数，可得

$$初始条件\begin{cases}I_0=-1\\ -I_1-\theta_1 I_0=-\varphi_1\\ -I_2-\theta_1 I_1-\theta_2 I_0=-\varphi_2\\ -I_3-\theta_1 I_2-\theta_2 I_1-\theta_3 I_0=-\varphi_3\\ \qquad\cdots\cdots\\ -I_m-\theta_1 I_{m-1}-\theta_2 I_{m-2}-\cdots-\theta_m I_0=-\varphi_m,\quad 1\leqslant m\leqslant\min(p,q)\end{cases}\tag{2.5.8}$$

当 $l>\max(p,q)$ 时，逆函数 I_l 都满足移动平均部分的差分方程，即

$$(1+\theta_1 B+\theta_2 B^2+\cdots+\theta_q B^q)I_l=0,\quad l>\max(p,q)\tag{2.5.9}$$

对于 AR(p)，MA(q) 以及 ARMA(p,q) 模型，其零阶逆函数 $I_0=-1$，所以，可以将逆转形式 $\varepsilon_t=-\sum_{j=0}^{\infty}I_j X_{t-j}$ 等价变形为

$$X_t=\sum_{j=1}^{\infty}I_j X_{t-j}+\varepsilon_t\tag{2.5.10}$$

也就是说，逆转形式等价于利用无尽阶的 AR 模型来逼近各类一元时间序列.

2.5.4　逆函数和格林函数的关系

从上面的讨论可以看出，对 **ARMA(p,q) 系统**，当 $j>\max(p,q)$ 时，逆函数 I_j 满足移动平均部分的差分方程，格林函数 G_j 满足自回归部分的差分方程，格林函数与逆函数之间存在一定的关系. 实际上，对 ARMA(p,q) 系统

$$\varphi(B)X_t=\theta(B)\varepsilon_t$$

其中 $\theta(B)=\sum_{k=0}^{q}\theta_k B^k$，$\varphi(B)=-\sum_{k=0}^{p}\varphi_k B^k$，所以，

$$X_t=\frac{\theta(B)}{\varphi(B)}\varepsilon_t=\sum_{j=0}^{\infty}G_j\varepsilon_{t-j}\tag{2.5.11}$$

$$\varepsilon_t = \frac{\varphi(B)}{\theta(B)} X_t = -\sum_{j=0}^{\infty} I_j X_{t-j} \tag{2.5.12}$$

即在 ARMA(p,q) 模型的格林函数的表达式中，用 $-I_j$ 代替 G_j，用 φ 代替 $-\theta$，$-\theta$ 代替 φ，得到 ARMA(q,p) 模型的逆函数表达式.

例 2.5.6　当 $\theta_1^2 - 4\theta_2 > 0$ 时，求 ARMA$(1,2)$ 模型逆函数的显式.

解　当 $\varphi_1^2 + 4\varphi_2 > 0$ 时，ARMA$(2,1)$ 模型格林函数的显式为

$$G_j = \left(\frac{\lambda_1 + \theta_1}{\lambda_1 - \lambda_2}\right)\lambda_1^j + \left(\frac{\lambda_2 + \theta_1}{\lambda_2 - \lambda_1}\right)\lambda_2^j, \quad j = 0,1,2,\cdots$$

其中 λ_1, λ_2 是方程 $\lambda^2 - \varphi_1 \lambda - \varphi_2 = 0$ 的两个根.

所以，当 $\theta_1^2 - 4\theta_2 > 0$ 时，ARMA$(1,2)$ 模型逆函数的显式为

$$I_j = -\left(\frac{\nu_1 - \varphi_1}{\nu_1 - \nu_2}\right)\nu_1^j - \left(\frac{\nu_2 - \varphi_1}{\nu_2 - \nu_1}\right)\nu_2^j, \quad j = 0,1,2,\cdots$$

其中 ν_1, ν_2 是方程 $\lambda^2 + \theta_1 \lambda + \theta_2 = 0$ 的两个根.

例 2.5.7　已知 ARMA$(2,1)$ 模型 $X_t - 1.2X_{t-1} + 0.35X_{t-2} = \varepsilon_t - 0.6\varepsilon_{t-1}$，试求：
(1) 格林函数函数 $G_j, j = 1,2,3,4$；(2) 逆函数 $I_j, j = 1,2,3,4$；(3) 格林函数的显式；
(4) 逆函数的显式.

解　(1) 此 ARMA$(2,1)$ 模型 $\varphi_1 = 1.2$，$\varphi_2 = -0.35$，$\theta_1 = -0.6$，将 $X_t = \sum_{j=0}^{\infty} G_j B^j \varepsilon_t$ 代入，比较 Back 算子的同次幂项的系数得

$$G_0 = 1$$
$$G_1 = \varphi_1 + \theta_1 = 1.2 - 0.6 = 0.6$$
$$G_2 = \varphi_1 G_1 + \varphi_2 G_0 = 1.2 \times 0.6 - 0.35 \times 1 = 0.37$$
$$G_3 = \varphi_1 G_2 + \varphi_2 G_1 = 1.2 \times 0.37 - 0.35 \times 0.6 = 0.234$$
$$G_4 = \varphi_1 G_3 + \varphi_2 G_2 = 1.2 \times 0.234 - 0.35 \times 0.37 = 0.1513$$

(2) 将 $\varepsilon_t = X_t - \sum_{j=1}^{\infty} I_j X_{t-j} = -\sum_{j=0}^{\infty} I_j B^j X_t$ 代入，比较 Back 算子的同次幂项的系数得

$$I_0 = -1$$
$$I_1 = \varphi_1 + \theta_1 = 1.2 - 0.6 = 0.6$$
$$I_2 = \varphi_2 - \theta_1 I_1 = -0.35 + 0.6 \times 0.6 = 0.01$$
$$I_3 = -\theta_1 I_2 = 0.6 \times (0.01) = 0.006$$
$$I_4 = -\theta_1 I_3 = 0.6 \times (0.006) = 0.0036$$

(3) 自回归部分所对应的特征方程为 $z^2 - 1.2z + 0.35 = 0$，其特征根为 $\lambda_1 = 0.5$，$\lambda_2 = 0.7$．

对于 ARMA(2,1) 模型，当自回归部分所对应的特征方程 $z^2 - \varphi_1 z - \varphi_2 = 0$ 有两个不相同的特征根 λ_1, λ_2 时，即 $\varphi_1^2 + 4\varphi_2 > 0$ 或 $\varphi_1^2 + 4\varphi_2 < 0$ 时，则其格林函数的显式为

$$G_j = \left(\frac{\lambda_1 + \theta_1}{\lambda_1 - \lambda_2}\right)\lambda_1^j + \left(\frac{\lambda_2 + \theta_1}{\lambda_2 - \lambda_1}\right)\lambda_2^j, \quad j = 0, 1, 2, \cdots$$

所以上述模型的格林函数的显式为

$$G_j = \frac{1}{2} \times \left(\frac{7}{10}\right)^j + \frac{1}{2} \times \left(\frac{1}{2}\right)^j, \quad j = 0, 1, 2, \cdots$$

(4) 逆函数满足的齐次差分方程如下：

$$(1 + \theta_1 B)I_k = 0, \quad k > 2, \quad \text{其中} \theta_1 = -0.6$$

所以 $I_k = I_2(-\theta_1)^{k-2}, k > 2$，而且 $I_2 = \varphi_2 - \theta_1 I_1$，$I_1 = \varphi_1 + \theta_1$，所以

$$I_k = (\varphi_2 - \theta_1\varphi_1 - \theta_1^2) \cdot \theta_1^{k-2} = 0.01 \times (0.6)^{k-2}, \quad k > 2$$

定义 2.5.3　设 $\{X(t), t = 0, \pm1, \pm2, \cdots\}$ 是零均值的平稳序列，它的谱密度 $f(\lambda)$ 是 $e^{-i2\pi\lambda}$ 的有理函数，

$$f(\lambda) = \sigma^2 \frac{\left|\theta(e^{-i2\pi\lambda})\right|^2}{\left|\varphi(e^{-i2\pi\lambda})\right|^2}, \quad -\frac{1}{2} \leqslant \lambda \leqslant \frac{1}{2} \tag{2.5.13}$$

其中 $\theta(x) = 1 + \theta_1 x + \theta_2 x^2 + \cdots + \theta_q x^q$，$\varphi(x) = 1 - \varphi_1 x - \varphi_2 x^2 - \cdots - \varphi_p x^p$，而且 $\theta(x)$ 和 $\varphi(x)$ 无公共因子，两个方程的根都应在复平面的单位圆外，也就是 $\theta(x)$ 满足可逆性条件，$\varphi(x)$ 满足平稳性条件，则称 $\{X_t\}$ 是**具有有理函数谱的平稳序列**．

定理 2.5.1　均值为零的平稳时间序列 $\{X_t\}$ 满足 ARMA(p,q) 模型的充要条件为 $\{X_t\}$ 具有**有理函数谱密度**．

从定理 2.5.1 看出，只要平稳时间序列的谱密度是有理函数形式，则它一定是一个 ARMA(p,q) 模型．因此，总可以找到一个 ARMA(p,q) 模型，其自回归部分满足平稳性条件，移动平均部分满足可逆性条件，来逼近平稳时间序列．换句话说，对于平稳时间序列，可以采用 ARMA(p,q) 模型来描述和建模．

2.6　ARMA 模型的自相关系数

2.6.1　移动平均模型的自相关系数

q 阶移动平均模型为

$$X_t = \varepsilon_t + \theta_1 \varepsilon_{t-1} + \theta_2 \varepsilon_{t-2} + \cdots + \theta_q \varepsilon_{t-q}$$

其均值函数为

$$EX_t = E[\varepsilon_t + \theta_1 \varepsilon_{t-1} + \theta_2 \varepsilon_{t-2} + \cdots + \theta_q \varepsilon_{t-q}] = 0$$

由于 $\mathrm{Cov}(\varepsilon_t, \varepsilon_s) = 0 (t \neq s)$，所以，

$$DX_t = (1 + \theta_1^2 + \cdots + \theta_q^2)\sigma_\varepsilon^2 < +\infty$$

移动平均模型的自相关函数为

$$R_X(t,s) = EX_t X_s = E\left[\left(\sum_{i=0}^{q}\theta_i \varepsilon_{t-i}\right)\left(\sum_{j=0}^{q}\theta_j \varepsilon_{s-j}\right)\right] = \sum_{j=0}^{q}\sum_{i=0}^{q}\theta_i \theta_j E[\varepsilon_{t-i}\varepsilon_{s-j}]$$

由于 $E[\varepsilon_{t-i}\varepsilon_{s-j}] = \begin{cases} 0, & t-i \neq s-j, \\ \sigma_\varepsilon^2, & t-i = s-j, \end{cases}$ 所以，

$$R_X(t,s) = EX_t X_s = \sum_{i=0}^{q}\theta_i \theta_{s-t+i}^* \sigma_\varepsilon^2 = \sum_{j=0}^{q}\theta_j \theta_{t-s+j}^* \sigma_\varepsilon^2$$

其中

$$\theta_{s-t+i}^* = \begin{cases} 0, & s-t+i \geqslant q \text{ 或 } s-t+i < 0 \\ \theta_{s-t+i}, & s-t+i = 0,1,2,\cdots,q \end{cases}$$

$$\theta_{t-s+j}^* = \begin{cases} 0, & t-s+j \geqslant q \text{ 或 } t-s+j < 0 \\ \theta_{t-s+j}, & t-s+j = 0,1,2,\cdots,q \end{cases}$$

而且 $s, t \in T = \{0, \pm 1, \pm 2, \cdots\}$，令 $s - t = k$，则

$$R_X(t,s) = EX_t X_s = E(X_t X_{t+k}) = E(X_s X_{s-k})$$
$$= R(k) = R(-k), \quad k = 0, \pm 1, \pm 2, \cdots$$

所以，**MA(q)** 模型所描述的是一个平稳时间序列.

例 2.6.1 求 MA(2) 模型 $X_t = \varepsilon_t - 1.3\varepsilon_{t-1} + 0.4\varepsilon_{t-2}$ 的格林函数和自相关系数.

解 将模型表达为 $X_t = \varepsilon_t + \theta_1 \varepsilon_{t-1} + \theta_2 \varepsilon_{t-2}$，其中 $\theta_1 = -1.3, \theta_2 = 0.4$，将传递形式

$X_t = \sum_{j=0}^{\infty} G_j B^j \varepsilon_t$ 代入，比较 B 的同次幂的系数，得格林函数为

$$G_0 = 1, \quad G_1 = \theta_1 = -1.3, \quad G_2 = \theta_2 = 0.4$$
$$G_k = 0, \quad k \geqslant 3$$

下面求自相关函数：

$$R(0) = E(X_t X_t) = E[(\varepsilon_t + \theta_1 \varepsilon_{t-1} + \theta_2 \varepsilon_{t-2})(\varepsilon_t + \theta_1 \varepsilon_{t-1} + \theta_2 \varepsilon_{t-2})]$$

$$= E[\varepsilon_t(\varepsilon_t + \theta_1\varepsilon_{t-1} + \theta_2\varepsilon_{t-2})] + E[\theta_1\varepsilon_{t-1}(\varepsilon_t + \theta_1\varepsilon_{t-1} + \theta_2\varepsilon_{t-2})]$$

$$+ E[\theta_2\varepsilon_{t-2}(\varepsilon_t + \theta_1\varepsilon_{t-1} + \theta_2\varepsilon_{t-2})]$$

$$= (1 + \theta_1^2 + \theta_2^2)\sigma_\varepsilon^2$$

$$R(1) = E(X_t X_{t-1}) = E[(\varepsilon_t + \theta_1\varepsilon_{t-1} + \theta_2\varepsilon_{t-2})(\varepsilon_{t-1} + \theta_1\varepsilon_{t-2} + \theta_2\varepsilon_{t-3})]$$

$$= E[\varepsilon_t(\varepsilon_{t-1} + \theta_1\varepsilon_{t-2} + \theta_2\varepsilon_{t-3})] + E[\theta_1\varepsilon_{t-1}(\varepsilon_{t-1} + \theta_1\varepsilon_{t-2} + \theta_2\varepsilon_{t-3})]$$

$$+ E[\theta_2\varepsilon_{t-2}(\varepsilon_{t-1} + \theta_1\varepsilon_{t-2} + \theta_2\varepsilon_{t-3})]$$

$$= \theta_1\sigma_\varepsilon^2 + \theta_1\theta_2\sigma_\varepsilon^2$$

$$R(2) = E(X_t X_{t-2}) = E[(\varepsilon_t + \theta_1\varepsilon_{t-1} + \theta_2\varepsilon_{t-2})(\varepsilon_{t-2} + \theta_1\varepsilon_{t-3} + \theta_2\varepsilon_{t-4})]$$

$$= E[\varepsilon_t(\varepsilon_{t-2} + \theta_1\varepsilon_{t-3} + \theta_2\varepsilon_{t-4})] + E[\theta_1\varepsilon_{t-1}(\varepsilon_{t-2} + \theta_1\varepsilon_{t-3} + \theta_2\varepsilon_{t-4})]$$

$$+ E[\theta_2\varepsilon_{t-2}(\varepsilon_{t-2} + \theta_1\varepsilon_{t-3} + \theta_2\varepsilon_{t-4})]$$

$$= \theta_2\sigma_\varepsilon^2$$

当 $k > 2$ 时，令 $k = 2 + m(m = 1, 2, \cdots)$

$$R(k) = E(X_t X_{t-k}) = E[(\varepsilon_t + \theta_1\varepsilon_{t-1} + \theta_2\varepsilon_{t-2})(\varepsilon_{t-k} + \theta_1\varepsilon_{t-k-1} + \theta_2\varepsilon_{t-k-2})]$$

$$= E[(\varepsilon_t + \theta_1\varepsilon_{t-1} + \theta_2\varepsilon_{t-2})(\varepsilon_{t-2-m} + \theta_1\varepsilon_{t-3-m} + \theta_2\varepsilon_{t-4-m})]$$

$$= 0$$

所以，

$$\rho(-1) = \rho(1) = \frac{\theta_1 + \theta_1\theta_2}{1 + \theta_1^2 + \theta_2^2} \approx 0.64$$

$$\rho(-2) = \rho(2) = \frac{\theta_2}{1 + \theta_1^2 + \theta_2^2} \approx 0.14; \quad \rho(-k) = \rho(k) = 0; \quad k > 2$$

综上可知：(1) 有限阶的移动平均模型的格林函数具有截尾性，即当 $k > q$ 时，$G_k = 0$.

(2) MA(q) 模型的自相关系数具有截尾性，即当 $k > q$ 时，$\rho(-k) = \rho(k) = 0$.

(3) MA(q) 模型所描述的是一个零均值平稳时间序列，其自相关函数为

$$R(k) = R(-k) = \begin{cases} \sigma_\varepsilon^2\left(1 + \sum_{i=1}^{q}\theta_i^2\right), & k = 0 \\ \sigma_\varepsilon^2\left(\theta_k + \sum_{i=1}^{q-k}\theta_i\theta_{i+k}\right), & k = 1, 2, \cdots, q \\ 0, & k > q \end{cases} \tag{2.6.1}$$

其协方差函数为

$$\text{Cov}(X_t, X_{t+k}) = R(k) = \begin{cases} (1 + \theta_1^2 + \theta_2^2 + \cdots + \theta_q^2)\sigma_\varepsilon^2, & k = 0 \\ (\theta_k + \theta_1\theta_{k+1} + \cdots + \theta_{q-k}\theta_q)\sigma_\varepsilon^2, & k = 1, 2, \cdots, q \\ 0, & k > q \end{cases} \quad (2.6.2)$$

其自相关系数为

$$\rho_{-k} = \rho_k = \frac{EX_t X_{t-k} - EX_t EX_{t-k}}{\sqrt{DX_t}\sqrt{DX_{t-k}}} = \frac{R(k)}{R(0)}$$

$$= \begin{cases} 1, & k = 0 \\ \dfrac{\theta_k + \theta_1\theta_{k+1} + \cdots + \theta_{q-k}\theta_q}{1 + \theta_1^2 + \theta_2^2 + \cdots + \theta_q^2}, & k = 1, 2, \cdots, q \\ 0, & k > q \end{cases} \quad (2.6.3)$$

满足 MA(q) 模型的时间序列 $\{X(t), t = 0, \pm 1, \pm 2, \cdots\}$，其扰动 ε_t 仅对当前响应 X_t 有影响，与前期响应 $X_s(s < t)$ 不相关，即

$$\text{Cov}(X_s, \varepsilon_t) = EX_s \varepsilon_t = E\left[\sum_{m=0}^{q} \theta_m \varepsilon_{s-m} \varepsilon_t\right] = 0, \quad \forall s < t \quad (2.6.4)$$

换句话说，符合 MA(q) 模型的时间序列 $\{X(t)\}$ 将依赖 ε_{t-1} 的部分 $\theta_1\varepsilon_{t-1}$，依赖 ε_{t-2} 的部分 $\theta_2\varepsilon_{t-2}$，一直到依赖 ε_{t-q} 的部分 $\theta_q\varepsilon_{t-q}$ 全部剔除，X_t 将转化为互不相关的白噪声 ε_t.

例 2.6.2　试分别计算如下两个 MA(1) 模型

$$X_t = \varepsilon_t + \theta_1\varepsilon_{t-1}, \quad X_t = \varepsilon_t + \frac{1}{\theta_1}\varepsilon_{t-1} \quad (\theta_1 \neq 0)$$

的自相关系数.

解　由式 (2.6.3) 知 $X_t = \varepsilon_t + \theta_1\varepsilon_{t-1}$ 的自相关系数为

$$\rho_0 = 1, \quad \rho_1 = \frac{\theta_1}{1 + \theta_1^2}, \quad \rho_k = 0 \quad (k > 1)$$

由式 (2.6.3) 知 $X_t = \varepsilon_t + \dfrac{1}{\theta_1}\varepsilon_{t-1}$ 的自相关系数为

$$\rho_0 = 1, \quad \rho_1 = \frac{\dfrac{1}{\theta_1}}{1 + \dfrac{1}{\theta_1^2}} = \frac{\theta_1}{1 + \theta_1^2}, \quad \rho_k = 0 \quad (k > 1)$$

这两个 MA(1) 模型 $X_t = \varepsilon_t + \theta_1\varepsilon_{t-1}$ 和 $X_t = \varepsilon_t + \dfrac{1}{\theta_1}\varepsilon_{t-1}(\theta_1 \neq 0)$ 的自相关系数是一样的.

从例 2.6.2 发现，两个不同的移动平均模型可能会有相同的自相关系数，这将会对利用样本自相关系数来建立移动平均模型带来困惑. 为避免这种困惑，同时保证移动平均模型的功率谱为有理函数谱，移动平均模型必须满足可逆性条件. 换言之，虽然移动平均模型描述的时间序列是一个平稳时间序列,但不一定满足可逆性条件；面对数据建立移动平均模型，必须要求其满足可逆性条件，通常意义下，我们都是在满足可逆性条件下来讨论移动平均模型.

2.6.2　AR(p)模型的自相关系数

如果时间序列 $\{X(t), t = 0, \pm 1, \pm 2, \cdots\}$ 满足 AR(p) 模型，则

$$X_t = \varphi_1 X_1 + \varphi_2 X_2 + \cdots + \varphi_p X_{t-p} + \varepsilon_t$$

如果时间序列 $\{X(t), t = 0, \pm 1, \pm 2, \cdots\}$ 满足 AR(p) 模型，而且是平稳时间序列，那么，

$$EX_t = \mu = 常数$$

$$EX_t X_s = R(s - t) = R(t - s) = R(k), \quad k = s - t$$

$$EX_t^2 = R(0) = 常数 < +\infty$$

由于平稳时间序列，而且满足 AR(p) 模型，那么，时间序列 X_t 的数学期望为

$$EX_t = \varphi_1 EX_{t-1} + \varphi_2 EX_{t-2} + \cdots + \varphi_p EX_{t-p} + E\varepsilon_t$$

由于 $EX_t = \mu = 常数$，如果 $1 - \varphi_1 - \varphi_2 - \cdots - \varphi_p \neq 0$，那么，

$$EX_t = 0 \tag{2.6.5}$$

实际上，条件 $1 - \varphi_1 - \varphi_2 - \cdots - \varphi_p \neq 0$ 蕴涵在 AR(p) 模型的平稳性条件中. 即如果平稳时间序列满足 AR(p) 模型，而且 AR(p) 模型满足平稳性条件，那么，平稳时间序列的均值为零.

平稳时间序列 X_t 满足 AR(p) 模型，那么，

$$\begin{aligned}
EX_t X_{t-k} &= E[(\varphi_1 X_{t-1} + \cdots + \varphi_p X_{t-p} + \varepsilon_t) X_{t-k}] \\
&= \varphi_1 E(X_{t-1} X_{t-k}) + \varphi_2 E(X_{t-2} X_{t-k}) + \cdots + \varphi_p E(X_{t-p} X_{t-k}) + E(\varepsilon_t X_{t-k})
\end{aligned}$$

由于

$$R(k) = R(-k) = E(X_{t+k} X_t) = E(X_s X_{s-k}) = E(X_t X_{t-k})$$

而且

$$E\varepsilon_t X_t = E\varepsilon_t(\varepsilon_t + \varphi_1 X_{t-1} + \cdots + \varphi_p X_{t-p}) = \sigma_\varepsilon^2$$

所以，当 $k = 0$ 时，

$$R(0) = \varphi_1 R(-1) + \varphi_2 R(-2) + \cdots + \varphi_p R(-p) + E(\varepsilon_t X_t)$$
$$= \varphi_1 R(1) + \varphi_2 R(2) + \cdots + \varphi_p R(p) + \sigma_\varepsilon^2 \qquad (2.6.6)$$

由于 AR(p) 模型中 $E\varepsilon_s X_t = 0, \forall s > t$，所以，当 $k > 0$ 时，

$$R(k) = R(-k) = \varphi_1 R(1-k) + \varphi_2 R(2-k) + \cdots + \varphi_p R(p-k)$$
$$= \varphi_1 R(k-1) + \varphi_2 R(k-2) + \cdots + \varphi_p R(k-p) \qquad (2.6.7)$$

由于 $\rho_k = \dfrac{EX_t X_{t-k} - EX_t EX_{t-k}}{\sqrt{DX_t}\sqrt{DX_{t-k}}} = \dfrac{R(k)}{R(0)}$，$\rho_k = \rho_{-k}$，所以，(2.6.7) 两边同时除以 $R(0)$，得

$$\rho_k = \varphi_1 \rho_{k-1} + \varphi_2 \rho_{k-2} + \cdots + \varphi_p \rho_{k-p}, \quad k \neq 0 \qquad (2.6.8)$$

可以看出，满足 AR(p) 模型的平稳时间序列，**其自相关系数 ρ_k 满足自回归部分的齐次差分方程**，即

$$(1 - \varphi_1 B - \varphi_2 B^2 - \cdots - \varphi_p B^p) \rho_k = 0, \quad k \neq 0 \qquad (2.6.9)$$

特别地，取 $k = 1, 2, \cdots, p$，考虑相应的自相关系数 $\rho_1, \rho_2, \cdots, \rho_p$，由 (2.6.9) 可以得到

$$
\begin{bmatrix} \rho_1 \\ \rho_2 \\ \vdots \\ \rho_p \end{bmatrix} =
\begin{bmatrix} \rho_0 & \rho_1 & \cdots & \rho_{p-1} \\ \rho_1 & \rho_0 & \cdots & \rho_{p-2} \\ \vdots & \vdots & & \vdots \\ \rho_{p-1} & \rho_{p-2} & \cdots & \rho_0 \end{bmatrix}
\begin{bmatrix} \varphi_1 \\ \varphi_2 \\ \vdots \\ \varphi_p \end{bmatrix} \qquad (2.6.10)
$$

式中 $\rho_0 = 1$. 该方程称为 p 阶尤尔-沃克方程 (Yule-Walker equation). 对于平稳序列 AR(p) 模型，其参数序列 $\{\varphi_1, \varphi_2, \cdots, \varphi_p\}$ 满足 p 阶尤尔-沃克方程.

定义 2.6.1　k **阶尤尔-沃克方程**是一个特殊的 k 元线性方程组，其结构如下：

$$
\begin{bmatrix} \rho_0 & \rho_1 & \cdots & \rho_{k-1} \\ \rho_1 & \rho_0 & \cdots & \rho_{k-2} \\ \vdots & \vdots & & \vdots \\ \rho_{k-1} & \rho_{k-2} & \cdots & \rho_0 \end{bmatrix}
\begin{bmatrix} x_1 \\ x_2 \\ \vdots \\ x_k \end{bmatrix} =
\begin{bmatrix} 1 & \rho_1 & \cdots & \rho_{k-1} \\ \rho_1 & 1 & \cdots & \rho_{k-2} \\ \vdots & \vdots & & \vdots \\ \rho_{k-1} & \rho_{k-2} & \cdots & 1 \end{bmatrix}
\begin{bmatrix} x_1 \\ x_2 \\ \vdots \\ x_k \end{bmatrix} =
\begin{bmatrix} \rho_1 \\ \rho_2 \\ \vdots \\ \rho_k \end{bmatrix}
$$

其中系数矩阵 $A = \begin{bmatrix} \rho_0 & \rho_1 & \cdots & \rho_{k-1} \\ \rho_1 & \rho_0 & \cdots & \rho_{k-2} \\ \vdots & \vdots & & \vdots \\ \rho_{k-1} & \rho_{k-2} & \cdots & \rho_0 \end{bmatrix}$，常系数向量 $B = \begin{bmatrix} \rho_1 \\ \rho_2 \\ \vdots \\ \rho_k \end{bmatrix}$，$\rho_0 = 1$.

例 2.6.3　平稳时间序列满足 $X_t = 0.7 X_{t-1} - 0.1 X_{t-2} + \varepsilon_t$ 的 AR(2) 模型，其中 $\varepsilon_t \sim$ NID$(0, 0.5)$. (1) 写出 AR(2) 模型的尤尔-沃克方程，并由此解出 ρ_1, ρ_2；(2) 求 X_t 的方差.

解　(1)因为 $\begin{bmatrix} \rho_1 \\ \rho_2 \end{bmatrix} = \begin{bmatrix} \rho_0 & \rho_1 \\ \rho_1 & \rho_0 \end{bmatrix}\begin{bmatrix} \varphi_1 \\ \varphi_2 \end{bmatrix} = \begin{bmatrix} 1 & \rho_1 \\ \rho_1 & 1 \end{bmatrix}\begin{bmatrix} 0.7 \\ -0.1 \end{bmatrix}$，所以，$\rho_1 = 0.7 - 0.1\rho_1, \rho_2 = 0.7\rho_1 - 0.1$，求解得，$\rho_1 = \dfrac{7}{11}, \rho_2 = \dfrac{19}{55}$.

(2) $\mathrm{Var}(X_t) = R_0 = \varphi_1 R_1 + \varphi_2 R_2 + \sigma_\varepsilon^2, R_1 = R_0\rho_1, R_2 = R_0\rho_2 \Rightarrow R_0 = 0.7 \times \dfrac{7}{11} \times R_0 - 0.1 \times \dfrac{19}{55} \times R_0 + 0.5 \Rightarrow R_0 \approx 1.228$.

例 2.6.4　平稳时间序列满足 $X_t = \varphi_1 X_{t-1} + \varphi_2 X_{t-2} + \varepsilon_t$ 的 AR(2)模型，(1)求 X_t 的方差；(2)在自回归部分的特征根互不相同而且模小于 1 的条件下，利用差分方程的知识，求解该模型的自相关系数.

解　(1)先求期望 $EX_t = \varphi_1 EX_{t-1} + \varphi_2 EX_{t-2} + E\varepsilon_t$，如果 $1 - \varphi_1 - \varphi_2 \neq 0$，那么，$EX_t = 0$，对 AR(2)模型 $X_t - \varphi_1 X_{t-1} - \varphi_2 X_{t-2} = \varepsilon_t$ 两边分别同乘以 X_t, X_{t-1}, X_{t-2}，再取期望分别得

$$R_0 = \varphi_1 R_1 + \varphi_2 R_2 + \sigma_\varepsilon^2$$
$$R_1 = \varphi_1 R_0 + \varphi_2 R_1$$
$$R_2 = \varphi_1 R_1 + \varphi_2 R_0$$

求解得

$$R_0 = \frac{(1-\varphi_2)\sigma_\varepsilon^2}{(1+\varphi_2)(1-\varphi_1-\varphi_2)(1+\varphi_1-\varphi_2)}$$

由于时间序列是平稳的，其二阶矩 $R_0 = EX_t^2$ 是一不变的正数，所以，

$$|\varphi_2| < 1, \quad \varphi_2 + \varphi_1 < 1, \quad \varphi_2 - \varphi_1 < 1$$

这是 AR(2)模型的平稳域.

也就是说，当 $|\varphi_2| < 1, \varphi_2 + \varphi_1 < 1, \varphi_2 - \varphi_1 < 1$ 时，AR(2)模型满足平稳性条件，此时，AR(2)模型才有可能描述平稳时间序列.

换句话说，当 $|\varphi_2| < 1, \varphi_2 + \varphi_1 < 1, \varphi_2 - \varphi_1 < 1$ 时，自回归部分特征方程 $\lambda^2 - \varphi_1\lambda - \varphi_2 = 0$ 所对应的特征根的模都小于 1，此时，AR(2)模型才有可能描述平稳时间序列，而且其期望 $EX_t = 0$，方差为

$$DX_t = \frac{(1-\varphi_2)\sigma_\varepsilon^2}{(1+\varphi_2)(1-\varphi_1-\varphi_2)(1+\varphi_1-\varphi_2)}$$

换句话说，要使得特征方程 $\lambda^2 - \varphi_1\lambda - \varphi_2 = 0$ 所对应的所有特征根的模都小于 1，那么，φ_1, φ_2 必须满足条件 $\{|\varphi_2| < 1, \varphi_2 + \varphi_1 < 1, \varphi_2 - \varphi_1 < 1\}$；当参数 φ_1, φ_2 必须满足条件 $\{|\varphi_2| < 1, \varphi_2 + \varphi_1 < 1, \varphi_2 - \varphi_1 < 1\}$ 时，那么，特征方程 $\lambda^2 - \varphi_1\lambda - \varphi_2 = 0$ 所对应的所有特征

根的模都小于 1, 满足平稳性条件, 而且方差 $DX_t = \dfrac{(1-\varphi_2)\sigma_\varepsilon^2}{(1+\varphi_2)(1-\varphi_1-\varphi_2)(1+\varphi_1-\varphi_2)} > 0$.

(2) 由于满足 AR(2)模型的平稳时间序列的自相关系数系数 ρ_k 满足自回归部分的齐次差分方程, 所以,

$$\rho(k) = \varphi_1\rho(k-1) + \varphi_2\rho(k-2), \quad k \neq 0$$

因此, $\rho(1) = \varphi_1\rho(0) + \varphi_2\rho(-1) = \varphi_1\rho(0) + \varphi_2\rho(1)$, ρ_k 满足的初始条件为

$$\rho(0) = 1, \quad \rho(1) = \frac{\varphi_1}{1-\varphi_2}$$

又由于自回归部分的特征方程 $\lambda^2 - \varphi_1\lambda - \varphi_2 = 0$ 的特征根 λ_1, λ_2 互不相同, 所以,

$$\rho(k) = \beta_1\lambda_1^k + \beta_2\lambda_2^k$$

其中 β_1, β_2 为任意常数. 根据常数变易法, 以及 ρ_k 满足的初始条件得

$$\rho(0) = \beta_1 + \beta_2 = 1, \quad \rho(1) = \beta_1\lambda_1 + \beta_2\lambda_2 = \frac{\varphi_1}{1-\varphi_2}$$

又由于 $\varphi_1 = \lambda_1 + \lambda_2$, $\varphi_2 = -\lambda_1\lambda_2$, 所以,

$$\beta_1 = \frac{\lambda_1(1-\lambda_2^2)}{(\lambda_1-\lambda_2)(1+\lambda_1\lambda_2)}, \quad \beta_2 = \frac{\lambda_2(1-\lambda_1^2)}{(\lambda_2-\lambda_1)(1+\lambda_1\lambda_2)}$$

因此,

$$\rho(-k) = \rho(k) = \frac{(1-\lambda_2^2)\lambda_1^{k+1} - (1-\lambda_1^2)\lambda_2^{k+1}}{(\lambda_1-\lambda_2)(1+\lambda_1\lambda_2)}, \quad k = 1, 2, \cdots$$

又由于特征根 λ_1, λ_2 的模都小于 1, 那么, 特征根 λ_1, λ_2 可以用负指数幂 $\lambda_i = \mathrm{e}^{-w_i}$, $i = 1, 2$ 表示, 相应地,

$$|\rho(k)| < g_2\mathrm{e}^{-g_1 k}, \quad k \geqslant 1$$

例 2.6.5　平稳时间序列满足 AR(2)模型, 模型结构为 $X_t - \varphi_1 X_{t-1} - \varphi_2 X_{t-2} = \varepsilon_t$, 求出自相关系数的显式.

解　由于平稳时间序列满足 AR(2)模型, 所以, 自相关系数 ρ_k 满足自回归部分的齐次差分方程

$$(1 - \varphi_1 B - \varphi_2 B^2)\rho(k) = 0, \quad k \neq 0$$

(1) 如果 $\varphi_1^2 + 4\varphi_2 > 0$ 时, 根据例 2.6.4, 得

$$\rho(-k) = \rho(k) = \frac{(1-\lambda_2^2)\lambda_1^{k+1} - (1-\lambda_1^2)\lambda_2^{k+1}}{(\lambda_1-\lambda_2)(1+\lambda_1\lambda_2)}, \quad k = 1, 2 \tag{2.6.11}$$

(2)如果 $\varphi_1^2 + 4\varphi_2 = 0$，那么，特征方程 $\lambda^2 - \varphi_1\lambda - \varphi_2 = 0$ 有两个相等的实根，所以，自相关系数的通解为 $\rho(k) = (c_1 + c_2 k)\lambda_1^k$，其中 c_1, c_2 为任意常数. 又由于

$$\rho(0) = 1 = c_1, \quad \rho(1) = \frac{\varphi_1}{1-\varphi_2} = (c_1 + c_2)\lambda_1, \quad \lambda_1 = \frac{\varphi_1}{2}, \quad \varphi_2 = -\frac{\varphi_1^2}{4}$$

所以，$c_1 = 1$，$c_2 = \dfrac{1-\lambda_1^2}{1+\lambda_1^2}$，自相关系数的显式为

$$\rho(k) = \lambda_1^k + \frac{1-\lambda_1^2}{1+\lambda_1^2}k\lambda_1^k \tag{2.6.12}$$

(3)如果 $\varphi_1^2 + 4\varphi_2 < 0$，那么特征方程 $\lambda^2 - \varphi_1\lambda - \varphi_2 = 0$ 有两个共轭虚根 λ_1, λ_2，自相关系数的通解仍为 $\rho(k) = c_1\lambda_1^k + c_2\lambda_2^k$，其中 c_1, c_2 为任意常数，其自相关系数的显式为

$$\rho(k) = \frac{-\lambda_1(\lambda_2^2 - 1)}{(\lambda_1 - \lambda_2)(1 + \lambda_1\lambda_2)}\lambda_1^k + \frac{-\lambda_2(\lambda_1^2 - 1)}{(\lambda_2 - \lambda_1)(1 + \lambda_1\lambda_2)}\lambda_2^k \tag{2.6.13}$$

其中两个共轭虚根 λ_1, λ_2 为

$$\lambda_1, \lambda_2 = \frac{\varphi_1 \pm \sqrt{-\varphi_1^2 - 4\varphi_2}\,\mathrm{i}}{2} = r(\cos\theta \pm \mathrm{i}\sin\theta) = r\mathrm{e}^{\pm\mathrm{i}\theta}$$

其中 $r = |\lambda_1| = |\lambda_2| = \sqrt{\left(\dfrac{1}{2}\varphi_1\right)^2 + \left(\dfrac{1}{2}\sqrt{-\varphi_1^2 - 4\varphi_2}\right)^2} = \sqrt{-\varphi_2}$ 为虚根的模，$\theta = \arccos\left[\dfrac{\varphi_1}{2\sqrt{-\varphi_2}}\right]$

为虚根的频率，从而可以将自相关系数的显式表示成 $\cos\theta, \sin\theta$ 的形式，此时可以发现自相关系数具有一定的周期性.

从上面的例题可以看出：

(1)满足 AR(p)模型的平稳时间序列 $\{X_t, t = 0, \pm 1, \pm 2, \cdots\}$，其均值 $EX_t = 0$.

(2)满足 AR(p)模型的平稳时间序列 $\{X_t, t = 0, \pm 1, \pm 2, \cdots\}$，其自相关系数满足自回归部分的齐次差分方程

$$(1 - \varphi_1 B - \varphi_2 B^2 - \cdots - \varphi_p B^p)\rho_k = 0, \quad k \neq 0$$

并且通过齐次差分方程，可得到 $\rho(k)$ 的显式.

(3)满足 AR(p)模型的平稳时间序列 $\{X_t, t = 0, \pm 1, \pm 2, \cdots\}$，其参数 $\{\varphi_1, \varphi_2, \cdots, \varphi_p\}$ 满足 p 阶尤尔-沃克方程，它提供了参数 $\{\varphi_1, \varphi_2, \cdots, \varphi_p\}$ 的矩估计方法.

(4)满足平稳性条件的 AR(p)模型才能逼近平稳时间序列，此时，AR(p)模型的自相关系数 ρ_k 满足

$$|\rho(k)| < g_2\mathrm{e}^{-g_1 k}, \quad k \geq 1 \tag{2.6.14}$$

自相关系数 ρ_k 以负指数衰减到零，**具有拖尾性**.

2.6.3　ARMA(p, q)模型的自相关系数

如果一个平稳时间序列满足 ARMA(p,q) 模型，那么，

$$(1-\varphi_1 B-\varphi_2 B^2-\cdots-\varphi_p B^p)X_t=(1+\theta_1 B+\theta_2 B^2+\cdots+\theta_q B^q)\varepsilon_t$$

由于条件 $1-\varphi_1-\varphi_2-\cdots-\varphi_p \neq 0$ 蕴涵在 ARMA(p,q) 模型的平稳性条件中，所以，满足 ARMA(p,q) 模型的平稳时间序列，其均值为零，即

$$EX_t=0$$

对 ARMA(p,q) 模型两边乘以 X_{t-k}，再求期望得

$$\begin{aligned}
&R_k-\varphi_1 R_{k-1}-\varphi_2 R_{k-2}-\cdots-\varphi_p R_{k-p}\\
&=E(X_{t-k}\varepsilon_t)+\theta_1 E(X_{t-k}\varepsilon_{t-1})+\cdots+\theta_q E(X_{t-k}\varepsilon_{t-q})
\end{aligned} \tag{2.6.15}$$

其中，

$$E(X_{t-k}\varepsilon_{t-m})=E\left(\sum_{j=0}^{\infty}G_j\varepsilon_{t-j-k}\varepsilon_{t-m}\right)=\begin{cases}G_{m-k}\sigma_\varepsilon^2, & m\geq k\\0, & m<k\end{cases} \tag{2.6.16}$$

在式 (2.6.15) 中，令 $k=1,2,\cdots$，得

$$k=0:\ R_0-\varphi_1 R_1-\varphi_2 R_2-\cdots-\varphi_p R_p=(G_0+\theta_1 G_1+\theta_2 G_2+\cdots+\theta_q G_q)\sigma_\varepsilon^2$$

$$k=1:\ R_1-\varphi_1 R_0-\varphi_2 R_1-\cdots-\varphi_p R_{1-p}=(\theta_1+\theta_2 G_1+\theta_3 G_2+\cdots+\theta_q G_{q-1})\sigma_\varepsilon^2$$

$$k=2:\ R_2-\varphi_1 R_1-\varphi_2 R_0-\cdots-\varphi_p R_{2-p}=(\theta_2+\theta_3 G_1+\theta_4 G_2+\cdots+\theta_q G_{q-2})\sigma_\varepsilon^2 \tag{2.6.17}$$

$$\cdots\cdots$$

$$k>\max(p,q):\ R_k-\varphi_1 R_{k-1}-\cdots-\varphi_p R_{k-p}=0$$

所以，满足 ARMA(p,q) 模型的平稳时间序列，当 $k>\max(p,q)$ 时，其自相关系数满足自回归部分的差分方程

$$\rho_k-\varphi_1\rho_{k-1}-\varphi_2\rho_{k-2}-\cdots-\varphi_p\rho_{k-p}=0,\quad k>\max(p,q) \tag{2.6.18}$$

如果自回归部分特征方程所对应的特征根 $\lambda_1,\lambda_2,\cdots,\lambda_p$ 都在复平面的单位圆内，相应地，

$$|\rho(k)|<g_2 \mathrm{e}^{-g_1 k},\quad k>\max(p,q) \tag{2.6.19}$$

所以，满足 ARMA(p,q) 模型的平稳时间序列，其自相关系数函数 ρ_k 以负指数衰减到零，**具有拖尾性**.

例 2.6.6　平稳时间序列 $\{X_t,t=0,\pm1,\pm2,\cdots\}$ 满足 ARMA(2,1)模型，其结构为

$$X_t-1.3X_{t-1}+0.42X_{t-2}=\varepsilon_t-0.4\varepsilon_{t-1}$$

其中 $\varepsilon_t \sim \mathrm{NID}(0,1)$，求：(1)逆函数 $I_k, k=1,2$；(2)自相关函数 $R_k, k=0,1,2$ 和自相关系数 $\rho_k, k=1,2$.

解 (1)将逆转形式 $\varepsilon_t = -\sum\limits_{j=0}^{\infty} I_j B^j X_t$ 代入模型中，得

$$(1-1.3B+0.42B^2)X_t = (1-0.4B)\left(-\sum_{j=0}^{\infty} I_j B^j\right)X_t$$

比较 Back 算子的同次幂系数，得

$$B^0 : I_0 = -1$$

$$B^1 : -I_1 + 0.4I_0 = -1.3，所以，I_1 = 0.9$$

$$B^2 : -I_2 + 0.4I_1 = 0.42，所以，I_2 = -0.06$$

当 $k>2$ 时，$-I_k + 0.4I_{k-1} = 0$.

(2)对 ARMA(2,1) 模型 $(1-\varphi_1 B - \varphi_2 B^2)X_t = (1+\theta_1 B)\varepsilon_t$，其中 $\varphi_1 = 1.3$，$\varphi_2 = -0.42$，$\theta_1 = -0.4$，$\sigma_\varepsilon^2 = 1$，两边同乘以 X_t，再求期望得

$$EX_t^2 - \varphi_1 EX_{t-1}X_t - \varphi_2 EX_{t-2}X_t = E\varepsilon_t X_t + \theta_1 E\varepsilon_{t-1}X_t$$

其中 $E\varepsilon_t X_t = E\left(\varepsilon_t \sum\limits_{j=0}^{\infty} G_j \varepsilon_{t-j}\right) = G_0\sigma_\varepsilon^2$，$E\varepsilon_{t-1}X_t = E\left(\varepsilon_{t-1}\sum\limits_{j=0}^{\infty} G_j \varepsilon_{t-j}\right) = G_1\sigma_\varepsilon^2$，$G_0 = 1$，$G_1 = \theta_1 + \varphi_1$，对平稳时间序列有 $EX_t X_s = R(s-t) = R(t-s)$，所以，

$$R(0) - \varphi_1 R(1) - \varphi_2 R(2) = (G_0 + \theta_1 G_1)\sigma_\varepsilon^2 = (1+\theta_1(\theta_1+\varphi_1))\sigma_\varepsilon^2$$

两边乘以 X_{t-1}，再求期望得

$$EX_{t-1}X_t - \varphi_1 EX_{t-1}^2 - \varphi_2 EX_{t-2}X_{t-1} = E\varepsilon_t X_{t-1} + \theta_1 E\varepsilon_{t-1}X_{t-1}$$

由于 ARMA 模型中假定 $E\varepsilon_s X_t = 0(s>t)$，所以，$E\varepsilon_t X_{t-1} = 0$，同时 $E\varepsilon_{t-1}X_{t-1} = E\left(\varepsilon_{t-1}\sum\limits_{j=0}^{\infty} G_j \varepsilon_{t-1-j}\right) = G_0\sigma_\varepsilon^2$，所以，

$$R(1) - \varphi_1 R(0) - \varphi_2 R(1) = G_0\theta_1\sigma_\varepsilon^2 = \theta_1\sigma_\varepsilon^2$$

两边乘以 X_{t-2}，再求期望得

$$EX_t X_{t-2} - \varphi_1 EX_{t-1}X_{t-2} - \varphi_2 EX_{t-2}^2 = E\varepsilon_t X_{t-2} + \theta_1 E\varepsilon_{t-1}X_{t-2}$$

由于 ARMA 模型中假定 $E\varepsilon_s X_t = 0(s>t)$，所以，

$$R(2) - \varphi_1 R(1) - \varphi_2 R(0) = 0$$

构建方程组如下：

$$\begin{cases} R_0 = 1.3R_1 - 0.42R_2 + \sigma_\varepsilon^2 - 0.36\sigma_\varepsilon^2 \\ R_1 = 1.3R_0 - 0.42R_1 - 0.4\sigma_\varepsilon^2 \\ R_2 = 1.3R_1 - 0.42R_0 \end{cases}$$

具体求解，得出自相关函数 $\begin{cases} R_0 \approx 4.8174, \\ R_1 \approx 4.1286, \\ R_2 \approx 3.3438, \end{cases}$ 由于 $\rho(k) = \dfrac{R(k)}{R(0)}$，所以，$\rho_1 \approx 0.8570$，

$\rho_2 \approx 0.6941$.

例 2.6.7 平稳时间序列满足 ARMA(1,1) 模型 $X_t - \varphi_1 X_{t-1} = \varepsilon_t + \theta_1 \varepsilon_{t-1}$，证明：其自相关系数 ρ_k 为

$$\rho_{-k} = \rho_k = \varphi_1^{k-1} \frac{(\varphi_1 + \theta_1)(1 + \varphi_1 \theta_1)}{1 + \theta_1^2 + 2\varphi_1 \theta_1}, \quad k \geq 1$$

证明　$X_t - \varphi_1 X_{t-1} = \varepsilon_t + \theta_1 \varepsilon_{t-1}$ 两边同乘 X_t，再求期望得

$$R_0 - \varphi_1 R_1 = E\varepsilon_t X_t + \theta_1 E\varepsilon_{t-1} X_t$$

$X_t - \varphi_1 X_{t-1} = \varepsilon_t + \theta_1 \varepsilon_{t-1}$ 两边同乘 X_{t-1}，再求期望得

$$R_1 - \varphi_1 R_0 = \theta_1 E\varepsilon_{t-1} X_{t-1}$$

$X_t - \varphi_1 X_{t-1} = \varepsilon_t + \theta_1 \varepsilon_{t-1}$ 两边同乘 X_{t-k}，其中 $k > 1$，再求期望得

$$R_k - \varphi_1 R_{k-1} = 0, \quad k > 1$$

显然，

$$E\varepsilon_t X_t = E\left(\varepsilon_t \sum_{j=0}^{\infty} G_j \varepsilon_{t-j}\right) = G_0 \sigma_\varepsilon^2$$

$$E\varepsilon_{t-1} X_t = E\left(\varepsilon_{t-1} \sum_{j=0}^{\infty} G_j \varepsilon_{t-j}\right) = G_1 \sigma_\varepsilon^2$$

$$E\varepsilon_{t-1} X_{t-1} = E\left(\varepsilon_{t-1} \sum_{j=0}^{\infty} G_j \varepsilon_{t-1-j}\right) = G_0 \sigma_\varepsilon^2$$

又由于

$$(1 - \varphi_1 B) X_t = (1 + \theta_1 B)\varepsilon_t$$

$$\rightarrow (1 - \varphi_1 B)(1 + G_1 B + G_2 B^2 + \cdots)\varepsilon_t = (1 + \theta_1 B)\varepsilon_t \rightarrow G_0 = 1, G_1 = \varphi_1 + \theta_1$$

从而得到

$$R_0 - \varphi_1 R_1 = [1 + \theta_1(\varphi_1 + \theta_1)]\sigma_\varepsilon^2 \quad \rightarrow \rho_1 = \frac{R_1}{R_0} = \frac{(\varphi_1 + \theta_1)(1 + \varphi_1\theta_1)}{1 + \theta_1^2 + 2\varphi_1\theta_1}$$
$$R_1 - \varphi_1 R_0 = \theta_1\sigma_\varepsilon^2$$

又因为 $R_k - \varphi_1 R_{k-1} = 0, k > 1$，所以，

$$\rho_k = \varphi_1 \rho_{k-1} = \cdots = \varphi_1^{k-1} \rho_1 = \varphi_1^{k-1}\frac{(\varphi_1 + \theta_1)(1 + \varphi_1\theta_1)}{1 + \theta_1^2 + 2\varphi_1\theta_1}, \quad k \geq 1$$

综述可知：

(1)满足平稳性条件和可逆性条件的 ARMA(p,q) 模型才能逼近平稳时间序列. 换句话，对平稳时间序列，可以采用 MA(q)，AR(p)，ARMA(p,q) 建模.

(2)平稳时间序列 $\{X_t, t = 0, \pm1, \pm2, \cdots\}$ 满足 ARMA(p,q) 模型，其均值 $EX_t = 0$；

(3)平稳时间序列 $\{X_t, t = 0, \pm1, \pm2, \cdots\}$ 满足 ARMA(p,q) 模型，那么，当阶数足够大时，其自相关系数满足自回归部分的齐次差分方程

$$(1 - \varphi_1 B - \varphi_2 B^2 - \cdots - \varphi_p B^p)\rho_k = 0, \quad k > \max(p,q)$$

并且通过求解齐次差分方程，可以得到显式.

(4)平稳时间序列 $\{X_t, t = 0, \pm1, \pm2, \cdots\}$ 满足 ARMA(p,q) 模型，其自相关系数函数 ρ_k 以负指数衰减到零，具有拖尾性.

2.7　ARMA 模型的偏相关系数

从上一节讨论可以看出，平稳时间序列 $\{X_t, t = 0, \pm1, \pm2, \cdots\}$ 满足 ARMA(p,q) 模型，或是满足 AR(p) 模型，其自相关系数都以负指数衰减到零，具有拖尾性. 那么，如何区别 ARMA(p,q) 模型与 AR(p) 模型呢？这就需要引入偏相关系数.

2.7.1　偏相关系数的定义

定义 2.7.1　随机变量 ξ_1 和 ξ_2 关于 $\xi_3, \xi_4, \cdots, \xi_n$ 的偏相关系数，记为 $\rho_{12|34\cdots n}$，其定义为

$$\rho_{12|34\cdots n} = \frac{E[\eta_{1|34\cdots n}\eta_{2|34\cdots n}]}{(E[\eta_{1|34\cdots n}^2]E[\eta_{2|34\cdots n}^2])^{\frac{1}{2}}} \tag{2.7.1}$$

其中 $\eta_{1|34\cdots n} = \xi_1 - E[\xi_1 \mid \xi_3\xi_4\cdots\xi_n]$，$\eta_{2|34\cdots n} = \xi_2 - E[\xi_2 \mid \xi_3\xi_4\cdots\xi_n]$，$E[\cdot|\cdot]$ 表示条件期望.

实际上，偏相关系数就是将多个"局外"随机变量 $\xi_3, \xi_4, \cdots, \xi_n$ 对随机变量 ξ_1 和 ξ_2 的影响剔除后，ξ_1 和 ξ_2 之间直接的相互依赖关系，是在控制了一系列其他随机变量的影响之后计算出的两随机变量之间的相关系数.

定义 2.7.2　对时间序列 $\{X(t), t = 0, \pm 1, \pm 2, \cdots\}$ 而言，给定 $X_{t-1}, X_{t-2}, \cdots, X_{t-k+1}$ 的条件下，X_t 和 X_{t-k} 关于 $X_{t-1}, X_{t-2}, \cdots, X_{t-k+1}$ 的偏相关系数为

$$\rho_{t,t-k|t-1,t-2,\cdots,t-k+1} = \frac{E[\eta_{t|t-1,t-2,\cdots,t-k+1}\eta_{t-k|t-1,t-2,\cdots,t-k+1}]}{(E[\eta_{t|t-1,t-2,\cdots,t-k+1}^2]E[\eta_{t-k|t-1,t-2,\cdots,t-k+1}^2])^{\frac{1}{2}}} \quad (2.7.2)$$

其中 $\eta_{t|t-1,t-2,\cdots,t-k+1} = X_t - E[X_t \mid X_{t-1}, X_{t-2}, \cdots, X_{t-k+1}]$，$E[\cdot|\cdot]$ 表示条件期望，并且 $\eta_{t-k|t-1,t-2,\cdots,t-k+1} = X_{t-k} - E[X_{t-k} \mid X_{t-1}, X_{t-2}, \cdots, X_{t-k+1}]$。

2.7.2　偏相关系数的计算

在 $\{X_t, X_{t-1}, X_{t-2}, \cdots, X_{t-k+1}\}$ 服从正态分布的假定下，条件期望 $E[X_t \mid X_{t-1}, X_{t-2}, \cdots, X_{t-k+1}]$ 是 X_t 在 $\{X_{t-1}, X_{t-2}, \cdots, X_{t-k+1}\}$ 所张成线性空间上的正交投影；同理，条件期望 $E[X_{t-k} \mid X_{t-1}, X_{t-2}, \cdots, X_{t-k+1}]$ 是 X_{t-k} 在 $\{X_{t-1}, X_{t-2}, \cdots, X_{t-k+1}\}$ 所张成线性空间上的正交投影，从而 X_t 和 X_{t-k} 关于 $X_{t-1}, X_{t-2}, \cdots, X_{t-k+1}$ 的偏相关系数 $\rho_{t,t-k|t-1,t-2,\cdots,t-k+1}$ 是由 $X_{t-1}, X_{t-2}, \cdots, X_{t-k+1}, X_{t-k}$ 对 X_t 做线性最小二乘估计得到的变量 X_{t-k} 的系数.

针对平稳时间序列 $\{X(t), t = 0, \pm 1, \pm 2, \cdots\}$，计算 X_t 和 X_{t-k} 关于 $X_{t-1}, X_{t-2}, \cdots, X_{t-k+1}$ 的 $\rho_{t,t-k|t-1,t-2,\cdots,t-k+1}$ 偏相关系数的步骤如下.

步骤 1　利用 $X_{t-1}, X_{t-2}, \cdots, X_{t-k+1}, X_{t-k}$ 对 X_t 建立线性回归模型，

$$X_t = \varphi_{k1}X_{t-1} + \varphi_{k2}X_{t-2} + \cdots + \varphi_{k,k-1}X_{t-k+1} + \varphi_{kk}X_{t-k} + a_t$$

式中 a_t 是估计误差，它们相互独立同正态分布 $N(0, \sigma^2)$.

步骤 2　通过最小二乘估计，即极小化 $Q = E\left(X_t - \sum_{j=1}^{k} \varphi_{kj}X_{t-j}\right)^2$ 得到的模型参数 $\{\varphi_{kj}, k = 1, 2, \cdots, j = 1, 2, \cdots, k\}$ 的估计. 显然，

$$Q = E\left(X_t - \sum_{j=1}^{k} \varphi_{kj}X_{t-j}\right)^2$$

$$= E(X_t X_t) - 2\sum_{j=1}^{k} \varphi_{kj}E(X_t X_{t-j}) + \sum_{j=1}^{k}\sum_{i=1}^{k} \varphi_{kj}\varphi_{ki}E(X_{t-j}X_{t-i})$$

$$= R_0 - 2\sum_{j=1}^{k} \varphi_{kj}R_j + \sum_{j=1}^{k}\sum_{i=1}^{k} \varphi_{kj}\varphi_{ki}R_{j-i}$$

所以，

$$\frac{\partial Q}{\partial \varphi_{km}} = -2R_m + \sum_{j=1}^{k} \varphi_{kj}R_{j-m} + \sum_{i=1}^{k} \varphi_{ki}R_{m-i} = 0 \quad (m = 1, 2, \cdots, k)$$

两边同除以 R_0 得到

$$\begin{cases} \rho_1 = \varphi_{k1}\rho_0 + \varphi_{k2}\rho_1 + \cdots + \varphi_{kk}\rho_{k-1} \\ \rho_2 = \varphi_{k1}\rho_1 + \varphi_{k2}\rho_0 + \cdots + \varphi_{kk}\rho_{k-2} \\ \qquad\cdots\cdots \\ \rho_k = \varphi_{k1}\rho_{k-1} + \varphi_{k2}\rho_{k-2} + \cdots + \varphi_{kk}\rho_0 \end{cases} \tag{2.7.3}$$

所以, 模型参数 $\{\varphi_{kj}, k=1,2,\cdots, j=1,2,\cdots,k\}$ 满足 k 阶尤尔-沃克方程.

当 $k=1$ 时, 模型参数为 $\{\varphi_{11}\}$, 相应的尤尔-沃克方程为

$$\rho_1 = \varphi_{11}\rho_0, \quad 即 \varphi_{11} = \rho_1 \tag{2.7.4}$$

此时, φ_{11} 是 X_t 和 X_{t-1} 的 1 阶偏相关系数, 显然, 1 阶偏相关系数等于 1 阶自相关系数.

当 $k=2$ 时, 模型参数为 $\{\varphi_{21},\varphi_{22}\}$, 相应的尤尔-沃克方程为

$$\begin{bmatrix} \rho_0 & \rho_1 \\ \rho_1 & \rho_0 \end{bmatrix}\begin{bmatrix} \varphi_{21} \\ \varphi_{22} \end{bmatrix} = \begin{bmatrix} \rho_1 \\ \rho_2 \end{bmatrix} \tag{2.7.5}$$

其中 φ_{22} 才是 X_t 和 X_{t-2} 的 2 阶偏相关系数.

当 $k=3$ 时, 模型参数为 $\{\varphi_{31},\varphi_{32},\varphi_{33}\}$, 相应的尤尔-沃克方程为

$$\begin{bmatrix} \rho_0 & \rho_1 & \rho_2 \\ \rho_1 & \rho_0 & \rho_1 \\ \rho_2 & \rho_1 & \rho_0 \end{bmatrix}\begin{bmatrix} \varphi_{31} \\ \varphi_{32} \\ \varphi_{33} \end{bmatrix} = \begin{bmatrix} \rho_1 \\ \rho_2 \\ \rho_3 \end{bmatrix} \tag{2.7.6}$$

其中 φ_{33} 才是 X_t 和 X_{t-3} 的 3 阶偏相关系数.

步骤 3　求解 k 阶尤尔-沃克方程, 得到序列 $\{\varphi_{kj}, k=1,2,\cdots, j=1,2,\cdots,k\}$ 的值, 从而得到 X_t 和 X_{t-k} 关于 $X_{t-1}, X_{t-2},\cdots, X_{t-k+1}$ 的偏相关系数. 换句话来说, 序列 $\{\varphi_{kj}, k=1,2,\cdots, j=1,2,\cdots,k\}$ 被称为产生偏相关系数序列, 只有当 $j=k$ 时, φ_{kk} 才是 k 阶偏相关系数.

通常, 对于平稳时间序列 $\{X(t),t=0,\pm1,\pm2,\cdots\}$, 其 k 阶自相关系数用单下标来表示, 记为 ρ_k 或 $\rho(k)$, 相应的 k 阶偏相关系数用阶数相同的双下标来表示, 记为 φ_{kk}. 换句话来说, 要求出 k 阶偏相关系数序列 $\{\varphi_{kk}, k=1,2,\cdots\}$, 首先要求出 k 阶自相关系数序列 $\{\rho_k, k=1,2,\cdots\}$, 然后采用克拉默法则来求解序列 $\{\varphi_{kj}, k=1,2,\cdots, j=1,2,\cdots,k\}$ 满足的 k 阶尤尔-沃克方程, 从而得到 k 阶偏相关系数序列 $\{\varphi_{kk}, k=1,2,\cdots\}$. 这就是为什么要称序列 $\{\varphi_{kj}, k=1,2,\cdots, j=1,2,\cdots,k\}$ 为产生偏相关系数序列. k 阶尤尔-沃克方程可以采用克拉默法则来求解, 但十分不方便, 而计算量也比较大, 通常采用下面的递推算法:

$$\varphi_{11} = \rho(1)$$

$$\varphi_{k+1,k+1} = \left[\rho(k+1) - \sum_{j=1}^{k} \rho(k+1-j)\varphi_{kj} \right] \left[1 - \sum_{j=1}^{k} \rho(j)\varphi_{kj} \right]^{-1}, \quad k \geq 1 \tag{2.7.7}$$

$$\varphi_{k+1,j} = \varphi_{kj} - \varphi_{k+1,k+1}\varphi_{k,k+1-j}, \quad j = 1,2,\cdots,k$$

根据上述递推算法，可以计算出偏相关系数序列 $\{\varphi_{kk}, k=1,2,\cdots\}$.

　　例 2.7.1　设平稳时间序列 $\{X(t), t=0,\pm1,\pm2,\cdots\}$ 满足 ARMA(1,1) 模型 $X_t - 0.5X_{t-1} = \varepsilon_t - 0.3\varepsilon_{t-1}$，求其前 3 阶偏相关系数 $\varphi_{kk}(k=1,2,3)$.

　　解　根据例 2.6.4 知该模型的自相关系数为

$$\rho_k = \varphi_1^{k-1} \frac{(\varphi_1 + \theta_1)(1 + \varphi_1\theta_1)}{1 + \theta_1^2 + 2\varphi_1\theta_1}, \quad k \geq 1$$

其中 $\varphi_1 = 0.5$，$\theta_1 = -0.3$，代入即得

$$\rho_k \approx 0.215 \times (0.5)^{k-1}, \quad k \geq 1$$

根据 (2.7.4)，知 $\varphi_{11} = \rho_1 \approx 0.215$.

根据 (2.7.5)，知

$$\begin{bmatrix} 1 & 0.215 \\ 0.215 & 1 \end{bmatrix} \begin{bmatrix} \varphi_{21} \\ \varphi_{22} \end{bmatrix} = \begin{bmatrix} 0.215 \\ 0.1075 \end{bmatrix}$$

所以，$\varphi_{21} \approx 0.20119$，$\varphi_{22} \approx 0.06424$.

根据 (2.7.6)，知

$$\begin{bmatrix} 1 & 0.215 & 0.1075 \\ 0.215 & 1 & 0.215 \\ 0.1075 & 0.215 & 1 \end{bmatrix} \begin{bmatrix} \varphi_{31} \\ \varphi_{32} \\ \varphi_{33} \end{bmatrix} = \begin{bmatrix} 0.215 \\ 0.1075 \\ 0.05375 \end{bmatrix}$$

所以，$\varphi_{31} \approx 0.19995$，$\varphi_{32} \approx 0.06037$，$\varphi_{33} \approx 0.01928$.

相应的前 3 阶偏相关系数分别为 $\varphi_{11} \approx 0.215$，$\varphi_{22} \approx 0.06424$，$\varphi_{33} \approx 0.01928$.

2.7.3 ARMA(p,q)模型偏相关系数的特点

如果一个平稳序列满足 AR(p) 模型，那么，当 $k > p$ 时，

$$Q = E\left(X_t - \sum_{j=1}^{k} \varphi_{kj}X_{t-j} \right)^2 = E\left(\sum_{j=1}^{p} \varphi_j X_{t-j} + \varepsilon_t - \sum_{j=1}^{p} \varphi_{kj}X_{t-j} - \sum_{j=p+1}^{k} \varphi_{kj}X_{t-j} \right)^2$$

$$= E\left(\varepsilon_t + \sum_{j=1}^{p} (\varphi_j - \varphi_{kj})X_{t-j} - \sum_{j=p+1}^{k} \varphi_{kj}X_{t-j} \right)^2$$

$$= \sigma_{\varepsilon}^2 + E\left(\sum_{j=1}^{p}(\varphi_j - \varphi_{kj})X_{t-j} - \sum_{j=p+1}^{k}\varphi_{kj}X_{t-j}\right) \geqslant \sigma_{\varepsilon}^2$$

显而易见，为使 Q 达到极小值，应取

$$\varphi_{kj} = \begin{cases} \varphi_j, & 1 \leqslant j \leqslant p, \\ 0, & p+1 \leqslant j \leqslant k, \end{cases} \quad k > p \qquad (2.7.8)$$

由此可见 $\varphi_{kk} = \varphi_k, k = 1, 2, \cdots, p$，当 $k > p$ 时，AR(p) 模型的偏相关系数 $\varphi_{kk} = 0$，即 **AR(p)模型的偏相关系数具有截尾性**.

实际上，由于产生偏相关系数的相关序列 $\{\varphi_{kj}, k = 1, 2, \cdots, j = 1, 2, \cdots, k\}$ 满足 k 阶尤尔-沃克方程，所以，当 $k > p$ 时

$$\begin{cases} \rho_1 = \varphi_{k1}\rho_0 + \varphi_{k2}\rho_0 + \cdots + \varphi_{kk}\rho_{k-1} \\ \rho_2 = \varphi_{k1}\rho_1 + \varphi_{k2}\rho_0 + \cdots + \varphi_{kk}\rho_{k-2} \\ \qquad\qquad \cdots\cdots \\ \rho_p = \varphi_{k1}\rho_{p-1} + \varphi_{k2}\rho_{p-2} + \cdots + \varphi_{kk}\rho_{k-p} \\ \qquad\qquad \cdots\cdots \\ \rho_k = \varphi_{k1}\rho_{k-1} + \varphi_{k2}\rho_{k-2} + \cdots + \varphi_{kk}\rho_0 \end{cases}$$

对于满足 AR(p) 模型的平稳时间序列，其参数 $\{\varphi_1, \varphi_2, \cdots, \varphi_p\}$ 满足 p 阶尤尔-沃克方程，

$$\begin{cases} \rho_1 = \varphi_1\rho_0 + \varphi_2\rho_1 + \cdots + \varphi_k\rho_{k-1} \\ \rho_2 = \varphi_1\rho_1 + \varphi_2\rho_0 + \cdots + \varphi_k\rho_{k-2} \\ \qquad\qquad \cdots\cdots \\ \rho_p = \varphi_1\rho_{p-1} + \varphi_2\rho_{p-2} + \cdots + \varphi_k\rho_{k-p} \end{cases}$$

所以：$\varphi_{kj} = \begin{cases} \varphi_j, & 1 \leqslant j \leqslant p, \\ 0, & p+1 \leqslant j \leqslant k, \end{cases} \quad k \geqslant p$.

从 MA 模型和 ARMA 模型的逆转形式可以看到，二者都相当于无限阶的 AR 序列，因此，MA 模型和 ARMA 模型的偏相关系数 φ_{kk} 不具有截尾性. 可以证明，MA 模型和 ARMA 模型的平稳序列的偏相关系数函数 φ_{kk} 以负指数衰减到零, 具有拖尾性.

综上可知，自相关系数的截尾性是 MA 模型的标志，偏相关系数的截尾性是 AR 模型的标志；自相关系数的截尾性是格林函数截尾性的表现，偏相关系数的截尾性是逆函数截尾性的表现. 表 2.7.1 呈现了各个模型其格林函数、逆函数、自相关系数、偏相关系数的特点.

表 2.7.1　ARMA 模型的统计特征

	AR(p)	MA(q)	ARMA(p,q)
模型方程	$\varphi(B)X_t = \varepsilon_t$	$X_t = \theta(B)\varepsilon_t$	$\varphi(B)X_t = \theta(B)\varepsilon_t$
平稳性条件	$\varphi(B)=0$ 的根在单位圆外	无	$\varphi(B)=0$ 的根在单位圆外
可逆性条件	无	$\theta(B)=0$ 的根在单位圆外	$\theta(B)=0$ 的根在单位圆外
格林函数	拖尾性	截尾性	拖尾性
逆函数	截尾性	拖尾性	拖尾性
自相关系数	拖尾性	q 步截尾	拖尾性
偏相关系数	p 步截尾	拖尾性	拖尾性

2.8　基于 R 软件的 ARMA 模型的模拟

例 2.8.1　模拟产生 MA(2) 模型 $X_t = \varepsilon_t + 0.5\varepsilon_{t-1} + 0.3\varepsilon_{t-2}$，样本容量为 200 个数据，并画出其线图，计算格林函数、自相关系数以及偏相关系数.

解　直接在操作窗口输入以下命令，

```
library(tseries)
#arima.sim
set.seed(132456)
time1=arima.sim(list(ma=c(0.5,0.3)), n=200)
#arima.sim
plot(time1,type="l",pch=16,
main=expression(paste("ma(2):",theta[1]==0.5,",",theta[2]==0.3)))
#计算格林函数
G0=ARMAtoMA(ar=0,ma=c(0.5,0.3),lag.max=20)
plot(1:length(G0),G0,col='red',type='b')
#自相关系数理论值和估计值
res1=ARMAacf(ar=0,ma=c(0.5,0.3),lag.max=15)
res2=acf(time1,plot=F,lag.max=15)$acf
par(mfrow=c(1,2))
plot(1:length(res1),res1,col='red',type='b')
abline(h=0)
plot(1:length(res2),res2,col='blue',type='b')
abline(h=0)
#偏相关系数理论值和估计值
pxg1=ARMAacf(ar=0,ma=c(0.5,0.3),lag.max=24,pacf =T)
pxg2=acf(time1,lag.max=24, type ="partial", plot =F)$acf
```

```
par(mfrow=c(1,2))
plot(1:length(pxg1),pxg1,col='red',type='b')
abline(h=0)
plot(1:length(pxg2),pxg2,col='blue',type='b')
abline(h=0)
```

(1) set.seed(),该命令的作用是设定生成随机数的种子,种子是为了让结果具有重复性. 如果不设定种子,生成的随机数无法重现.

(2) arima.sim() 函数是模拟产生满足平稳性可逆性的 ARMA 模型,其常用的语法结构为

```
arima.sim(model,n)
```

其中"model"是满足平稳性可逆性的 ARMA 模型,用列表"list"形式输入,比如

```
list(ma=c(0.5, 0.3))
list(ar=c(0.8897, -0.4858), ma=c(-0.2279, 0.2488))
```

这就分别表达 MA(2) 模型 $X_t = \varepsilon_t + 0.5\varepsilon_{t-1} + 0.3\varepsilon_{t-2}$ 和 ARMA(2, 2) 模型

$$X_t = 0.8897X_{t-1} - 0.4858X_{t-2} + \varepsilon_t - 0.2279\varepsilon_{t-1} + 0.2488\varepsilon_{t-2}$$

"n"是样本容量. 如果所输入的模型是不平稳的,或是不可逆的,R 软件会报警,不产生数据.

(3) plot() 是画图的命令,上述命令画出的图形如图 2.8.1 所示.

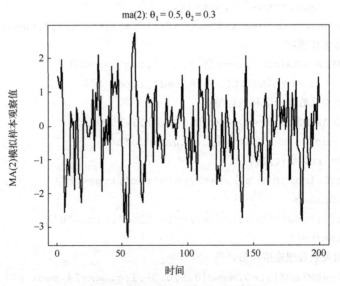

图 2.8.1　模拟 MA(2) 模型的时序图

(4) ARMAtoMA()函数是计算 ARMA 模型的格林函数，其常用的语法结构为

```
ARMAtoMA(ar = numeric(), ma = numeric(),lag.max)
```

其中"ar"是 ARMA 模型自回归部分的系数，"ma"是 ARMA 模型移动平均部分的系数，这两部分都用"numeric"形式输入，比如，ARMAtoMA(c(1.0, −0.25), 0.25, 10)，此命令计算的是 ARMA(2,1)模型 $X_t = X_{t-1} - 0.25X_{t-2} + \varepsilon_t + 0.25\varepsilon_{t-1}$ 的格林函数，"lag.max"计算的是格林函数的个数.

下面将 G0 = ARMAtoMA(ar = 0, ma = c(0.5, 0.3), lag.max = 20)的结果显示出来：

```
> G0=ARMAtoMA(ar=0,ma=c(0.5,0.3),lag.max=20)
> G0
 [1] 0.5 0.3 0.0 0.0 0.0 0.0 0.0 0.0 0.0 0.0 0.0
[12] 0.0 0.0 0.0 0.0 0.0 0.0 0.0 0.0 0.0
```

可以看出，MA 模型的格林函数，具有截尾性.

利用"plot(1:length(G0), G0, col='red', type='b')"绘制格林函数的图形，能更加明显地呈现其截尾性的特点，其图形如图 2.8.2 所示.

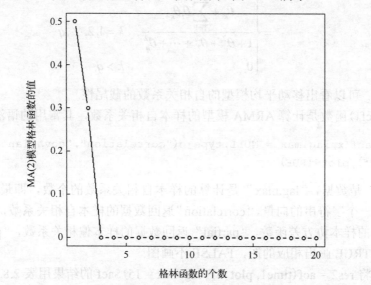

图 2.8.2 模拟 MA(2)模型的格林函数图像

(5) ARMAacf()函数是计算 ARMA 模型的理论自相关系数，其常用的语法结构为

```
ARMAacf(ar = numeric(), ma = numeric(), lag.max = r, pacf = FALSE)
```

其中"ar"是 ARMA 模型自回归部分的系数，"ma"是 ARMA 模型移动平均部分的

系数, 这两部分都用 "numeric" 形式输入, "lag.max" 是最大滞后阶数, 实际上是包含了 $\rho_0 = 1$ 和 $\rho_k (k = 1, 2, \cdots, \text{lag.max})$ 的值. "pacf" 是一个逻辑值, TRUE 返回模型的偏相关系数, FALSE 返回模型的自相关系数.

下面将 res1 = ARMAacf(ar = 0, ma = c(0.5, 0.3), lag.max = 15)的结果用表 2.8.1 显示出来.

表 2.8.1　MA(2)模型的理论自相关系数的结果

阶数	0	1	2	3	4	5	6	7
自相关系数	1	0.4851	0.2239	0	0	0	0	0
阶数	8	9	10	11	12	13	14	15
自相关系数	0	0	0	0	0	0	0	0

此结果计算自相关系数的理论值, MA(q)模型的自相关系数是按照

$$\rho_{-k} = \rho_k = \frac{EX_t X_{t-k} - EX_t EX_{t-k}}{\sqrt{DX_t}\sqrt{DX_{t-k}}}$$

$$= \begin{cases} \dfrac{\theta_k + \sum\limits_{i=1}^{q-k} \theta_i \theta_{k+i}}{1 + \theta_1^2 + \theta_2^2 + \cdots + \theta_q^2}, & k = 1, 2, \cdots, q \\ 0, & k > q \end{cases}$$

来计算的. 可以看出移动平均模型的自相关系数的截尾性.

(6) acf()函数是计算 ARMA 模型的样本自相关系数, 其常用的语法结构为

```
acf(x,lag.max = NULL,type=c("correlation","covariance",
"partial"),plot=TRUE)
```

其中 "x" 是数据, "lag.max" 是计算的样本自相关系数的个数, 即最大滞后阶数. "type" 是一个字符串的向量, "correlation" 返回数据的样本自相关系数, "covariance" 返回数据的样本协方差函数, "partial" 返回数据的样本偏相关系数, "plot" 是一个逻辑值, TRUE 画出相应的图, FALSE 不画图.

下面将 res2 = acf(time1, plot = F, lag.max = 15)\$acf 的结果用表 2.8.2 显示出来.

表 2.8.2　MA(2)模型的样本自相关系数的结果

阶数	0	1	2	3	4	5	6	7
样本自相关系数	1	0.4860	0.2210	0.0042	−0.0989	−0.1997	−0.2069	−0.2805
阶数	8	9	10	11	12	13	14	15
样本自相关系数	−0.2260	−0.1152	−0.0068	0.0538	0.03064	0.0618	0.1265	0.1292

此结果计算的是样本自相关系数，其公式如下：

$$\hat{\rho}(k) = \frac{\sum\limits_{i=1}^{n-|k|}(X_i - \bar{X})(X_{i+|k|} - \bar{X})}{\sum\limits_{i=1}^{n}(X_i - \bar{X})^2}, \quad k = 0, \pm 1, \pm 2, \cdots, \pm M$$

(7) par () 函数是将绘图分割成规则的几个部分来画图. 多图环境用参数 mfrow 或参数 mfcol 来设定，如：par(mforw = c(3, 2)) 则是在同一绘图区中绘制 3 行 2 列共 6 个图形，而且是先按行绘制，即绘制完第 1 行的 2 个图形后，再绘制第 2 行的 2 个图形，最后是第 3 行的 2 个图形. 同理，par(mfcol = c(3, 2)) 也是绘制 3 行 2 列共 6 个图形，与上面不同的是，先按列绘制. 即先绘制完第 1 列的 3 个图形，再绘制第 2 列的 3 个图形. 上述命令画出的理论自相关系数和样本自相关系数的图形如图 2.8.3 所示.

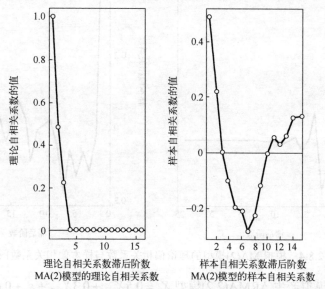

理论自相关系数滞后阶数
MA(2)模型的理论自相关系数　　　样本自相关系数滞后阶数
　　　　　　　　　　　　　　　MA(2)模型的样本自相关系数

图 2.8.3　模拟 MA(2)模型的理论自相关系数与样本自相关系数图像

可以看出：理论上 MA 模型的自相关系数具有截尾性，但是利用数据来计算样本自相关系数序列 $\{\hat{\rho}_k, k = 0, \pm 1, \pm 2, \cdots, \pm M\}$，在足够大的滞后阶数之后，其值在零附近波动，并不是精确地等于零.

(8) 命令 pxg1 = ARMAacf(ar = 0, ma = c(0.5, 0.3), lag.max = 24, pacf = T) 计算滞后阶数 24 阶的理论偏相关系数，它的计算方法就是将自相关系数的理论值代入公式

$$\varphi_{11} = \rho(1)$$

$$\varphi_{k+1,k+1}=\left[\rho(k+1)-\sum_{j=1}^{k}\rho(k+1-j)\varphi_{kj}\right]\left[1-\sum_{j=1}^{k}\rho(j)\varphi_{kj}\right]^{-1},\quad k\geqslant 1$$

$$\varphi_{k+1,j}=\varphi_{kj}-\varphi_{k+1,k+1}\varphi_{k,k+1-j},\quad j=1,2,\cdots,k$$

来计算偏相关系数 $\{\varphi_{kk},k=1,2,\cdots\}$，相应的命令 pxg2 = acf(time1, lag.max = 24, type ="partial", plot = F)\$acf 计算滞后阶数 24 阶的样本偏相关系数，它的计算方法就是将样本自相关系数代入上述公式计算.

上述命令画出的理论偏相关系数和样本偏相关系数的图形如图 2.8.4 所示.

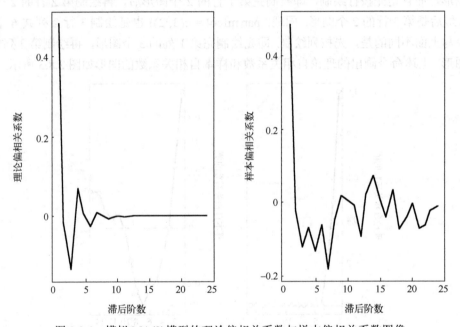

图 2.8.4   模拟 MA(2)模型的理论偏相关系数与样本偏相关系数图像

例 2.8.2   模拟产生 ARMA(2,2)模型 $X_t=0.5X_{t-1}+0.3X_{t-2}+\varepsilon_t+0.6\varepsilon_{t-1}+0.2\varepsilon_{t-2}$，样本容量为 200 个数据，并画出其线图，计算格林函数和逆函数，判断其可逆性和平稳性.

解   直接在操作窗口输入以下命令：

```
#编子函数"wge"来计算格林函数:
wge=function(ar0,ma0,lg){
  ge=rep(1,lg)
  jies=rep(0,lg)
  for(k in 1:lg){
    if(k==1){
```

```
      ge[k]=ar0[k]+ma0[k]
      jies[k]=k
    }else{
      tr=rep(0,k-1)
      for(j in 1:k-1){
        tr[j]=ar0[j]*ge[k-j]
      }
      ge[k]=ar0[k]+sum(tr)+ma0[k]
      jies[k]=k
    }
  }
  gg=cbind(jies,ge)
  return(gg)
}
```

#编子函数"wni"来计算逆函数:

```
wni=function(ar0,ma0,lg){
  ne=rep(1,lg)
  jies=rep(0,lg)
  for(k in 1:lg){
    if(k==1){
      ne[k]=ar0[k]+ma0[k]
      jies[k]=k
    }else{
      tr=rep(0,k-1)
      for(j in 1:k-1){
        tr[j]=ma0[j]*ne[k-j]
      }
      ne[k]=ar0[k]-sum(tr)-ma0[k]
      jies[k]=k
    }
  }
  nn=cbind(jies,ne)
  return(nn)
}
time12=arima.sim(n=200,list(ar=c(0.5,0.3),ma=c(0.6,0.2)))
ar1=rep(0,10)
ma1=rep(0,10)
ar1[1:2]=c(0.5,0.3)
ma1[1:2]=c(0.6,0.2)
g11=wge(ar1,ma1,10)
```

```
n11=wni(ar1,ma1,10)
G11=ARMAtoMA(ar=c(0.5,0.3),ma=c(0.6,0.2),lag.max=10)
cbind(g11,G11)
cbind(g11,n11)
```

上述命令的结果如图 2.8.5 所示.

```
> cbind(g11,G11)                    > cbind(g11,n11)
     jies        ge         G11          jies        ge jies           ne
[1,]   1 1.1000000 1.1000000     [1,]    1 1.1000000    1  1.1000000000
[2,]   2 1.0500000 1.0500000     [2,]    2 1.0500000    2 -0.5600000000
[3,]   3 0.8550000 0.8550000     [3,]    3 0.8550000    3  0.1160000000
[4,]   4 0.7425000 0.7425000     [4,]    4 0.7425000    4  0.0424000000
[5,]   5 0.6277500 0.6277500     [5,]    5 0.6277500    5 -0.0486400000
[6,]   6 0.5366250 0.5366250     [6,]    6 0.5366250    6  0.0207040000
[7,]   7 0.4566375 0.4566375     [7,]    7 0.4566375    7 -0.0026944000
[8,]   8 0.3893063 0.3893063     [8,]    8 0.3893063    8 -0.0025241600
[9,]   9 0.3316444 0.3316444     [9,]    9 0.3316444    9  0.0020533760
[10,] 10 0.2826141 0.2826141     [10,]  10 0.2826141   10 -0.0007271936
```

图 2.8.5　自编程序计算格林函数与逆函数

从图 2.8.5 的左边可以看出, 自编程序计算的格林函数与利用 **ARMAtoMA** 命令计算的格林函数是一致的, 这说明了自编程序的准确性, 也验证了 **ARMA** 模型的格林函数具有拖尾性. 从上图的右边可以看出, **ARMA** 模型的格林函数、逆函数具有拖尾性.

在操作窗口继续输入以下命令:

```
W1=polyroot(c(-0.3,-0.5,1))
if(Mod(W1[1])<1 & Mod(W1[2])<1)
print("stabilization") else print("NO")
W1
W2=polyroot(c(0.2,0.6,1))
if(Mod(W2[1])<1 & Mod(W2[2])<1)
print("reversible") else print("NO")
W2
```

(1) function ( ) 函数是创建子函数, 其基本语法结构为

```
myfunction=function(arg1,arg2,···){
           statements
        return(object)}
```

首先是给函数赋值, 也就是命名, **myfunction** 就是函数的名称, 然后在小括号中写入参数, **arg1, arg2** 就是写入的参数, 最后在大括号中写入函数要执行的语句,

return 是返回的对象.

(2) for 在 R 中是一种循环语句, 即在一定条件下, 反复执行相同的语句. 其语法结构为: for(var in seq){expr}, 其中, var 为循环变量; seq 为向量表达式, 通常是一个序列. 其执行过程为, 每次从 seq 中取一个值放入 var 中, 并在循环体 expr 中进行使用.

(3) polyroot() 函数是求解 $n-1$ 次多项式方程 $p(x) = z_1 + z_2 x + z_3 x^2 + \cdots + z_n x^{n-1} = 0$ 的根 (或称为零点) 的函数, 其用法为

$$polyroot(z)$$

其中 z 是多项式方程的系数, 即 $z = (z_1, z_2, z_3, \cdots, z_n)$, 以向量形式输入. 命令

```
polyroot(c (-0.3, -0.5, 1))
```

求解方程 $p(x) = -0.3 - 0.5x + x^2 = 0$ 的根, 也就是自回归部分的特征根. 命令 polyroot(c(0.2, 0.6, 1)), 求解方程 $p(x) = 0.2 + 0.6x + x^2 = 0$ 的根, 也就是移动平均部分的特征根.

(4) 在 R 软件中, if 属于一种分支结构, 即根据某个条件执行相关的语句. R 中的 if 语句与 else 配合主要有 3 种结构.

(i) 单个 if 语句: if(cond) {expr}. 即当括弧中的 cond 条件为 TRUE 时, 则执行表达式 expr, 否则跳过后执行其后的语句.

(ii) 单个 if…else 结构. 其执行原理为: 如果 if 后的条件满足, 则执行 if 与 else 间的语句, 否则执行离 else 最近的一条语句, 如果 if 块和 else 块有多条语句, 需要将多个语句放在花括号中.

(iii) 多个 if…else 嵌套情况. 有时我们在处理实际问题时, 可能有多个条件, 根据不同的条件选择不同的分支执行, 其结构可能是:

(a) if(条件 1) {语句块 1} else if(条件 2) {语句块 2} … else{语句块};

(b) if(条件) {if(条件 1) {语句块 1} else{语句块 2} else if(条件 2)} {if(条件 3)}…else{…} else{…}.

(5) Mod() 函数是求复数的模. 上述命令的结果如下:

```
> W1=polyroot(c(-0.3,-0.5,1))
> if(Mod(W1[1])<1 & Mod(W1[2])<1)
+     print("stabilization") else print("NO")
[1] "stabilization"
> W1
[1] -0.3520797-0i  0.8520797+0i
> W2=polyroot(c(0.2,0.6,1))
> if(Mod(W2[1])<1 & Mod(W2[2])<1)
+     print("reversible") else print("NO")
[1] "reversible"
> W2
[1] -0.3+0.3316625i -0.3-0.3316625i
```

习　题　2

1. 用延迟算子 B 表示下列模型，并判断下列 ARMA 模型的平稳性和可逆性.

(1) $X_t - \varphi_2 X_{t-2} = \varepsilon_t - \theta_2 \varepsilon_{t-2} + \theta_3 \varepsilon_{t-3}$；

(2) $X_t - 1.5 X_{t-1} + 0.56 X_{t-2} = \varepsilon_t$；

(3) $X_t - 1.2 X_{t-1} + 0.32 X_{t-2} = \varepsilon_t - 1.5 \varepsilon_{t-3} + 0.56 \varepsilon_{t-5}$.

2. 已知 ARMA(1,1) 模型 $X_t = 0.45 X_{t-1} + \varepsilon_t - 0.56 \varepsilon_{t-1}$，求格林函数 G_1, G_2, G_3.

3. 已知 ARMA(2,1) 模型 $X_t - 1.3 X_{t-1} + 0.4 X_{t-1} = \varepsilon_t - 0.36 \varepsilon_{t-1}$. (1) 讨论模型的平稳性和可逆性；(2) 计算格林函数 G_1, G_2；(3) 计算逆函数 I_1, I_2.

4. 时间序列满足 ARMA(2,1) 模型 $X_t - 0.52 X_{t-1} + 0.066 X_{t-2} = \varepsilon_t - 0.7 \varepsilon_{t-1}$，试求出格林函数的显式.

5. 时间序列满足 ARMA(3,1) 模型 $(1 - 0.4B)(1 - 0.5B)(1 - 0.7B) X_t = \varepsilon_t - 0.7 \varepsilon_{t-1}$，试求出格林函数的显式.

6. 时间序列满足 ARMA(1,2) 模型 $X_t - 0.5 X_{t-1} = \varepsilon_t - 1.3 \varepsilon_{t-1} + 0.4 \varepsilon_{t-2}$. (1) 计算格林函数 G_j, $j = 1,2$；(2) 计算逆函数 I_1, I_2；(3) 求出逆函数的显式.

7. 时间序列满足 $X_t - 1.1 X_{t-1} + 0.24 X_{t-2} = \varepsilon_t - 0.8 \varepsilon_{t-1} + 0.16 \varepsilon_{t-2}$ 模型. (1) 判断模型的平稳性和可逆性；(2) 计算前 3 个逆函数 I_j, $j = 1,2,3$；(3) 试求出格林函数的显式.

8. 时间序列满足 $X_t - 0.5 X_{t-1} = \varepsilon_t - 1.3 \varepsilon_{t-1} + 0.4 \varepsilon_{t-2}$，试计算模型的前 5 个格林函数 G_j, $j = 1,2,\cdots,5$ 和前 5 个逆函数 I_j, $j = 1,2,\cdots,5$.

9. 已知两个 MA(2) 模型，$X_t = \varepsilon_t - \dfrac{4}{5} \varepsilon_{t-1} + \dfrac{16}{25} \varepsilon_{t-2}$ 和 $X_t = \varepsilon_t - \dfrac{5}{4} \varepsilon_{t-1} + \dfrac{25}{16} \varepsilon_{t-2}$，其中 $\varepsilon_t \sim \text{NID}(0, \sigma_\varepsilon^2)$. (1) 讨论两个模型的可逆性；(2) 写出第一个模型的逆转形式；(3) 证明两个模型的自相关系数是完全相同的.

10. 已知 MA(2) 模型 $X_t = \varepsilon_t + 1.1 \varepsilon_{t-1} + 0.3 \varepsilon_{t-2}$. (1) 求自相关系数；(2) 讨论模型的可逆性.

11. 已知 MA(2) 模型 $X_t = \varepsilon_t - 0.3 \varepsilon_{t-1} - 0.28 \varepsilon_{t-2}$. 求：(1) 自相关系数；(2) 模型的前 2 个偏相关系数 φ_{11} 和 φ_{22}.

12. 已知 MA(2) 模型 $X_t = \varepsilon_t - 0.3 \varepsilon_{t-1} - 0.28 \varepsilon_{t-2}$，其中 $\varepsilon_t \sim \text{NID}(0, 0.04)$. 计算：(1) 模型的前 2 个偏相关系数 φ_{11} 和 φ_{22}；(2) 模型的方差.

13. 已知平稳时间序列满足 AR(1) 模型 $X_t = 0.7 X_{t-1} + \varepsilon_t$，其中 $\varepsilon_t \sim \text{NID}(0, \sigma_\varepsilon^2)$. 求：(1) EX_t，和 $\text{Var}(X_t)$；(2) 模型的前 2 个偏相关系数 φ_{11} 和 φ_{22}.

14. 已知平稳时间序列满足 AR(2) 模型 $X_t = 1.3 X_{t-1} - 0.42 X_{t-2} + \varepsilon_t$，其中 $\varepsilon_t \sim \text{NID}(0, \sigma_\varepsilon^2)$. 试求：(1) 模型的前 2 个自相关系数 ρ_1 和 ρ_2；(2) 前 2 个偏相关系数 φ_{11} 和 φ_{22}.

15. 已知平稳时间序列满足 AR(2) 模型 $(1 - 0.5B)(1 - 0.3B) X_t = \varepsilon_t$，其中 $\varepsilon_t \sim \text{NID}(0, \sigma_\varepsilon^2)$. 试求：(1) 模型的前 2 个格林函数 G_1 和 G_2；(2) 模型的偏相关系数 φ_{kk}.

16．已知平稳时间序列满足 AR(1)模型 $X_t - \varphi_1 X_{t-1} = \varepsilon_t$，其中 $|\varphi_1| < 1$．（1）证明 $\mathrm{Var}(X_t) = \dfrac{\sigma_\varepsilon^2}{1 - \varphi_1^2}$；（2）推导出模型的自相关系数的显式．

17．已知平稳时间序列满足 AR(2)模型，$X_t - 1.3X_{t-1} + 0.4X_{t-2} = \varepsilon_t$，其中 $\varepsilon_t \sim \mathrm{NID}(0, 0.04)$．
（1）写出该模型的尤尔-沃克方程，并由此解出 ρ_1 和 ρ_2；
（2）计算 X_t 的方差．

18．已知平稳时间序列满足 AR(3)模型，$(1 - 0.4B)(1 - 0.5B)(1 - 0.6B)X_t = \varepsilon_t$，其中 $\varepsilon_t \sim \mathrm{NID}(0, 0.4)$．（1）写出该模型的尤尔-沃克方程，并由此解出 ρ_1, ρ_2, ρ_3；（2）计算 X_t 的方差．

19．已知平稳时间序列满足 ARMA(2,1)模型 $X_t - 1.6X_{t-1} + 0.63X_{t-2} = \varepsilon_t + 0.4\varepsilon_{t-1}$，其中 $\varepsilon_t \sim \mathrm{NID}(0,1)$．试求：（1）格林函数的显式；（2）前 3 个自相关函数 $R_k, k = 1, 2, 3$．

20．已知平稳时间序列满足 ARMA(2,2)模型

$$X_t - 1.3X_{t-1} + 0.4X_{t-2} = \varepsilon_t - 1.1\varepsilon_{t-1} + 0.24\varepsilon_{t-2}$$

其中 $\varepsilon_t \sim \mathrm{NID}(0,1)$．试求：（1）前 2 个格林函数 $G_j, j = 1, 2$；（2）前 2 个逆函数 $I_j, j = 1, 2$；（3）前 3 个自相关函数 $R_k, k = 1, 2, 3$．

21．已知平稳时间序列满足 ARMA(1,1)模型为 $X_t = -X_{t-1} - 0.5X_{t-2} + \varepsilon_t$．试求：（1）前 2 个格林函数 $G_j, j = 1, 2$；（2）前 2 个逆函数 $I_j, j = 1, 2$；（3）前 2 个偏相关系数 φ_{11} 和 φ_{22}．

22．已知 ARMA(1, 1)模型 $X_t - \varphi_1 X_{t-1} = \varepsilon_t - \theta_1 \varepsilon_{t-1}$，证明：

$$\rho(k) = \varphi_1^{k-1} \frac{(\varphi_1 - \theta_1)(1 - \varphi_1 \theta_1)}{1 + \theta_1^2 - 2\varphi_1 \theta_1}, \quad k \geqslant 1$$

第 3 章 平稳时间序列模型的建立

本章将讨论如何从观察到的有限长度的平稳时间序列的样本出发，建立有限维参数的 ARMA(p, q)模型，也就是通过模型的识别、模型的定阶、模型的参数估计等步骤建立起适合平稳时间序列的模型.

3.1 时间序列的数据采样、直观分析和特征分析

时间序列建模的流程通常可以用图 3.1.1 来描述.

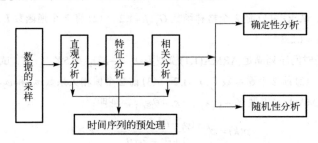

图 3.1.1 时间序列建模的流程图

3.1.1 数据采样

在许多实际问题中，动态数据的观察记录往往是以时间 t 为自变量的连续曲线，是随机过程 $\{X(t), t \in T\}$ 在某一时间段 $[a, b] \subset T$ 的样本曲线 $\{x(t), t \in [a, b]\}$. 为了使用时间序列分析的方法对其进行分析，需要对样本曲线 $\{x(t), t \in [a, b]\}$ 进行离散化.

定义 3.1.1 将时间轴上连续的信号每隔一定的时间间隔抽取出一个信号的幅度样本，使其成为时间上离散的时间序列，称之为**采样**，其中，样本之间的**时间间隔**称为**取样周期**(period of sample)，或时间间隔(time interval of sample，TS)，其倒数称为**取样频率**(frequency of sample，FS).

对连续时间段 $a \leqslant t \leqslant b$ 上的样本曲线 $\{x(t), t \in [a, b]\}$ 进行采样过程中，采样间隔可以相等，也可以不等，一般常用等间隔采样. 采样的方法通常有直接采样、累计采样等.

(1)直接采样.

将 $x(t)$ 在第 $i-1$ 个时间间隔点 $a + (i-1)\Delta t$ 上的取值直接定义为 x_i，即

$$x_i = x[a + (i-1)\Delta t], \quad i = 1, 2, \cdots, n$$

(2) 累计采样.

取 $x(t)$ 在 $[a+(i-1)\Delta t, a+i\Delta t]$ 上的累计值定义为 x_i，即

$$x_i = \int_{(i-1)\Delta t}^{i\Delta t} x(a+s)\mathrm{d}s, \quad i = 1, 2, \cdots, n$$

(3) 特征采样.

给出采样时间间隔，按照预先约定的规则选取样本曲线 $\{x(t), t \in [a,b]\}$ 在 $[a+(i-1)\Delta t, a+i\Delta t]$ 上的特征值，例如最大值、最小值、平均值等作为 x_i. 例如，长江每月最高水位所形成的序列，即为特征采样的结果.

(4) 阈值采样.

选取样本曲线 $\{x(t), t \in [a,b]\}$ 在 $[a,b]$ 上所有大于(或小于)某一阈值的数据，按原来的顺序排列所形成的序列，即为阈值采样. 例如，6—9 月温度大于 36℃ 的数据所形成的序列，即为阈值采样的结果.

采样得到离散样本序列 $\{x(i), i = 1, 2, \cdots, n\}$，失去了样本曲线 $\{x(t), t \in [a,b]\}$ 在 $a+(i-1)\Delta t$ 和 $a+i\Delta t$ 之间的信息. 显然，采样间隔越小，采样值越多，信息损失就越小，数据处理量越大，处理时间、人力、财力消耗越大. 相反，采样间隔越大，采样值越少，信息损失越多，数据处理的时间、人力、财力也越小. 为了保证采样的合理性和不失真地拟合时间序列，一般通过香农(Shannon)采样定理选择采样间隔.

3.1.2　直观分析

直观分析通常包括离群点的检验和处理、缺损值的补足、指标计算范围是否统一等一些可以通过简单手段处理的分析.

定义 3.1.2　离群点(outlier)是指一个时间序列中，远离序列一般水平的极端大值和极端小值，也称为奇异值、野值.

离群点一般分为四种类型. 第一种是加性离群点(addictive outlier). 造成这种离群点的干扰，只影响该干扰发生的那一时刻 T 上的样本值，即影响 X_T 而不影响 $X_{T+1}, X_{T+2}, \cdots$. 第二种是更新离群点(innovational outlier). 造成离群点的干扰不仅作用于 X_T，而且影响时刻 T 以后的 $X_{T+1}, X_{T+2}, \cdots$，这种离群点的出现意味着一个外部干扰作用于系统的 T 时刻，并且其作用方式影响了系统的动态模型. 第三种是水平移位离群点(level shift outlier). 外部干扰作用于某一时刻 T，使系统的结构发生变化，从而影响 T 时刻以后所有的观测值，使得 T 时刻前后序列的均值发生水平位移. 第四种是暂时性变更离群点(temporary change outlier). 外部干扰作用于时刻 T，然后随着时间根据衰减因子 δ 的大小呈指数衰减干扰 T 时刻以后所有的观测值.

离群点通常是由于系统外部干扰而形成的，可以根据序列值与平滑值二者间的

差异来判断，这种方法比较简单，但对于判断离群点的类型存在不足，所以通常采用的是干预分析法. 所谓干预分析法，其思想是首先根据数据建立模型，利用拟合模型后的剩余序列计算特定的统计量，测出显著的离群点及其类型，并用相应的模型进行修正，然后对修正模型的剩余序列重复上述程序，依次测出离群点.

$\overline{X_t}$ 表示 t 时刻对数据的平滑估计，可以取 t 时刻前的单侧加权平均，也可以取算术平均，通常取为算术平均，即

$$\overline{X_t} = \frac{1}{t}\sum_{i=1}^{t} X_i$$

$\overline{X_t^2}$ 表示 t 时刻对数据先取平方，再作平滑而得到的值，即

$$\overline{X_t^2} = \frac{1}{t}\sum_{i=1}^{t} X_i^2$$

S_t^2 表示 t 时刻的样本方差，即

$$S_t^2 = \overline{X_t^2} - \left(\overline{X_t}\right)^2$$

如果

$$\left| X_{t+1} - \overline{X_t} \right| < k \times S_t \qquad (S_t \text{为标准差})$$

则判定 X_{t+1} 是正常的，否则判定它是一个离群点.

如果 $\{X_t\}$ 是正态时间序列，利用 3σ 法则，k 通常取 3. 由于 3σ 法则严格依赖于序列总体的正态性，当样本容量 n 过大时，3σ 法则会使可靠性大大降低，因此通常 k 取为 3—9 的整数.

如果 X_{t+1} 是离群点，则取

$$\widehat{X_{t+1}} = 2X_t - X_{t-1}$$

代替 X_{t+1}. 这种方法隐含假定正常值是平滑的，离群点是突变的. 这种剔除离群点的方法实际上是线性外推，需要事先规定连续外推的次数.

在检验和剔除离群点时，通常采用 J. W. Tukey 提出的 53H 法，这种方法的基本思想是：由原数据序列构造一个新的平滑序列，根据二者间的差异来判断原序列数据的合理性. 其具体操作过程如下：

(1) 基于时间序列 $\{X(t), t = 0, \pm 1, \pm 2, \cdots\}$ 的样本观测值 $\{x_i, i = 1, 2, \cdots, n\}$，选取相邻五个时刻的观测值 $\{x_{t-2}, x_{t-1}, x_t, x_{t+1}, x_{t+2}\}, t = 3, 4, \cdots, n-2$ 的中位数作为新序列的观测值，也就是以 $x_{t(i)}$ 表示相邻五个观测值 $\{x_{t-2}, x_{t-1}, x_t, x_{t+1}, x_{t+2}\}, t = 3, 4, \cdots, n-2$ 的第 i 个顺序统计量的观测值，那么，取 $x_t' = x_{t(3)}(t = 3, 4, \cdots, n-2)$，依次按原有顺序排列，得到一个新的时间序列的观测值 $\{x_t'\}$. 显然，原始观测序列共有 n 个数据，新观测序列的样本容量减少了，仅有 $n-4$ 个数据.

(2) 用类似的方法在 $\{x_t'\}$ 中的相邻的三个数据中 $\{x_{t-1}', x_t', x_{t+1}'\}, t=4,\cdots,n-3$ 选取中位数，即取 $x_t''=x_{t(2)}'(t=4,\cdots,n-3)$，按原有顺序排列构成新的观测序列 $\{x_t''\}$，此时新观测序列仅有 $n-6$ 个数据.

(3) 利用 Hanning 窗口，由观测序列 $\{x_t''\}$ 构造新观测序列 $\{x_t'''\}$，即

$$x_t''' = \frac{1}{4}x_{t-1}'' + \frac{1}{2}x_t'' + \frac{1}{4}x_{t+1}''$$

(4) 如果 $|x_t - x_t'''| > k$，则判定 x_t 是离群点，k 根据经验和具体问题而选择，通常也取 $k=6$；如果 x_t 是离群点，通常用内插值代替 x_t.

缺损值(missing value)是指在采集时间序列时，由于仪器故障、操作失误、观察问题等种种原因引起在某些观测点上未能记录观测值.

缺损值的出现破坏了系统行为的连续性，违背了时间序列"顺序的重要性"原则，所以，在对一个序列分析之前，需要运用一定的方法对缺损值进行估计、推测，以补足缺损的数值. 对缺损值的补足通常采用平滑法、推算法、插值估算法等.

3.1.3 特征分析

所谓特征分析就是在对时间序列进行建模之前，计算出一些具有代表性的特征参数，用以浓缩、简化数据信息，以利数据的深入处理，或通过概率直方图和正态性检验分析数据的统计特性. 下面列出的特征参数分别描述了时间序列取值中心位置、离散程度、分布特性等.

(1) 位置特征参数.

样本均值：$\bar{X} = \frac{1}{n}\sum_{i=1}^{n} X_i$

极小值：$X_{(1)} = \min_{1\le i\le n}\{X_i\}$，极大值：$X_{(n)} = \max_{1\le i\le n}\{X_i\}$.

(2) 离散程度特征参数.

极差：$\text{Range} = X_{(n)} - X_{(1)}$

样本方差：$S_n^2 = \frac{1}{n-1}\sum_{i=1}^{n}(X-\bar{X})^2 = \frac{1}{n-1}\left(\sum_{i=1}^{n}X_i^2 - n(\bar{X})^2\right)$

样本二阶中心矩：$S_n^{*2} = \frac{1}{n}\sum_{i=1}^{n}(X_i-\bar{X})^2 = \frac{1}{n}\sum_{i=1}^{n}X_i^2 - (\bar{X})^2$

样本标准差：$\hat{S} = \sqrt{\frac{1}{n-1}\sum_{i=1}^{n}(X_i-\bar{X})^2}$

(3) 分布特征参数.

$$样本偏度：S = \frac{\dfrac{1}{n}\sum_{i=1}^{n}(X_i - \bar{X})^3}{\left[\dfrac{1}{n-1}\sum_{i=1}^{n}(X_i - \bar{X})^2\right]^{\frac{3}{2}}}$$

$$样本峰度：K = \frac{\dfrac{1}{n}\sum_{i=1}^{n}(X_i - \bar{X})^4}{\left[\dfrac{1}{n-1}\sum_{i=1}^{n}(X_i - \bar{X})^2\right]^{2}}$$

3.2　时间序列的相关分析

所谓相关分析就是测定时间序列的相关程度，给出相应的定量度量，并分析其特征及变化规律.

3.2.1　纯随机性检验

定义 3.2.1　如果时间序列 $\{X(t), t \in T\}$ 满足：$EX(t) = \mu$，

$$\text{Cov}(X(t), X(s)) = EX(t)X(s) - EX(t)EX(s) = \begin{cases} \sigma^2, & t = s \\ 0, & t \neq s \end{cases}$$

那么，时间序列 $\{X(t), t \in T\}$ 其 t 时刻的随机变量 $X(t)$ 与 s 时刻的随机变量 $X(s)$ 没有任何线性相依关系，是一个没有记忆的序列，过去的行为对将来的发展没有影响，称该时间序列 $\{X(t), t \in T\}$ 为**纯随机时间序列**，也称为**白噪声序列**.

相关分析首先是检验时间序列是否存在相关性，检验时间序列是否为纯随机时间序列，这种检验称为纯随机性检验，或称为白噪声检验.

若时间序列 $\{X(t), t \in T\}$ 是平稳时间序列，满足均值遍历性和自相关函数的遍历性，$X_1, X_2, \cdots, X_n$ 是时间 $t_1 < t_2 < t_3 < \cdots < t_n$ 下的有限样本，其中 $t_i \in T(i = 1, 2, \cdots, n)$，那么，时间序列的样本自相关系数为

$$\hat{\rho}(k) = \frac{\dfrac{1}{n}\sum_{i=1}^{n-|k|}(X_i - \bar{X})(X_{i+|k|} - \bar{X})}{\dfrac{1}{n}\sum_{i=1}^{n}(X_i - \bar{X})^2}, \quad k = 0, \pm 1, \pm 2, \cdots, \pm M \tag{3.2.1}$$

其中 $\bar{X} = \dfrac{1}{n} \displaystyle\sum_{i=1}^{n} X_i$，$k$ 为延迟期数，M 为最大滞后期. 若观测值较多，最大滞后期 M

取 $\left[\dfrac{n}{10}\right]$ 或 $[\sqrt{n}]$；若观测值较少，最大滞后期 M 取 $\left[\dfrac{n}{4}\right]$（$[\cdot]$ 表示取整运算）. 从样本自相关系数 $\hat{\rho}(k)$ 出发，来检验时间序列是否为纯随机时间序列.

　　纯随机性检验（Barlett 定理）. Barlett 证明了，如果一个时间序列是纯随机的时间序列，而且得到了一个样本容量为 n 的有限样本，那么，该时间序列的延迟非零期的样本自相关系数近似服从均值为零、方差为时间序列样本容量倒数的正态分布，即

$$\hat{\rho}(k) \sim N\left(0, \frac{1}{n}\right), \quad \forall k \neq 0 \tag{3.2.2}$$

由此得到，若

$$|\hat{\rho}(k)| \leqslant \frac{1.96}{\sqrt{n}} \simeq \frac{2}{\sqrt{n}}, \quad k = 1, 2, \cdots, M \tag{3.2.3}$$

便可以认为 $\hat{\rho}(k)$ 为零的可能性是 95%，从而接受 $\rho(k) = 0 (k = \pm 1, \pm 2, \cdots, \pm M)$ 的假设，即认为时间序列是纯随机时间序列.

　　利用式 (3.2.2) 来检验时间序列观测值之间是否存在相关性，对单个样本自相关系数 $\hat{\rho}(k)$ 的要求比较严格. 在有些情况下，可能由于偶然原因，有个别的 $\hat{\rho}(k)$ 不满足式 (3.2.2) 所规定的范围，此时构造 Q 统计量

$$Q = \sum_{k=1}^{M} (\sqrt{n} \hat{\rho}_k)^2 \tag{3.2.4}$$

利用 Q 统计量来检验时间序列观测值之间是否存在相关性.

　　Q 统计量服从自由度为 M 的 χ^2 分布. 若 $Q \leqslant \chi_{1-\alpha}^2(M)$，则接受时间序列 $\{X_t\}$ 是纯随机性，不具有自相关性，不能对时间序列 $\{X_t\}$ 建立线性模型. Q 统计量对样本容量比较敏感，常常对其进行修正，构造 Ljung-Box 的 Q_{LB} 统计量

$$Q_{\text{LB}} = n(n+2) \sum_{k=1}^{M} \left(\frac{\hat{\rho}_k^2}{n-k} \right) \tag{3.2.5}$$

　　Ljung-Box 的 Q_{LB} 统计量仍服从自由度为 M 的 χ^2 分布. 若 $Q_{\text{LB}} > \chi_{1-\alpha}^2(M)$，则接受时间序列 $\{X_t\}$ 具有自相关性，时间序列不是纯随机时间序列，能对其建立 ARMA 模型.

　　例 3.2.1　某一平稳时间序列的延迟 12 期的样本自相关系数（保留三位小数）如表 3.2.1 所示.

表 3.2.1   延迟 12 期的样本自相关系数的值

k	1	2	3	4	5	6
$\hat{\rho}_k$	0.037	0.014	−0.042	−0.023	−0.020	−0.006
k	7	8	9	10	11	12
$\hat{\rho}_k$	0.018	−0.061	−0.055	−0.024	−0.020	0.041

计算前 6 期、前 12 期的 Q_{LB} 统计量的值,并判定该时间序列是否为纯随机性时间序列($\alpha = 0.05$).

解 根据表 3.2.1 的数据,很容易计算出 Ljung-Box 的 Q_{LB} 统计量,其结果如表 3.2.2 所示.

表 3.2.2 Q_{LB} 统计量的检验结果

延迟期数	Q_{LB} 统计量检验	
	Q_{LB} 统计量的值	P 值
6	4.3435	0.63
12	14.1711	0.29

由于 P 值显著大于显著性水平 α,所以,该时间序列不能拒绝纯随机序列的原假设.换言之,我们可以认为该时间序列观测值之间不存在相关性,是纯随机时间序列. 因而,可以停止对该时间序列进行统计分析.

还需要解释的一点是,为什么在本例只检查前 6 期和前 12 期的 Q_{LB} 统计量就能直接判断该时间序列是纯随机时间序列呢?为什么不进行最大滞后期的 Q_{LB} 统计量的检验呢?这是因为平稳时间序列自相关系数呈负指数收敛到零,具有短期相关性.换言之,如果时间序列值之间存在显著自相关性,通常只在延迟期比较短的序列值之间;如果一个平稳序列短期的时间序列值之间不存在显著的相关关系,通常长期延迟期之间就更不会存在显著的相关关系. 如果一个平稳序列短期的时间序列值之间存在显著的相关关系,那么,该时间序列就一定不是白噪声时间序列,时间序列观测值之间存在相关性,可以对时间序列进行分析,建立 ARMA 模型.

3.2.2 平稳性检验

如果时间序列 $\{X_t\}$ 不具有纯随机性,存在自相关性,那么,需要检验时间序列是否为平稳时间序列,这种检验通常称为平稳性检验.

理论上,自相关系数序列 $\{\rho_k, k = 0, \pm 1, \pm 2, \cdots\}$ 与时间序列具有相同的变化周期. 所以,根据样本自相关系数序列 $\{\hat{\rho}_k, k = 0, \pm 1, \pm 2, \cdots, \pm M\}$ 随 k 增长而衰减的特点或其周期变化的特点判断时间序列是否具有平稳性,识别时间序列的模型,建立相应的模型. 平稳性检验常用的检验方法有:数据图检验法、自相关系数和偏相关系数图检验法、特征根检验法、参数检验法、逆序检验法、游程检验法等.

(1) 数据图检验法.

该方法是横轴为时间，纵轴为时间序列 X_t 的观测值，在 t-X_t 平面直角坐标系中将所研究的时间序列绘成线图，观察其是否存在趋势性、周期性，或是否围绕某一直线上下较小幅度地波动. 若无明显的趋势性或周期性，是围绕某一直线上下以较小幅度地波动，就认为时间序列是平稳时间序列. 例如，以我国 2005 年 1 月至 2020 年 6 月反映货币供应量的重要指标 M2 的观测值，在 t-X_t 平面直角坐标系绘成线图，如图 3.2.1 所示.

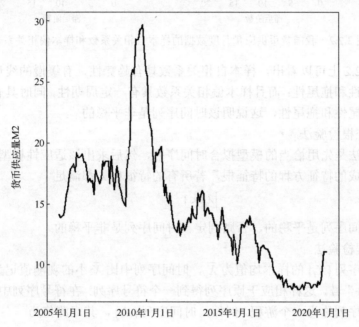

图 3.2.1　我国 2005 年 1 月至 2020 年 6 月各月货币供应量 M2 的时序图

从图 3.2.1 可以看出时间序列 $\{M2_t\}$ 有缓慢的线形上升趋势，并且反复振荡具有季节性，这说明该时间序列是非平稳的. 数据图检验法具有简单、直观、运用方便等优点，但是对图形的观察要靠实际经验，并且带有很强的主观意识，往往不同的分析者会得出不同的结论.

(2) 自相关系数和偏相关系数图检验法.

一个零均值平稳时间序列可以用 AR 模型、MA 模型或 ARMA 模型来模拟，而 ARMA 模型的自相关系数和偏相关系数要么是截尾的，要么是拖尾的，而且均值对于自相关系数和偏相关系数的特性是没有影响的. 因此，如果时间序列的样本自相关系数或样本偏相关系数既不截尾，又不拖尾，则可以断定该时间序列是非平稳的. 例如，上述例子中时间序列 $\{M2_t\}$ 的样本自相关系数和样本偏相关系数图如图 3.2.2 所示.

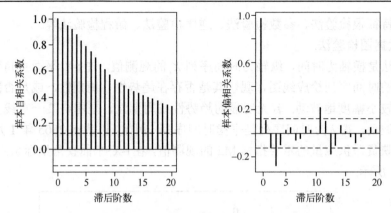

图 3.2.2　我国货币供应量月度数据的样本自相关系数和样本偏相关系数

从图 3.2.2 上可以看出，样本自相关系数具有趋势性，有缓慢的线形递减趋势，不具有截尾性和拖尾性；而且样本偏相关系数具有一定周期性，同时具有递减趋势，也不具有截尾性和拖尾性，这说明该时间序列是非平稳的.

(3) 特征根检验法.

这种方法是先用恰当的模型拟合时间序列，然后求出该适应性模型的自回归部分参数所组成的特征方程的特征根，若所有的特征根 λ_i 都满足

$$|\lambda_i| < 1$$

则判定该时间序列是平稳的，否则判定该时间序列是非平稳的.

(4) 游程检验法.

设时间序列 $\{X_t\}$ 的样本均值为 $\bar{X}$，时间序列中比 $\bar{X}$ 小的观测值记为 " $-$ " 号，其余记为 " $+$ " 号，这样相应于原序列得到一个符号序列. 在符号序列中每一段连续相同的记号序列称为一个**游程**. 例如，时间序列 $\{X_t\}$，其观测值为

$$5\ 6\ 6\ 9\ 5\ 6\ 4\ 8\ 3\ 8$$

其样本均值 $\bar{X} = 6$，相应的符号序列为

$$-\ +\ +\ +\ -\ +\ -\ +\ -\ +$$

该时间序列共有八个游程.

对于时间序列 $\{X_t\}$，假定序列长度为 n，n_1 和 n_2 分别是时间序列中 "+" 与 "$-$" 出现的次数，游程总数为 r. 可以证明，当 n_1 和 n_2 均不超过 15 时，游程总数服从 r 分布；若 $r_L < r < r_U$（r_L 和 r_U 为 r 分布的置信下限和置信上限），则可接受时间序列为平稳性假设；否则，时间序列是非平稳的时间序列.

当 n_1 或 n_2 超过 15 时，统计量

$$Z = \frac{r - E(r)}{\sigma(r)} \tag{3.2.6}$$

近似服从标准正态分布 $N(0,1)$，式中，

$$E(r) = \frac{2n_1 n_2}{n} + 1 \quad \text{为游程 } r \text{ 的期望数，}$$

$$\sigma(r) = \sqrt{[2n_1 n_2 (2n_1 n_2 - n)]/[n^2(n-1)]} \quad \text{为游程 } r \text{ 的标准差}$$

所以，对于 $\alpha = 0.05$ 的显著水平，当 $|Z| \leqslant 1.96$（按 2σ 原则）时，则可接受平稳性假设；否则，时间序列是非平稳的时间序列.

　　参数检验法、逆序检验法、游程检验法都是非参数检验方法，而数据图检验法、自相关系数和偏相关系数图检验法、特征根检验法都利用了样本自相关和样本偏相关系数的计算公式. 样本自相关和样本偏相关系数的计算公式是在假定时间序列为平稳的前提下才得到的，对于非平稳序列，用样本自相关系数和样本偏相关系数作为自相关系数和偏相关系数的估计是非常不合理的. 所以，在完全不了解时间序列的特性的情况下，用游程检验来检验序列的平稳性是最佳的方法.

　　如果时间序列是非平稳时间序列，通常可以通过提取趋势项、提取季节指数，或通过差分、季节差分、取对数后作差分等运算使时间序列平稳化，相关知识将在第 5，6 章展开.

3.3　平稳时间序列的零均值处理

　　如果对平稳时间序列建立中心化 ARMA 模型，那么，时间序列的均值为零. 实际上，平稳时间序列其均值是未知的，对此有两种处理方法. 一种方法是建立非中心化的 ARMA 模型，将平稳时间序列的均值作为一个参数进行估计，即模型为

$$X_t = \varphi_0 + \varphi_1 X_1 + \varphi_2 X_2 + \cdots + \varphi_p X_{t-p} + \varepsilon_t + \theta_1 \varepsilon_1 + \theta_2 \varepsilon_2 + \cdots + \theta_q \varepsilon_{t-q}$$

或模型为

$$(X_t - \mu) - \varphi_1(X_1 - \mu) - \varphi_2(X_2 - \mu) - \cdots - \varphi_p(X_{t-p} - \mu) = \varepsilon_t + \theta_1 \varepsilon_1 + \theta_2 \varepsilon_2 + \cdots + \theta_q \varepsilon_{t-q}$$

其中 $\mu = \dfrac{\varphi_0}{1 - \varphi_1 - \cdots - \varphi_p}$，这时需要估计 $p + q + 1$ 个参数.

　　另外一种方法是用样本均值 $\overline{X}$ 作为时间序列均值 μ 的估计，建模前先用样本数据减去样本均值，然后对所得的零均值时间序列进行建模，这种方法称为**零均值处理**. 零均值处理方法比较简单，通常被采用. 但一般来说，零均值处理没有第一种方法拟合的效果好.

　　对于平稳时间序列 $\{X(t), t = 0, \pm1, \pm2, \cdots\}$，其理论均值 $EX_t = \mu$，$X_1, X_2, \cdots, X_n$ 是时间 $t_1 < t_2 < t_3 < \cdots < t_n$ 下的有限样本，其中 $t_i \in T(i = 1, 2, \cdots, n)$，那么，时间序列的样本均值为

$$\bar{X} = \frac{1}{n}\sum_{i=1}^{n} X_i$$

显然，样本均值 $\bar{X}$ 是 μ 的无偏估计. 但对于非平稳序列，用样本均值 $\bar{X}$ 作为理论均值的估计是不合理的. 所以，在建立时间序列模型时，首先是检验时间序列的平稳性，将非平稳序列平稳化，再进行零均值处理.

例 3.3.1　假定平稳时间序列 $\{X(t), t = 0, \pm1, \pm2, \cdots\}$，其理论均值 $EX_t = \mu$，协方差函数 $\text{Cov}(X_t, X_s) = EX_t X_s - EX_t EX_s = C(s-t)$，用样本均值 $\bar{X} = \frac{1}{n}\sum_{i=1}^{n} X_i$ 作为理论均值的估计，求样本均值 $\bar{X}$ 的方差.

解　时间序列是平稳时间序列，那么，样本均值 $\bar{X}$ 的期望为

$$E\bar{X} = \frac{1}{n}\sum_{i=1}^{n} EX_i = \frac{1}{n}\sum_{i=1}^{n} \mu = \mu$$

样本均值 $\bar{X}$ 的方差为

$$\text{Var}[\bar{X}] = E[\bar{X} - \mu]^2 = \frac{1}{n^2} E\left[\sum_{t=1}^{n}(X_t - \mu)\sum_{s=1}^{n}(X_s - \mu)\right] = \frac{1}{n^2}\sum_{t=1}^{n}\sum_{s=1}^{n} C(s-t)$$

令 $k = t - s$，将二重求和化为对 k 求和并利用 $C(k)$ 是 k 的偶函数，则有

$$\text{Var}[\bar{X}] = \frac{1}{n^2}\sum_{k=-(n-1)}^{n-1}(n-|k|)C_k = \frac{1}{n}\sum_{k=-(n-1)}^{n-1}\left(1 - \frac{|k|}{n}\right)C_k \tag{3.3.1}$$

当 n 很大时，

$$\text{Var}[\bar{X}] \approx \frac{1}{n}\sum_{k=-\infty}^{+\infty} C(k) = \frac{1}{n}\left[C(0) + 2\sum_{k=1}^{+\infty} C(k)\right] \tag{3.3.2}$$

对于平稳时间序列而言，其自相关系数是负指数缩减的. 因此，上式中的无穷和为一有限值，即样本均值 $\bar{X}$ 的方差为

$$\text{Var}[\bar{X}] \approx \frac{1}{n}\left[\hat{C}(0) + 2\sum_{k=1}^{+\infty} \hat{C}(k)\right] = O\left(\frac{1}{n}\right) \tag{3.3.3}$$

其中 $\hat{C}(k)$ 为平稳时间序列滞后 k 阶的协方差的估计，即

$$\hat{C}(k) = \frac{1}{n}\sum_{i=1}^{n-|k|}(X_i - \bar{X})(X_{i+|k|} - \bar{X}), \quad k = 0, \pm1, \pm2, \cdots, \pm M$$

对于平稳时间序列而言，样本均值 $\bar{X}$ 的方差和标准差 S.E. $[\bar{X}]$ 可以近似为

$$\text{Var}[\overline{X}] \approx \frac{1}{n}\left(\hat{C}(0) + 2\sum_{k=1}^{M} \hat{C}(k) \right) \tag{3.3.4}$$

$$\text{S.E.}[\overline{X}] = \sqrt{\text{Var}[\overline{X}]} \approx \frac{1}{\sqrt{n}}\left(\hat{C}(0) + 2\sum_{k=1}^{M} \hat{C}(k) \right)^{\frac{1}{2}} \tag{3.3.5}$$

对于平稳时间序列而言, 样本均值 $\overline{X}$ 是 μ 的相合估计, 也是 μ 的无偏估计. 如果样本均值 $\overline{X}$ 在 $0 \pm 2\text{S.E.}[\overline{X}]$ 范围内 (S.E.是标准误差, 简称标准误, standard error), 判定该平稳时间序列是零均值过程. 如果, 样本均值 $|\overline{X}| > 2\text{S.E.}[\overline{X}]$, 该平稳时间序列不是零均值过程, 那么, 进行零均值处理, 令 $Y(t) = X(t) - \overline{X}$, 那么 $\{Y(t), t = 0, \pm 1, \pm 2, \cdots\}$ 为零均值平稳序列.

例 3.3.2　某一平稳时间序列的延迟 12 期的样本自协方差 (保留四位小数) 的观测值如表 3.3.1 所示. 其中 $\overline{x} \approx -0.0156$, 样本容量 $n = 500$, 判断该平稳时间序列是否为零均值过程.

表 3.3.1　延迟 12 期的样本自协方差函数的观测值

k	0	1	2	3	4	5	6
$\hat{C}(k)$	0.9861	0.1489	−0.0002	0.0178	−0.0228	−0.0241	−0.0336
k	7	8	9	10	11	12	
$\hat{C}(k)$	−0.0997	−0.0831	−0.0635	0.0264	0.0809	0.0225	

解
$$\text{S.E.}[\overline{X}] \approx \frac{1}{\sqrt{500}}\left(\hat{C}(0) + 2\sum_{k=1}^{12} \hat{C}(k) \right)^{\frac{1}{2}} \approx 0.4675$$

显然 $|\overline{X}| < 2\text{S.E.}[\overline{X}]$, 该平稳时间序列是零均值过程.

3.4　平稳时间序列的模型识别

对一个观察到的时间序列的观测值, 从各种模型族中选择一个与其实际过程相吻合的模型结构, 就是模型的识别问题.

对于零均值平稳序列 $\{X_t\}$, 如果自相关系数序列 $\{\rho_k, k = 1, 2, \cdots\}$ 在 q 步截尾, 偏相关系数序列 $\{\varphi_{kk}, k = 1, 2, \cdots\}$ 是负指数衰减的, 具有拖尾性, 则利用 MA(q) 模型拟合; 如果偏相关系数序列 $\{\varphi_{kk}, k = 1, 2, \cdots\}$ 在 p 步截尾, 自相关系数具有拖尾性, 利用 AR(p) 模型建模; 如果自相关系数和偏相关系数都具有拖尾性, 利用 ARMA 模型拟合.

对于零均值平稳时间序列 $\{X(t), t = 0, \pm 1, \pm 2, \cdots\}$, $X_1, X_2, \cdots, X_n$ 是时间 $t_1 < t_2 <$

$t_3 < \cdots < t_n$ 下的有限样本，那么，第 k 期的自相关系数 $\{\rho_k, k = 1, 2, \cdots\}$ 的估计为

$$\hat{\rho}(k) = \frac{\frac{1}{n}\sum_{i=1}^{n-|k|} X_i X_{i+|k|}}{\frac{1}{n}\sum_{i=1}^{N} X_i^2} = \frac{\hat{R}(k)}{\hat{R}(0)}, \quad k = 0, \pm 1, \pm 2, \cdots, \pm M \tag{3.4.1}$$

如果零均值平稳时间序列 $\{X(t), t = 0, \pm 1, \pm 2, \cdots\}$ 的自相关系数序列 $\{\rho_k, k = 1, 2, \cdots\}$ 在 q 步截尾，即在原假设 $H_0 : \rho_{q+1} = \rho_{q+2} = \cdots = \rho_M = 0$ 成立的前提下，样本自相关系数 $\hat{\rho}_k (k > q)$ 渐近服从正态分布 $N\left(0, \frac{1}{n}\left(1 + 2\sum_{l=1}^{q}\hat{\rho}_l^2\right)\right)$，即

$$\hat{\rho}_k \sim N\left(0, \frac{1}{n}\left(1 + 2\sum_{l=1}^{q+2}\hat{\rho}_l^2\right)\right), \quad k > q \tag{3.4.2}$$

显然

$$P\left(|\hat{\rho}_k| \leq \frac{2}{\sqrt{n}}\left(1 + 2\sum_{l=1}^{q}\hat{\rho}_l^2\right)^{\frac{1}{2}}\right) = 95.5\%, \quad k > q$$

$$P\left(|\hat{\rho}_k| \leq \frac{1}{\sqrt{n}}\left(1 + 2\sum_{l=1}^{q}\hat{\rho}_l^2\right)^{\frac{1}{2}}\right) = 68.3\%, \quad k > q \tag{3.4.3}$$

如果零均值平稳时间序列 $\{X(t), t = 0, \pm 1, \pm 2, \cdots\}$ 的偏相关系数序列 $\{\varphi_{kk}, k = 1, 2, \cdots\}$ 在 p 步截尾，即在原假设 $H_0 : \varphi_{p+1,p+1} = \varphi_{p+2,p+2} = \cdots = \varphi_{MM} = 0$ 成立的前提下，样本偏相关系数 $\hat{\varphi}_{kk}(k > p)$ 渐近服从均值为零、方差为样本容量倒数的正态分布，即

$$\hat{\varphi}_{kk} \sim N\left(0, \frac{1}{n}\right), \quad k > p \tag{3.4.4}$$

显然

$$P\left(|\hat{\varphi}_{kk}| \leq \frac{2}{\sqrt{n}}\right) = 95.5\%, \quad k > p$$

$$P\left(|\hat{\varphi}_{kk}| \leq \frac{1}{\sqrt{n}}\right) = 68.3\%, \quad k > p \tag{3.4.5}$$

根据上述关于样本自相关系数、样本偏相关系数服从正态分布的结论，可以初步对零均值平稳序列 $\{X(t), t = 0, \pm 1, \pm 2, \cdots\}$ 进行模型识别，其步骤如下：

（1）利用平稳时间序列的样本观测值，计算滞后期 $M=[\sqrt{n}]$ 的样本自相关系数 $\{\hat{\rho}_k, k=1,2,\cdots,M\}$ 和样本偏相关系数 $\{\hat{\varphi}_{kk}, k=1,2,\cdots,M\}$.

（2）令 $q=1$，计算 $\dfrac{1}{\sqrt{n}}(1+2\hat{\rho}_1^2)^{\frac{1}{2}}$，检验 $|\hat{\rho}_2|,|\hat{\rho}_3|,\cdots,|\hat{\rho}_M|$ 小于 $\dfrac{1}{\sqrt{n}}(1+2\hat{\rho}_1^2)^{\frac{1}{2}}$ 的比例是否超过 68.3%，如果超过 68.3%，则判定时间序列的自相关系数一步截尾，模型为 MA(1). 如果没有超过 68.3%，令 $q=2$，计算 $\dfrac{1}{\sqrt{n}}(1+2\hat{\rho}_1^2+2\hat{\rho}_2^2)^{\frac{1}{2}}$，检验 $|\hat{\rho}_3|,\cdots,|\hat{\rho}_M|$ 小于 $\dfrac{1}{\sqrt{n}}(1+2\hat{\rho}_1^2)^{\frac{1}{2}}$ 的比例是否超过 68.3%，以此类推.

（3）令 $p=1$，检验 $|\hat{\varphi}_{22}|,|\hat{\varphi}_{33}|,\cdots,|\hat{\varphi}_{MM}|$ 小于 $\dfrac{1}{\sqrt{n}}$ 的比例是否超过 68.3%，如果超过 68.3%，则判定时间序列的偏相关系数一步截尾，模型为 AR(1). 如果没有超过 68.3%，令 $p=2$，检验 $|\hat{\varphi}_{33}|,\cdots,|\hat{\varphi}_{MM}|$ 小于 $\dfrac{1}{\sqrt{n}}$ 的比例是否超过 68.3%，以此类推.

这种方法简单易懂，可以对 AR(p) 和 MA(q) 模型进行初步识别，但精度不够，尤其是当样本序列未达到足够长度时，其精度不太理想.

例 3.4.1　设某一个平稳时间序列，经采样得 $n=500$ 个数据，计算得到样本自相关系数 $\{\hat{\rho}_k\}$ 及样本偏相关系数 $\{\hat{\varphi}_{kk}\}$ 的前 24 个数值(保留 4 位小数)如表 3.4.1 所示.

表 3.4.1　样本自相关系数和样本偏相关系数的观测值

k	1	2	3	4	5	6	7	8
$\hat{\rho}_k$	0.2883	0.0917	0.0089	−0.0260	−0.0351	−0.0471	−0.1193	−0.1034
$\hat{\varphi}_{kk}$	0.2883	0.0093	−0.0218	−0.0259	−0.0208	−0.0418	−0.0985	−0.0450
k	9	10	11	12	13	14	15	16
$\hat{\rho}_k$	−0.0704	0.0246	0.0805	0.0382	0.0125	0.0482	0.0355	0.0665
$\hat{\varphi}_{kk}$	−0.0236	0.0578	0.0612	−0.0145	−0.0132	0.0366	0.0041	0.0487
k	17	18	19	20	21	22	23	24
$\hat{\rho}_k$	0.0927	0.0008	−0.0175	−0.0230	−0.0254	−0.0163	−0.0364	−0.0421
$\hat{\varphi}_{kk}$	0.0741	−0.0332	−0.0006	−0.0058	−0.0119	−0.0013	−0.0162	−0.0107

利用所学知识，对 $\{X_t\}$ 所属的模型进行初步的模型识别和初步定阶.

通常情况下，第 k 阶样本自相关系数用单下标，记为 $\hat{\rho}_k$，第 k 阶偏相关系数用双下标表示，记为 $\hat{\varphi}_{kk}$.

解　$\dfrac{1}{\sqrt{n}}\approx 0.04472$，令 $p=1$，则

$$\left|\hat{\varphi}_{kk}\right| > 0.04472, \quad k = 7,8,10,11,16,17$$

$$\left|\hat{\varphi}_{kk}\right| < 0.04472, \quad k \neq 7,8,10,11,16,17, \quad k = 2,3,\cdots,24$$

所以，$\left|\hat{\varphi}_{kk}\right|, k = 2,3,\cdots,24$ 小于 $\dfrac{1}{\sqrt{n}}$ 的比例为

$$\frac{23-6}{24-1} = \frac{17}{23} \approx 0.7391$$

所以，时间序列的样本偏相关系数是一步截尾的，模型为 AR(1) 模型.

令 $q = 2$，则

$$\frac{1}{\sqrt{n}}(1+2\hat{\rho}_1^2 + 2\hat{\rho}_2^2)^{\frac{1}{2}} = \frac{1}{\sqrt{500}}(1+2\times0.1510^2 + 2\times0.0917^2)^{\frac{1}{2}} \approx 0.04864$$

那么，

$$\left|\hat{\rho}_k\right| > 0.04864, \quad k = 7,8,9,11,16,17$$

$$\left|\hat{\rho}_k\right| < 0.04864, \quad k \neq 7,8,9,11,16,17, \quad k = 3,4,\cdots,24$$

所以，$\left|\hat{\rho}_k\right|, k = 3,4,\cdots,24$ 小于 $\dfrac{1}{\sqrt{n}}(1+2\hat{\rho}_1^2 + 2\hat{\rho}_2^2)^{\frac{1}{2}}$ 的比例为

$$\frac{22-6}{24-2} = \frac{16}{22} \approx 0.7273$$

所以，时间序列的样本自相关系数两步截尾，模型为 MA(2) 模型.

针对建立的 AR(1) 和 AR(2) 模型，再依据 AIC 准则选择最优模型，最优模型的选择见本章后续.

3.5　平稳时间序列模型参数的矩估计

通过零均值处理和模型识别，选择了零均值平稳序列 $\{X(t), t = 0,\pm1,\pm2,\cdots\}$ 所适合的模型类型，进而初步确定了 AR 模型、MA 模型的阶数. 对于 ARMA(p,q) 模型，通常设定自回归的阶数比移动平均阶数高一阶，即 $q = p-1$. 当模型的阶数被初步确定以后，接下来的工作就是利用样本时间序列 $X_1, X_2, \cdots, X_n$ 的观测值 $x_1, x_2, \cdots, x_n$ 对模型的参数作出估计，待模型参数估计后对各个模型作出判断，最后确定相应模型的阶数，选出适当的模型.

ARMA(p,q) 模型参数的估计方法一般有矩估计、最小二乘估计、极大似然估计以及熵估计，最常用的是最小二乘估计，这里只介绍模型参数的矩估计.

3.5.1 AR 模型参数的矩估计

对于零均值平稳序列 AR(p) 模型，其自相关系数 $\rho_1, \rho_2, \cdots, \rho_p$ 具有拖尾性，参数 $\varphi_1, \varphi_2, \cdots, \varphi_p$ 满足 p 阶尤尔-沃克方程，即

$$\begin{bmatrix} \rho_1 \\ \rho_2 \\ \vdots \\ \rho_p \end{bmatrix} = \begin{bmatrix} \rho_0 & \rho_1 & \cdots & \rho_{p-1} \\ \rho_1 & \rho_0 & \cdots & \rho_{p-2} \\ \vdots & \vdots & & \vdots \\ \rho_{p-1} & \rho_{p-2} & \cdots & \rho_0 \end{bmatrix} \begin{bmatrix} \varphi_1 \\ \varphi_2 \\ \vdots \\ \varphi_p \end{bmatrix} \tag{3.5.1}$$

对于零均值平稳序列 $\{X_t\}$，第 k 期的自相关系数 $\{\rho_k, k = 1, 2, \cdots\}$ 的估计为

$$\hat{\rho}(k) = \frac{\dfrac{1}{n} \sum_{i=1}^{n-|k|} X_i X_{i+|k|}}{\dfrac{1}{n} \sum_{i=1}^{n} X_i^2} = \frac{\hat{R}(k)}{\hat{R}(0)}, \quad k = 0, \pm 1, \pm 2, \cdots, \pm M \tag{3.5.2}$$

所以，将样本自相关系数 $\hat{\rho}_1, \hat{\rho}_2, \cdots, \hat{\rho}_p$ 代入方程 (3.5.1) 中，采用克拉默法求解，得到系数 $\varphi_1, \varphi_2, \cdots, \varphi_p$ 的矩估计 $\hat{\varphi}_1, \hat{\varphi}_2, \cdots, \hat{\varphi}_p$. 对于零均值平稳序列 AR($p$) 模型，其方差为

$$DX_t = EX_t X_t = R_0 = \varphi_1 R_1 + \varphi_2 R_2 + \cdots + \varphi_p R_p + \sigma_\varepsilon^2 \tag{3.5.3}$$

又由于 $R_k = \rho_k R_0$，所以，用矩估计 $\hat{\varphi}_1, \cdots, \hat{\varphi}_p$ 代替 $\varphi_1, \cdots, \varphi_p$，用样本自相关系数 $\hat{\rho}_1, \cdots, \hat{\rho}_p$ 代替 $\rho_1, \cdots, \rho_p$，用样本方差 $\hat{R}_0$ 代替 R_0，得到白噪声序列 $\{\varepsilon_t, t = 0, \pm 1, \pm 2, \cdots\}$ 方差 σ_ε^2 的矩估计：

$$\hat{\sigma}_\varepsilon^2 = \hat{R}_0 \left(1 - \sum_{i=1}^{p} \hat{\varphi}_i \hat{\rho}_i \right)$$

其中 $\hat{R}(0) = \dfrac{1}{n} \sum_{i=1}^{n} X_i^2$.

例 3.5.1 求 AR(1) 模型参数 φ_1 和白噪声序列方差 σ_ε^2 的矩估计.

解 $\hat{\varphi}_1 = \dfrac{\hat{R}_1}{\hat{R}_0} = \hat{\rho}_1$, $\hat{\sigma}_\varepsilon^2 = \hat{R}_0 (1 - \hat{\rho}_1^2)$.

例 3.5.2 求 AR(2) 模型参数和白噪声序列方差 σ_ε^2 的矩估计.

解 由尤尔-沃克方程，知

$$\begin{bmatrix} \hat{\varphi}_1 \\ \hat{\varphi}_2 \end{bmatrix} = \begin{bmatrix} 1 & \hat{\rho}_1 \\ \hat{\rho}_1 & 1 \end{bmatrix}^{-1} \begin{bmatrix} \hat{\rho}_1 \\ \hat{\rho}_2 \end{bmatrix}$$

所以,

$$\hat{\varphi}_1 = \frac{\hat{\rho}_1(1-\hat{\rho}_2)}{1-\hat{\rho}_1^2}, \quad \hat{\varphi}_2 = \frac{\hat{\rho}_2 - \hat{\rho}_1^2}{1-\hat{\rho}_1^2}, \quad \hat{\sigma}_\varepsilon^2 = \hat{R}_0(1-\hat{\varphi}_1\hat{\rho}_1 - \hat{\varphi}_2\hat{\rho}_2)$$

由于零均值平稳序列的样本自相关系数 $\{\hat{\rho}(k)\}$ 是正定序列,因此式 (3.5.1) 中的逆矩阵存在,因而,$\mathrm{AR}(p)$ 模型的自回归系数的矩估计存在,而且唯一,同时可以证明 $\hat{\varphi}_1, \hat{\varphi}_2, \cdots, \hat{\varphi}_p$ 属于平稳域.

3.5.2　MA 模型参数的矩估计

对于 $\mathrm{MA}(q)$ 模型的自相关函数满足

$$R_0 = (\theta_0^2 + \theta_1^2 + \theta_2^2 + \cdots + \theta_q^2)\sigma_\varepsilon^2$$
$$R_k = (\theta_k + \theta_{k+1}\theta_1 + \cdots + \theta_q\theta_{q-k})\sigma_\varepsilon^2, \quad k=1,2,\cdots,q \tag{3.5.4}$$

其中 $\theta_0 = 1$,所以,将样本自相关函数

$$\hat{R}(k) = \frac{1}{n}\sum_{i=1}^{n-|k|} X_i X_{i+|k|}, \quad k=0,\pm1,\pm2,\cdots,\pm M$$

中的 $\hat{R}_0, \hat{R}_1, \hat{R}_2, \cdots, \hat{R}_q$ 代入方程 (3.5.4) 中,求解 $q+1$ 个方程得到系数的矩估计 $\hat{\theta}_1, \hat{\theta}_2, \cdots, \hat{\theta}_q$ 和白噪声序列 $\{\varepsilon_t, t=0,\pm1,\pm2,\cdots\}$ 方差 σ_ε^2 的矩估计.

例 3.5.3　求 MA(1) 模型参数和白噪声序列方差 σ_ε^2 的矩估计.

解　MA(1) 模型的自相关函数满足

$$R_0 = (1+\theta_1^2)\sigma_\varepsilon^2, \quad R_1 = \theta_1\sigma_\varepsilon^2$$

所以,

$$\hat{\theta}_1 = \frac{\hat{R}_1}{\hat{\sigma}_\varepsilon^2}, \quad \hat{\sigma}_\varepsilon^4 - \hat{R}_0\hat{\sigma}_\varepsilon^2 + \hat{R}_1^2 = 0$$

解 $\hat{\sigma}_\varepsilon^2$ 的二次方程得到

$$\hat{\sigma}_\varepsilon^2 = \frac{\hat{R}_0(1\pm\sqrt{1-4\hat{\rho}_1^2})}{2}, \quad \hat{\theta}_1 = \frac{2\hat{\rho}_1}{1\pm\sqrt{1-4\hat{\rho}_1^2}}$$

由于

$$\left|\frac{2\hat{\rho}_1}{1+\sqrt{1-4\hat{\rho}_1^2}}\right| \cdot \left|\frac{2\hat{\rho}_1}{1-\sqrt{1-4\hat{\rho}_1^2}}\right| = 1, \quad \left|\frac{2\hat{\rho}_1}{1+\sqrt{1-4\hat{\rho}_1^2}}\right| < \left|\frac{2\hat{\rho}_1}{1-\sqrt{1-4\hat{\rho}_1^2}}\right|$$

利用 MA(1) 的可逆性条件 $|\hat{\theta}_1| < 1$ 排除多值性,所以,

$$\hat{\theta}_1 = \frac{2\hat{\rho}_1}{1+\sqrt{1-4\hat{\rho}_1^2}}, \quad \hat{\sigma}_\varepsilon^2 = \frac{1}{2}\hat{R}_0(1+\sqrt{1-4\hat{\rho}_1^2})$$

对于 MA(q) 模型的参数 $\theta_1, \theta_2, \cdots, \theta_q$ 而言，式 (3.5.4) 中的 $q+1$ 个方程是非线性的，所以通常采用线性迭代法和牛顿-拉弗森 (Newton-Raphson) 算法. 这儿仅介绍线性迭代法.

MA(q) 模型参数 $\theta_1, \theta_2, \cdots, \theta_q$ 和白噪声序列方差 σ_ε^2 的矩估计的线性迭代法的步骤如下:

(1) 首先给定 $\hat{\theta}_1, \hat{\theta}_2, \cdots, \hat{\theta}_q$ 和 $\hat{\sigma}_\varepsilon^2$ 一组初始值 (如 $\hat{\theta}_1 = \hat{\theta}_2 = \cdots = \hat{\theta}_q = 0$, $\hat{\sigma}_\varepsilon^2 = \hat{R}_0$ 等)，记作 $\theta_1^{(0)}, \cdots, \theta_q^{(0)}, \sigma_\varepsilon^{2(0)}$.

(2) 将初始值 $\theta_1^{(0)}, \cdots, \theta_q^{(0)}, \sigma_\varepsilon^{2(0)}$ 代入 $R_k = (\theta_k + \theta_{k+1}\theta_1 + \cdots + \theta_q\theta_{q-k})\sigma_\varepsilon^2$ 中，得到

$$\theta_k = \frac{R_k}{\sigma_\varepsilon^2} - \theta_{k+1}\theta_1 - \theta_{k+2}\theta_2 - \cdots - \theta_q\theta_{q-k}, \quad k = 1, 2, \cdots, q \tag{3.5.5}$$

所得到的值为第一步迭代值，记作 $\theta_1^{(1)}, \cdots, \theta_q^{(1)}$.

(3) 将第一步的迭代值 $\theta_1^{(1)}, \cdots, \theta_q^{(1)}$ 代入

$$\sigma_\varepsilon^2 = \frac{R_0}{1+\theta_1^2+\theta_2^2+\cdots+\theta_q^2} \tag{3.5.6}$$

得到方差 σ_ε^2 的一步迭代值，记作 $\sigma_\varepsilon^{2(1)}$.

(4) 将第 $k(k=1,2,\cdots)$ 步迭代值 $\theta_1^{(k)}, \cdots, \theta_q^{(k)}, \sigma_\varepsilon^{2(k)}$，代入式 (3.5.5) 得到第 $k+1$ 步迭代值 $\theta_1^{(k+1)}, \cdots, \theta_q^{(k+1)}$，代入式 (3.5.6)，得到第 $k+1$ 步白噪声序列方差的迭代值 $\sigma_\varepsilon^{2(k+1)}$. 依次类推，直到相邻两次迭代的结果相差不大时便停止迭代，取最后的结果作为 θ_1, $\theta_2, \cdots, \theta_q, \sigma_\varepsilon^2$ 的矩估计.

3.5.3　ARMA 模型参数的矩估计

平稳时间序列满足 ARMA(p,q) 模型，其中 $p = q+1$，当 $k > q$ 时，其自相关系数满足自回归部分的齐次差分方程

$$\rho_k - \varphi_1\rho_{k-1} - \varphi_2\rho_{k-2} - \cdots - \varphi_p\rho_{k-p} = 0, \quad k > q \tag{3.5.7}$$

分别取 k 为 $q+1, q+2, \cdots, q+p$，便可以得到 p 个方程，然后，用 $\hat{\rho}_k$ 代替上式中的 ρ_k，求解方程组得到自回归系数的矩估计 $\hat{\varphi}_1, \hat{\varphi}_2, \cdots, \hat{\varphi}_p$，即

$$\begin{bmatrix} \hat{\varphi}_1 \\ \hat{\varphi}_2 \\ \vdots \\ \hat{\varphi}_p \end{bmatrix} = \begin{bmatrix} \hat{\rho}_q & \hat{\rho}_{q-1} & \cdots & \hat{\rho}_{q-p+1} \\ \hat{\rho}_{q+1} & \hat{\rho}_q & \cdots & \hat{\rho}_{q-p+2} \\ \vdots & \vdots & & \vdots \\ \hat{\rho}_{q+p-1} & \hat{\rho}_{q+p-2} & \cdots & \hat{\rho}_q \end{bmatrix}^{-1} \begin{bmatrix} \hat{\rho}_{q+1} \\ \hat{\rho}_{q+2} \\ \vdots \\ \hat{\rho}_{q+p} \end{bmatrix} \tag{3.5.8}$$

其中

$$\hat{\rho}(k) = \frac{\frac{1}{n}\sum_{i=1}^{n-|k|} X_i X_{i+|k|}}{\frac{1}{n}\sum_{i=1}^{n} X_i^2} = \frac{\hat{R}(k)}{\hat{R}(0)}, \qquad k = 0, \pm 1, \pm 2, \cdots, \pm M$$

令 $Y_t = X_1 - \varphi_1 X_{t-1} - \cdots - \varphi_p X_{t-p} = -\sum_{j=0}^{p} \varphi_j X_{t-j}$，则

$$R_{Y_t}(k) = E(Y_t Y_{t+k}) = \sum_{i,j=0}^{p} \varphi_i \varphi_j R_{k+j-i}$$

其中有 $\varphi_0 = -1$，再以 $\hat{\varphi}_1, \hat{\varphi}_2, \cdots, \hat{\varphi}_p$ 代替 $\varphi_1, \varphi_2, \cdots, \varphi_p$，$\hat{R}_{k+j-i}$ 代替 R_{k+j-i}，便有

$$\hat{R}_{Y_t}(k) = \hat{R}_k - \sum_{j=1}^{p} \hat{\varphi}_j \hat{R}_{k+j} - \sum_{i=1}^{p} \hat{\varphi}_i \hat{R}_{k-i} + \sum_{i,j=1}^{p} \hat{\varphi}_i \hat{\varphi}_j \hat{R}_{k+j-i}$$

其中 $\hat{R}_{m+k} = \frac{1}{n}\sum_{m=1}^{n-|k|} X_m X_{m+|k|}, k = 0, \pm 1, \pm 2, \cdots, \pm M, m = j - i = 0, \pm 1, \pm 2, \cdots$，这样一来得到 $R_{Y_t}(k) = E(Y_t Y_{t+k})$ 的矩估计 $\hat{R}_{Y_t}(k)$. 由于时间序列满足 **ARMA**(p, q) 模型，所以

$$Y_t \cong \varepsilon_t + \theta_1 \varepsilon_{t-1} + \theta_2 \varepsilon_{t-2} + \cdots + \theta_q \varepsilon_{t-q}$$

将 Y_t 近似看成 **MA**(q) 序列，利用前面介绍的关于 **MA** 参数估计方法，将 $\hat{R}_{Y_t}(k)$ 代入下列方程

$$\hat{R}_{Y_t}(0) = (1 + \theta_1^2 + \theta_2^2 + \cdots + \theta_q^2)\sigma_\varepsilon^2$$

$$\hat{R}_{Y_t}(k) = (\theta_k + \theta_{k+1}\theta_1 + \cdots + \theta_q \theta_{q-k})\sigma_\varepsilon^2, \qquad k = 1, 2, \cdots, q$$

进行求解，其解为 **ARMA**(p, q) 模型的移动平均参数 $\theta_1, \theta_2, \cdots, \theta_q$ 和白噪声序列方差 σ_ε^2 的矩估计.

　　从上面的计算过程可知，**ARMA**$(q+1, q)$ 模型的参数矩估计是从自相关系数满足自回归部分的差分方程入手，先得到自回归系数的矩估计，然后将时间序列看作 **MA** 模型，再利用 **MA** 模型自相关函数的计算公式，估计移动平均系数和白噪声序列方差，可见这种参数估计方法对 **ARMA** 模型来说，其精度较差.

　　例 3.5.4　设某一个平稳时间序列，经采样得 $n = 500$ 个数据，经过计算其样本自相关系数 $\{\hat{\rho}_k\}$ 及样本偏相关系数 $\{\hat{\varphi}_{kk}\}$ 的前 24 个观测值(保留 4 位小数)如表 3.5.1 所示. 其中 $\hat{R}_0 \approx 0.9861$，利用所学知识，对 $\{X_t\}$ 所属的模型进行初步的模型识别和初步定阶，并估计参数.

表 3.5.1　样本自相关系数和样本偏相关系数的观测值

k	1	2	3	4	5	6	7	8
$\hat{\rho}_k$	0.1510	−0.0002	0.0180	−0.0231	−0.0245	−0.0341	−0.1012	−0.0843
$\hat{\varphi}_{kk}$	0.1510	−0.0235	0.0221	−0.0299	−0.0162	−0.0297	−0.0934	−0.0575

k	9	10	11	12	13	14	15	16
$\hat{\rho}_k$	−0.0644	0.0267	0.0820	0.0228	−0.0024	0.0434	0.0174	0.0515
$\hat{\varphi}_{kk}$	−0.0481	0.0443	0.0698	−0.0027	−0.0142	0.0318	−0.0047	0.0432

k	17	18	19	20	21	22	23	24
$\hat{\rho}_k$	0.0919	−0.0119	−0.0194	−0.0162	−0.0202	−0.0061	−0.0312	−0.0383
$\hat{\varphi}_{kk}$	0.0826	−0.0196	0.0022	−0.0086	−0.0108	0.0003	−0.0173	−0.0129

解　$\dfrac{1}{\sqrt{n}} \approx 0.04472$，令 $p = 1$，则

$$|\hat{\varphi}_{kk}| > 0.04472, \quad k = 7,8,9,11,17$$

$$|\hat{\varphi}_{kk}| < 0.04472, \quad k \neq 7,8,9,11,17, \quad k = 2,3,\cdots,24$$

所以，$|\hat{\varphi}_{kk}|, k = 2,3,\cdots,24$ 小于 $\dfrac{1}{\sqrt{n}}$ 的比例为

$$\frac{23-5}{24-1} = \frac{18}{23} \approx 0.7826$$

所以，时间序列的样本偏相关系数一步截尾，模型为 AR(1)模型，相应的参数估计为

$$\hat{\varphi}_1 = \frac{\hat{R}_1}{\hat{R}_0} = \hat{\rho}_1 \approx 0.1510, \quad \hat{\sigma}_\varepsilon^2 = \hat{R}_0(1 - \hat{\rho}_1^2) \approx 0.9636$$

令 $q = 1$，则

$$\frac{1}{\sqrt{n}}(1 + 2\hat{\rho}_1^2)^{\frac{1}{2}} = \frac{1}{\sqrt{500}}(1 + 2 \times 0.1510^2)^{\frac{1}{2}} \approx 0.04573$$

$$|\hat{\rho}_k| > 0.04573, \quad k = 7,8,9,11,16,17$$

$$|\hat{\rho}_k| < 0.04573, \quad k \neq 7,8,9,11,16,17, \quad k = 2,3,\cdots,24$$

所以，$|\hat{\rho}_k|, k = 2,3,\cdots,24$ 小于 $\dfrac{1}{\sqrt{n}}(1 + 2\hat{\rho}_1^2)^{\frac{1}{2}}$ 的比例为

$$\frac{23-6}{24-1} = \frac{17}{23} \approx 0.7391$$

所以，时间序列的样本自相关系数一步截尾，模型为 MA(1)模型，相应的参数估计为

$$\hat{\theta}_1 = \frac{2\hat{\rho}_1}{1+\sqrt{1-4\hat{\rho}_1^2}} \approx 0.1546, \quad \hat{\sigma}_\varepsilon^2 = \frac{1}{2}\hat{R}_0(1+\sqrt{1-4\hat{\rho}_1^2}) \approx 0.9631$$

由于所建立的是 AR(1)模型和 MA(1)模型，而对于 ARMA(p, q)模型，通常设定自回归的阶数比移动平均的阶数高一阶，所以，应建立 ARMA(2,1)模型.

针对 ARMA(2,1)模型 $X_t = \varphi_1 X_{t-1} + \varphi_2 X_{t-2} + \varepsilon_t + \theta_1\varepsilon_{t-1}$，其自回归部分的参数 φ_1, φ_2 的矩估计为

$$\begin{bmatrix}\hat{\varphi}_1 \\ \hat{\varphi}_2\end{bmatrix} = \begin{bmatrix}\hat{\rho}_1 & \hat{\rho}_0 \\ \hat{\rho}_2 & \hat{\rho}_1\end{bmatrix}^{-1}\begin{bmatrix}\hat{\rho}_2 \\ \hat{\rho}_3\end{bmatrix} = \begin{bmatrix}0.1510 & 1 \\ -0.0002 & 0.1510\end{bmatrix}^{-1}\begin{bmatrix}-0.0002 \\ 0.0180\end{bmatrix} \approx \begin{bmatrix}-0.7839 \\ 0.1182\end{bmatrix}$$

所以，

$$\hat{R}_{Y_t}(0) = \hat{R}_0 - \sum_{j=1}^{2}\varphi_j\hat{R}_j - \sum_{i=1}^{2}\hat{\varphi}_i\hat{R}_i + \sum_{i,j=1}^{2}\hat{\varphi}_i\hat{\varphi}_j\hat{R}_{j-i}$$

$$= \hat{R}_0 - \sum_{j=1}^{2}\varphi_j\hat{R}_0\hat{\rho}_j - \sum_{i=1}^{2}\hat{\varphi}_i\hat{R}_0\hat{\rho}_i + \sum_{i,j=1}^{2}\hat{\varphi}_i\hat{\varphi}_j\hat{R}_0\hat{\rho}_{j-i} \approx 1.8117$$

$$\hat{R}_{Y_t}(1) = \hat{R}_1 - \sum_{j=1}^{2}\varphi_j\hat{R}_{1+j} - \sum_{i=1}^{2}\hat{\varphi}_i\hat{R}_{1-i} + \sum_{i,j=1}^{2}\hat{\varphi}_i\hat{\varphi}_j\hat{R}_{1+j-i}$$

$$= \hat{R}_0\hat{\rho}_1 - \sum_{j=1}^{2}\varphi_j\hat{R}_0\hat{\rho}_{1+j} - \sum_{i=1}^{2}\hat{\varphi}_i\hat{R}_0\hat{\rho}_{1-i} + \sum_{i,j=1}^{2}\hat{\varphi}_i\hat{\varphi}_j\hat{R}_0\hat{\rho}_{1+j-i} \approx 0.9043$$

将 $\hat{R}_{Y_t}(0)$ 和 $\hat{R}_{Y_t}(1)$ 代入下列方程：

$$\hat{R}_{Y_t}(0) = (1+\theta_1^2)\sigma_\varepsilon^2, \quad \hat{R}_{Y_t}(1) = \theta_1\sigma_\varepsilon^2$$

求解得到

$$\hat{\rho}_1 = \frac{\hat{R}_{Y_t}(1)}{\hat{R}_{Y_t}(0)} \approx 0.4993, \quad \hat{\theta}_1 = \frac{2\hat{\rho}_1}{1+\sqrt{1-4\hat{\rho}_1^2}} \approx 0.9498$$

$$\hat{\sigma}_\varepsilon^2 = \frac{1}{2}\hat{R}_{Y_t}(0)(1+\sqrt{1-4\hat{\rho}_1^2}) \approx 0.9521$$

3.6　平稳时间序列模型的最终定阶

在模型类型确定和模型参数估计之后，为了选择适当的模型，还需要进一步确

定模型的阶数. 确定模型最终阶数的方法有残差方差图定阶法、F 检验定阶法、AIC 准则、BIC 准则等，常使用最佳准则函数法(即 AIC 准则、BIC 准则等).

3.6.1　残差方差图定阶法

当模型类型确定和模型参数估计之后，可以递推估计出白噪声序列 $\{\varepsilon_t, t = 0, \pm 1, \pm 2, \cdots\}$ 的估计值，其计算过程如下.

假设时间序列模型为 ARMA$(p, p-1)$，时间序列的样本观测值为 $\{x_t, t = 1, 2, \cdots, n\}$，模型参数的估计分别为 $\hat{\varphi}_1, \hat{\varphi}_2, \cdots, \hat{\varphi}_p, \hat{\theta}_1, \hat{\theta}_2, \cdots, \hat{\theta}_{p-1}$，残差序列的估计值为 $\hat{\varepsilon}_t$.

令 $x_0 = 0, x_{-1} = 0, \cdots, x_{1-p} = 0$，以及 $\hat{\varepsilon}_0 = 0, \hat{\varepsilon}_{-1} = 0, \cdots, \hat{\varepsilon}_{2-p} = 0$，那么，

$$\hat{\varepsilon}_t = x_t - \hat{\varphi}_1 x_{t-1} - \hat{\varphi}_2 x_{t-2} - \cdots - \hat{\varphi}_p x_{t-p} - \hat{\theta}_1 \hat{\varepsilon}_{t-1} - \hat{\theta}_2 \hat{\varepsilon}_{t-2} - \cdots - \hat{\theta}_{p-1} \hat{\varepsilon}_{t-p+1} \tag{3.6.1}$$

根据统计学中多元回归分析思想，可知 ARMA$(p, p-1)$ 模型的剩余平方和 Q 为

$$Q = \sum_{i=1}^{n} \hat{\varepsilon}_i^2 \tag{3.6.2}$$

显然，剩余平方和 Q 是依赖于模型参数的估计 $\hat{\varphi}_1, \hat{\varphi}_2, \cdots, \hat{\varphi}_p, \hat{\theta}_1, \hat{\theta}_2, \cdots, \hat{\theta}_{p-1}$ 而变化的，通常记为 $Q(\hat{\varphi}_1, \hat{\varphi}_2, \cdots, \hat{\varphi}_p, \hat{\theta}_1, \hat{\theta}_2, \cdots, \hat{\theta}_{p-1})$.

通过模型的剩余平方和，对残差序列的方差进行最小二乘估计，其表达式为

$$\hat{\sigma}_\varepsilon^2 = \frac{Q}{n_1 - k} \tag{3.6.3}$$

其中 Q 为模型的剩余平方和，n_1 为拟合模型时实际使用的观测值的个数，k 为所建立的模型中实际包含的参数个数. 若模型中不含有均值项，则模型的参数个数就等于模型的阶数之和；若模型中含有均值项，则模型的参数个数为模型阶数之和加 1，具体说来，对于有 n 个样本观测值的非零均值时间序列，相应于 AR，MA 和 ARMA 三种模型的残差序列方差的最小二乘估计分别为

AR 模型：$\hat{\sigma}_\varepsilon^2(p) = \dfrac{Q(\hat{\varphi}_1, \cdots, \hat{\varphi}_p)}{(n-p) - (p+1)}$ \hfill (3.6.4)

MA 模型：$\hat{\sigma}_\varepsilon^2(q) = \dfrac{Q(\hat{\theta}_1, \cdots, \hat{\theta}_q)}{n - (q+1)}$ \hfill (3.6.5)

ARMA 模型：$\hat{\sigma}_\varepsilon^2(p, q) = \dfrac{Q(\hat{\varphi}_1, \cdots, \hat{\varphi}_p, \hat{\theta}_1, \cdots, \hat{\theta}_q)}{(n-p) - (p+q+1)}$ \hfill (3.6.6)

假定模型是有限阶的自回归模型，如果选择的自回归阶数 p 小于真正的阶数，那么模型中略去了一些明显减小残差方差的高阶项，因而剩余平方和 Q 必然偏大，$\hat{\sigma}_\varepsilon^2$ 将比真正模型的残差方差 σ_ε^2 大. 另一方面，如果 p 已经达到真值，那么再进一

步增加阶数，并不会使 $\hat{\sigma}_\varepsilon^2$ 显著减少，甚至还略有增加，造成过度拟合. 所以，可以用一系列自回归阶数逐渐递增的模型进行拟合，每次求出 $\hat{\sigma}_\varepsilon^2$，然后画出自回归阶数 p 和 $\hat{\sigma}_\varepsilon^2$ 的图形——残差方差图，图形开始时随自回归阶数 p 的增加，残差方差 $\hat{\sigma}_\varepsilon^2$ 会下降，当自回归阶数 p 达到真值后残差方差渐趋于平缓，从而确定模型的阶数. 这种方法在判定的阶数具有主观性，没有一个定量的准则.

3.6.2　F 检验定阶法

在经典的线性回归中，常常用 F 分布检验两个回归模型是否有显著差异. 假定多元线性回归方程如下：

$$y_t = a_1 x_{t1} + a_2 x_{t2} + \cdots + a_r x_{tr} + \varepsilon_t$$

其中 $y_t (t=1,2,\cdots,n)$ 与 $x_{ti} (i=1,2,\cdots,r, t=1,2,\cdots,n)$ 为中心化处理后的序列，$\varepsilon_t (t=1,2,\cdots,n)$ 相互独立，$\{x_{t1}, x_{t2}, \cdots, x_{tr}\}$ 是确定性变量，则模型的剩余平方和为

$$Q_0 = \sum_{t=1}^n (y_t - a_1 x_{t1} - a_2 x_{t2} - \cdots - a_r x_{tr})^2$$

舍弃后面 s 个变量，得到新的回归模型

$$y_t = a_1' x_{t1} + a_2' x_{t2} + \cdots + a_{r-s}' x_{tr-s} + \varepsilon_t'$$

则新模型的剩余平方和为

$$Q_1 = \sum_{t=1}^n (y_t - a_1' x_{t1} - a_2' x_{t2} - \cdots - a_{r-s}' x_{tr-s})^2$$

现检验 $x_{tr-s+1}, x_{tr-s+2}, \cdots, x_{tr}$ 对 y_t 是否有显著影响，若有显著影响，则第一个模型成立；反之，新模型成立，是最佳模型. 也就是检验：

$$H_0: a_{r-s+1} = a_{r-s+2} = \cdots = a_r = 0$$
$$H_1: a_{r-s+1} \neq 0, a_{r-s+2} \neq 0, \cdots, a_r \neq 0$$

若 H_0 成立，$Q_0 \sim \sigma_\varepsilon^2 \chi^2(n-r)$，$Q_1 - Q_0 \sim \sigma_\varepsilon^2 \chi^2(s)$，而且 Q_0 与 $(Q_1 - Q_0)$ 相互独立，所以，

$$F = \frac{(Q_1 - Q_0)/s}{Q_0/(n-r)} \sim F(s, n-r) \tag{3.6.7}$$

其中 s 为检验参数的个数，n 为样本容量，r 为 H_1 假设成立所对应模型中的参数个数. 若 $F = \dfrac{(Q_1 - Q_0)/s}{Q_0/(n-r)} < F_\alpha(s, n-r)$，则接受 H_0，反之接受 H_1.

上述经典的线性回归的显著性检验，可以推广到 ARMA(p,q) 模型的定阶问题. 下面以 ARMA(p,q) 模型和 ARMA$(p-1,q-1)$ 模型的选择为例来介绍.

ARMA(p,q)模型:
$$X_t - \varphi_1 X_{t-1} - \cdots - \varphi_p X_{t-p} = \varepsilon_t + \theta_1 \varepsilon_{t-1} + \cdots + \theta_q \varepsilon_{t-q}$$

其剩余平方和记为Q_0; 现在舍弃后面 2 个变量, 得到新的 ARMA$(p-1,q-1)$模型:
$$X_t - \varphi_1' X_{t-1} - \cdots - \varphi_{p-1}' X_{t-p+1} = \varepsilon_t' + \theta_1' \varepsilon_{t-1}' + \cdots + \theta_{q-1}' \varepsilon_{t-q+1}'$$

新模型的剩余平方和记为Q_1.

检验参数φ_p, θ_q是否对模型有显著影响. 若有显著影响, 则第一个模型成立, 模型是自回归p阶移动平均q阶的 ARMA 模型; 反之, 模型是自回归$p-1$阶移动平均$q-1$阶的 ARMA 模型, 也就是检验:
$$H_0 : \varphi_p = 0, \theta_q = 0$$
$$H_1 : \varphi_p \neq 0, \theta_q \neq 0$$

在H_0成立的前提下, 可以证明
$$F = \frac{(Q_1 - Q_0)/2}{Q_0/(n-2p-q)} \tag{3.6.8}$$

服从$F(2, n-2p-q)$分布. 若$F = \dfrac{(Q_1 - Q_0)/2}{Q_0/(n-2p-q)} < F_\alpha(2, n-2p-q)$, 则接受$H_0$; 反之接受$H_1$, 模型的阶数最终得到确定.

3.6.3 AIC 准则

AIC 准则(Akaike information criterion)是 1973 年由日本学者赤池(Akaike)提出的, 它是一种比较常用的最佳准则函数法.

所谓最佳准则函数法, 就是确定出一个准则函数, 该函数一方面衡量模型对原始数据的拟合程度, 另一方面考虑模型中所含待定参数的个数, 使准则函数达到极小的是最佳模型.

AIC 准则函数的一般形式为
$$\text{AIC} = -2\ln(\text{模型的极大似然度}) + 2(\text{模型的独立参数个数}) \tag{3.6.9}$$

对于 ARMA(p,q)模型, 模型的极大似然度一般用极大似然函数表示, ln(模型的极大似然度)实际上由对数似然函数确定. 对数似然函数与残差方差的对数有密切的联系, 实际上, 正态分布的前提下的 ARMA(p,q)模型 AIC 函数为
$$\text{AIC} = n\ln(\hat{\sigma}_\varepsilon^2) + 2(p+q) \tag{3.6.10}$$

非中心化的 ARMA(p,q)模型 AIC 函数为
$$\text{AIC} = n\ln(\hat{\sigma}_\varepsilon^2) + 2(p+q+1) \tag{3.6.11}$$

AIC 准则为选择最优模型带来了方便，但 AIC 准则也有一些不足之处. 为了弥补 AIC 准则的不足，赤池于 1976 提出了 BIC 准则，施瓦茨(Schwarz)于 1978 年提出 SC 准则.

对于中心化 ARMA(p,q) 模型，SC 准则函数定义如下：

$$SC = n \ln \hat{\sigma}_{\varepsilon}^2 + \ln(n)(p+q) \tag{3.6.12}$$

与前面 AIC 准则函数比较，SC 准则函数右边第一项用 $\ln n$ 代替了系数 2，一般说来，$\ln n > 2$，因此，对同一数据序列进行拟合，用 AIC 准则往往比用 SC 准则确定的阶数高.

3.7　平稳时间序列模型的检验

确定了拟合模型之后，还需要对模型进行必要的检验. 模型的检验主要包含两方面：一是模型参数的显著性检验；二是模型的适应性检验.

参数的显著性检验是检验每一个未知参数是否显著为零. 如果某个参数显著为零，那么该参数所对应的那个自变量对模型的影响不显著，可以将该自变量从拟合模型中删除，最终得到一系列参数显著不为零所对应的模型，使得模型最精简.

如果所建立的 ARMA 模型已经完全或基本上解释了数据的相关性，提取的信息非常充分，那么，拟合模型得到白噪声序列 $\{\varepsilon_t\}$ 的估计序列(即残差序列)中几乎不再蕴涵任何相关信息. 即残差序列 $\{\varepsilon_t\}$ 是纯随机序列. 检验拟合模型的残差序列 $\{\hat{\varepsilon}_t\}$ 是否为纯随机序列，称为模型的适应性检验.

3.7.1　参数显著性的 T 检验

下面针对 AR 模型来介绍参数显著性检验的方法. 假定通过 F 检验已经判断时间序列的模型为 AR(m)模型，现在检验 AR(m)模型参数 φ_j 是否显著为零. 首先提出假设

$$\text{原假设 } H_0 : \varphi_j = 0，\text{备择假设 } H_1 : \varphi_j \neq 0$$

记 $w_t = (x_{t-1}, x_{t-2}, \cdots, x_{t-m})^T$，$y = (x_{m+1}, x_{m+2}, \cdots, x_n)^T$，$e = (\varepsilon_{m+1}, \varepsilon_{m+2}, \cdots, \varepsilon_n)^T$，$\beta = (\varphi_1, \varphi_2, \cdots, \varphi_m)^T$，那么，

$$y = X\beta + e$$

其中 $X = \begin{pmatrix} w_{m+1}^T \\ w_{m+2}^T \\ \vdots \\ w_n^T \end{pmatrix} = \begin{pmatrix} x_m & x_{m-1} & \cdots & x_1 \\ x_{m+1} & x_m & \cdots & x_2 \\ \vdots & \vdots & & \vdots \\ x_{n-1} & x_{n-2} & \cdots & x_{n-m} \end{pmatrix}.$

由线性最小二乘法，知 AR(m) 模型参数的最小二乘估计为

$$\hat{\beta} = (\hat{\varphi}_1, \hat{\varphi}_2, \cdots, \hat{\varphi}_m)^{\mathrm{T}} = \Omega X^{\mathrm{T}} y \qquad (3.7.1)$$

其中 $\Omega = (X^{\mathrm{T}} X)^{-1} = \begin{pmatrix} a_{11} & a_{12} & \cdots & a_{1m} \\ a_{21} & a_{22} & \cdots & a_{2m} \\ \vdots & \vdots & & \vdots \\ a_{m1} & a_{m2} & \cdots & a_{mm} \end{pmatrix}$.

在正态分布假定下，第 j 个未知参数 φ_j 的最小二乘估计 $\hat{\varphi}_j$ 服从正态分布，AR(m) 模型的剩余平方和 Q 与残差方差 σ_ε^2 的商服从 χ^2 分布，即

$$\hat{\varphi}_j \sim N(\varphi_j, a_{jj}\sigma_\varepsilon^2) \qquad (3.7.2)$$

$$\frac{Q}{\sigma_\varepsilon^2} \sim \chi^2(n_1 - k) \qquad (3.7.3)$$

其中 $Q = (y - X\hat{\beta})^{\mathrm{T}}(y - X\hat{\beta})$，$n_1$ 为备择假设模型中实际使用的观测值的个数，k 为 AR(m) 模型包含的参数个数，上述假设中，$n_1 = n - m$（n 为样本容量），$k = m$.

由式 (3.7.2) 与式 (3.7.3) 构造用于检验原假设 $H_0: \varphi_j = 0$ 的 T 统计量

$$T = \sqrt{n_1 - k}\, \frac{\hat{\varphi}_j}{\sqrt{a_{jj} Q}} \sim t(n_1 - k) \qquad (3.7.4)$$

若 $|T| \geq t_{\frac{\alpha}{2}}(n_1 - k)$，则说 H_0 不成立，认为该参数为显著的.

虽然，上述 T 统计量是针对 AR(m) 模型得到的，对于 MA(m) 模型、ARMA(p,q) 模型也能构造相应的 T 统计量，只不过构造 T 统计量的过程较为复杂，这儿就不介绍了.

3.7.2　残差χ^2检验

若拟合模型得到的残差时间序列 $\{\hat{\varepsilon}_t, t = 1, 2, \cdots\}$ 是纯随机序列，即提出假设

原假设 $H_0: \rho(k) = 0, k \neq 0$，备择假设 $H_1: \exists k_0, \rho(k_0) \neq 0$

首先，按照式 (3.6.1) 递推估计出白噪声序列 $\{\varepsilon_t\}$ 的估计值，即残差时间序列 $\{\hat{\varepsilon}_t\}$，然后，计算 $\hat{\varepsilon}_t$ 与 $\hat{\varepsilon}_{t-j}$ 的样本自相关系数

$$\hat{\rho}_\varepsilon(k) = \frac{\sum\limits_{t=k+1}^{n} \hat{\varepsilon}_t \hat{\varepsilon}_{t-k}}{\sum\limits_{t=1}^{n} \hat{\varepsilon}_t^2} \qquad (k = 0, \pm 1, \cdots, \pm M) \qquad (3.7.5)$$

在 H_0 成立的前提下，当 $n \to +\infty$ 时，

$$\sqrt{n}\hat{\rho}_\varepsilon(k) \sim N(0,1) \quad (k=1,2,\cdots,M)$$

再加之计算估计值 $\{\varepsilon_t\}$ 时需要知道参数 $\varphi_1,\varphi_2,\cdots,\varphi_p,\theta_1,\theta_2,\cdots,\theta_q$ 的估计值，所以，Ljung-Box 统计量 Q_{LB} 服从自由度为 $M-p-q$ 的 χ^2 分布，即

$$Q_{LB}=n(n+2)\sum_{k=1}^{M}\frac{[\hat{\rho}_\varepsilon(k)]^2}{n-k}\sim\chi^2(M-p-q) \tag{3.7.6}$$

其中 M 为自相关系数的最大滞后期数，$p+q$ 为模型参数个数.

当 $Q_{LB}\leqslant\chi^2_{1-\alpha}(M-p-q)$ 时，则接受拟合模型得到的残差时间序列 $\{\varepsilon_t,t=1,2,\cdots\}$ 是纯随机序列，否则适应性检验不能通过.

3.7.3 残差 F 检验

如果拟合模型得到的残差时间序列 $\{\varepsilon_t,t=1,2,\cdots\}$ 不是纯随机序列，那么，通过增加模型的阶数，提取 $\{\varepsilon_t\}$ 中蕴涵的相关信息，从而提高模型的解释能力，使 $\{\varepsilon_t,t=1,2,\cdots\}$ 变为纯随机序列；如果拟合模型已经是适应性模型，那么，残差时间序列 $\{\varepsilon_t,t=1,2,\cdots\}$ 完全或基本上接近于纯随机序列. 这时若再增加模型的阶数，新增加的参数可能接近或等于零，剩余平方和也不会随模型阶数的增加而显著减少. 因此，拟合一个更高阶模型之后，若剩余平方和显著减少，则说明低阶模型中 $\{\varepsilon_t,t=1,2,\cdots\}$ 不是纯随机序列，从而相应的模型不是适应的；若剩余平方和并没有随模型阶数的增加而显著减少，则说明低阶模型中的 $\{\varepsilon_t,t=1,2,\cdots\}$ 已经是纯随机序列，从而对应的模型是适应的. 这样一来，通过检验高阶模型的剩余平方和是否显著性地减少，从而间接地检验 $\{\varepsilon_t,t=1,2,\cdots\}$ 的纯随机性.

首先提出假设：原假设为模型 $ARMA(2m,2m-1)$ 对数据具有适应性，备择假设为模型 $ARMA(2m,2m-1)$ 对数据不具有适应性，利用高阶的 $ARMA(2m+2,2m+1)$ 模型来模拟数据. 实际上这一统计假设等价于

$$H_0:\varphi_{2m+2}=0,\varphi_{2m+1}=0,\theta_{2m}=0,\theta_{2m+1}=0$$

$$H_1:\varphi_{2m+2}\neq0,\varphi_{2m+1}\neq0,\theta_{2m}\neq0,\theta_{2m+1}\neq0$$

分别计算 $ARMA(2m,2m-1)$ 模型的剩余平方和 A_0 与 $ARMA(2m+2,2m+1)$ 模型的剩余平方和 A_1.

根据回归分析中剩余平方和的分布及假设检验，那么

$$F=\frac{\dfrac{A_0-A_1}{s}}{\dfrac{A_1}{n_1-k}}\sim F(s,n_1-k) \tag{3.7.7}$$

其中 n_1 为备择假设模型中实际使用的观测值的个数，$n_1=n-2p-q$，n 为样本容量，

p 为自回归阶数，q 为移动平均阶数，k 为备择假设模型包含的参数个数，s 为检验参数的个数. 上述假设中，$n_1 = n - 2m - 2$，$k = 4m + 3$，$s = 4$.

若 F 统计量的值大于 $F_\alpha(s, n_1 - k)$，则说明 H_0 不成立，即增加阶数，模型剩余平方和的减少是显著的，从而 ARMA$(2m, 2m - 1)$ 模型是不适应的，应当拟合更高阶的模型；若 F 统计量的值小于 $F_\alpha(s, n_1 - k)$，则说明在 α 显著水平上，原模型是适应的，相应的残差序列 $\{\hat{\varepsilon}_t, t = 1, 2, \cdots\}$ 是纯随机序列.

3.8　平稳时间序列模型建模方法

对于时间序列的一组观测序列 $\{x_t, t = 1, 2, \cdots, n\}$，可以用不同类型模型对其进行拟合，即使采用同一类型的模型，使用不同的建模方法或准则函数，得到的最佳模型也不同，也就是**模型具有多样性**. 在众多拟合模型中，应使用数目尽可能少的参数，即参数使用的**简约性原则**. 简约性原则是时间序列建模最重要的原则. 平稳时间序列常用的建模方法有 Box-Jenkins 方法、Pandit-Wu 方法以及长阶自回归建模方法等.

3.8.1　Box-Jenkins 方法

博克思(Box)和詹金斯(Jenkins)于 20 世纪 70 年代初提出了著名时间序列预测方法，称为 Box-Jenkins 模型，又称为 Box-Jenkins 方法. Box-Jenkins 方法的特点是初步设定相关模型为 ARMA$(m, m - 1)$，即初步设定的相关模型中自回归的阶数比移动平均的阶数高一阶. 选用 ARMA$(m, m - 1)$ 模型来拟合时间序列的原因如下：

(1) AR(p)，MA(q)，ARMA(p, q) 模型都是 ARMA$(m, m - 1)$ 模型的特殊情形.

(2) 用希尔伯特(Hilbert)空间线性算子的基本理论可以证明：对于任何平稳随机系统，都可以用一个 ARMA$(m, m - 1)$ 模型近似，并能达到所需要的精确程度.

(3) 用差分方程的理论可以证明，如果自回归的阶数是 m 阶的，移动平均阶数是 $m - 1$ 阶的.

(4) 从连续系统的离散化过程来看，ARMA$(m, m - 1)$ 具有合理性. 在一个自回归阶数为 m 阶，移动平均阶数为任意的线性微分方程形式下，如果对一个连续自回归移动平均过程进行一致区间上的抽样，那么，抽样过程的结果是 ARMA$(m, m - 1)$.

利用 Box-Jenkins 方法建模的步骤归纳如下：

(1) 计算观测序列 $\{x_t, t = 1, 2, \cdots, n\}$ 的样本相关系数和样本偏相关系数，检验时间序列是否为平稳非白噪声序列. 如果时间序列是白噪声序列，建模结束；如果时间序列为非平稳时间序列，采用非平稳时间序列的建模方法(第 5 章和第 6 章)；如果时间序列为平稳时间序列，对时间序列进行零均值化，进入 Box-Jenkins 建模实质阶段.

(2)对零均值平稳序列进行模式识别，判断序列 $\{x_t\}$ 是属于 AR 模型，还是属于 MA 模型，并初步定阶. 根据 AR 模型的阶数、MA 模型的阶数，确定 ARMA 模型的阶数. 例如，AR 模型的阶数是 2，MA 模型的阶数是 3，那么，需要建立 ARMA(2,1) 模型和 ARMA(4,3).

(3)模型识别后，框定所属模型的最高阶数；然后在已识别的类型中，从高阶到低阶对模型进行拟合及检验.

(4)利用 AIC 准则或 BIC 准则等最终定阶的方法对不同的模型进行比较，以确定最适宜的模型.

(5)对选出的模型进行适应性检验和参数检验，进一步从选出的模型出发确定最适宜的模型.

(6)利用所建立的模型，进行预测.

下面通过实例，具体说明时间序列的 Box-Jenkins 建模方法.

例 3.8.1 某经过平稳化处理的 1993 年至 1997 年的月度数据 $W(t)$ 如表 3.8.1 所示，其中第一行为 1993 年 1 月至 1993 年 6 月的数据，第二行为 1993 年 7 月至 1993 年 12 月的数据，其他行的数据依次类推. 利用 Box-Jenkins 建模方法对时间序列 $W(t)$ 建模.

表 3.8.1　经过平稳化处理的 1993—1997 年的月度数据

1993 年 1 月—1993 年 6 月	0.322631	0.532488	0.286031	−0.322123	0.347845	−0.264944
1993 年 7 月—1993 年 12 月	−0.055831	−0.236858	−0.210014	−0.699367	−0.323852	0.503041
1994 年 1 月—1994 年 6 月	0.964206	0.301013	−0.079799	0.947977	1.083114	0.068826
1994 年 7 月—1994 年 12 月	0.435676	−0.929859	−0.999448	−0.224606	−1.143630	−0.327234
1995 年 1 月—1995 年 6 月	−0.060378	0.332718	0.060575	0.909102	1.170405	0.499491
1995 年 7 月—1995 年 12 月	0.442371	0.693046	0.554209	1.539428	1.449857	0.610025
1996 年 1 月—1996 年 6 月	0.857838	0.008720	0.636680	0.952942	0.634443	0.149828
1996 年 7 月—1996 年 12 月	0.260125	0.070230	0.520524	−0.409101	−0.430299	1.346256
1997 年 1 月—1997 年 6 月	1.957686	1.009218	0.003409	0.217106	0.354766	0.459845
1997 年 7 月—1997 年 12 月	0.524740	0.002178	0.319559	−0.342467	0.889235	0.820229

解　(1)模型的相关分析.

对数据进行游程检验，以数据的平均值划分所得游程检验结果如表 3.8.2 所示.

表 3.8.2　序列 $W(t)$ 的游程检验结果

变量名称	值
比样本均值小的观测值个数	34
比样本均值大的观测值个数	26
样本容量	60

续表

变量名称	值
游程数	35
Z 统计量	1.202
双尾 P 值	0.1229

因为 $|Z| < 1.96$，故时间序列的样本数据不具有潜在的趋势性，可以判断时间序列为平稳序列.

(2) 模型数据的直观分析和特征分析.

具体以 1993 年 1 月到 1997 年 12 月来得到 $W(t)$ 的月度数据，其时序图如图 3.8.1 所示.

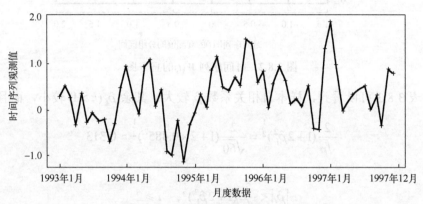

图 3.8.1　时间序列 $W(t)$ 的时序图

从图上可以看出该时间序列基本围绕一直线上下较小幅度地波动，无明显的趋势性，无明显的周期性，这说明时间序列 $W(t)$ 是平稳时间序列.

时间序列 $W(t)$ 的直方图如图 3.8.2 所示.

由相关特性的统计值可知，样本均值 $m \approx 0.3165$，样本标准差 $s \approx 0.6229$，样本偏度为 0.04403，样本峰度为 2.9991，可以认为时间序列 $W(t)$ 是零均值过程，比较接近正态分布.

(3) 模型识别和初步定阶.

时间序列 $W(t)$ 的样本自相关系数的统计值(保留三位小数)如表 3.8.3 所示.

表 3.8.3　延迟 12 期的样本自相关系数的值

k	1	2	3	4	5	6
$\hat{\rho}_k$	0.485	0.167	0.109	0.076	0.088	−0.003
k	7	8	9	10	11	12
$\hat{\rho}_k$	−0.176	−0.182	−0.107	−0.004	−0.006	0.001

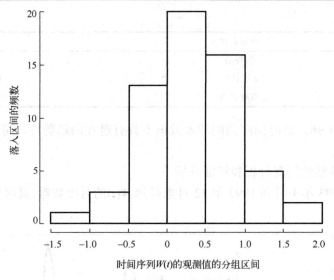

图 3.8.2　时间序列 $W(t)$ 的直方图

由表 3.8.3 可以看到，样本自相关系数 $\hat{\rho}_1$ 较大，其余 $\hat{\rho}_k (k>1)$ 较小，而且，

$$\frac{2}{\sqrt{n}}(1+2\hat{\rho}_1^2)^{\frac{1}{2}} = \frac{2}{\sqrt{60}}(1+2\times 0.485^2)^{\frac{1}{2}} \approx 0.313$$

$$|\hat{\rho}_i| < \frac{2}{\sqrt{n}}(1+2\hat{\rho}_1^2)^{\frac{1}{2}}, \quad i \geqslant 2$$

即当 $k>1$ 时，样本自相关系数的绝对值都落在此范围内，故可以认为样本自相关系数在一步之后是截尾的. 因此，可以用 MA(1) 模型对数据进行拟合.

时间序列 $W(t)$ 的样本偏相关系数的统计值(保留三位小数)如表 3.8.4 所示.

表 3.8.4　延迟 12 期的样本偏相关系数的值

k	1	2	3	4	5	6
$\hat{\varphi}_{kk}$	0.485	−0.088	0.084	−0.002	0.064	−0.139
k	7	8	9	10	11	12
$\hat{\varphi}_{kk}$	−0.141	−0.046	0.016	0.021	0.056	0.006

由表 3.8.4 可以看到，样本偏相关系数 $\hat{\varphi}_{11}$ 较大，其余 $\hat{\varphi}_{kk} (k>2)$ 较小，而且样本偏相关系数的绝对值满足

$$|\hat{\varphi}_{kk}| \leqslant \frac{2}{\sqrt{n}} = \frac{2}{\sqrt{60}} \approx 0.2582, \quad k>1$$

即当 $k>1$ 时,样本偏相关系数的绝对值都落在此范围内,故可以认为样本偏相关系数在 1 步之后是截尾的. 因此,可以用 AR(1) 模型对数据进行拟合.

结合样本自相关系数和样本偏相关系数的特点,根据 Box-Jenkins 建模思想可以尝试用 ARMA(2,1) 模型进行拟合.

(4) 参数估计与相应的 AIC 值.

各个模型的参数最小二乘估计、模型的剩余平方和、模型的 AIC 值,具体数值如表 3.8.5 所示.

表 3.8.5　时间序列 $W(t)$ 的各个模型的相应结果

模型	参数最小二乘估计	剩余平方和	AIC 值
AR(1)	$\hat{\varphi}_1 \approx 0.5887 \pm 1.96 \times 0.1038$	18.8229	105.1419
MA(1)	$\hat{\theta}_1 = 0.5518 \pm 1.96 \times 0.1004$	20.1834	109.2667
ARMA(2,1)	$\hat{\varphi}_1 = -0.2780 \pm 1.96 \times 0.2255$ $\hat{\varphi}_2 = 0.4714 \pm 1.96 \times 0.1782$ $\hat{\theta}_1 = 0.9092 \pm 1.96 \times 0.1836$	18.5772	108.4499

记 AR(1) 的剩余平方和为 A_0,ARMA(2,1) 的剩余平方和为 A_1,用 F 统计量来考察一下所建立的 ARMA(2,1) 和 AR(1) 模型是否具有明显差异. 根据式(3.7.7),知

$$F = \frac{\frac{A_0 - A_1}{s}}{\frac{A_1}{n_1 - k}} = \frac{\frac{18.8229 - 18.5772}{2}}{\frac{18.5772}{55}} \approx 0.3637$$

由 F 分布表查得 $F_{0.05}(2,55) = 3.1650$,显然 $F < F_{0.05}(2,55)$,检验表明 ARMA(2,1) 模型相比 AR(1) 模型没有显著性的改进.

结合 AIC 值和剩余平方和值的大小,根据简约原则,可知利用 AR(1) 对时间序列 $W(t)$ 进行拟合比较恰当.

(5) 参数显著性检验.

对序列的 AR(1) 模型的参数进行检验. 具体数值如表 3.8.6 所示.

表 3.8.6　时间序列 $W(t)$ 的 AR(1) 模型的参数检验结果

变量名称	系数	标准误差	T 统计量	P 值
AR(1)	0.5887	0.1038	5.6714	2.3317e-7
AR 部分的特征根		0.5887		

从 P 值和特征根可以看出,利用模型 AR(1) 对样本时间序列 $W(t)$ 进行拟合比较恰当.

(6) 参数模型适用性检验.

对 AR(1) 进行适应性检验, 残差序列的样本自相关系数和 Ljung-Box 统计量 Q_{LB} 对应 P 值的图如图 3.8.3 所示.

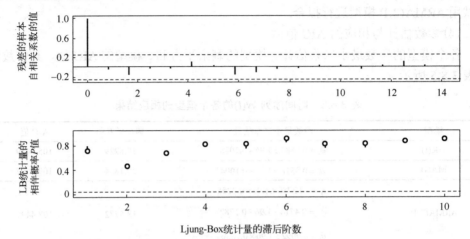

图 3.8.3　模型拟合后的残差序列的样本自相关系数和 LB 统计量对应 P 值的图

从样本自相关系数和 LB 统计对应 P 值可以看出, 残差序列为纯随机序列, 所以 AR(1) 模型是适应性的. 即时间序列 $W(t)$ 的模型为

$$W(t) = \varepsilon(t) + 0.5887 W(t-1)$$

3.8.2　Pandit-Wu 方法

吴贤铭和 Pandit 在 1977 年提出了时间序列的建模新方法, 该方法称为动态数据系统方法 (DDS-dynamic data system), 又称为 Pandit-Wu 方法. 该方法从应用的角度对 Box-Jenkins 方法做了一定程度的改进, 其特点是选用 ARMA$(2m, 2m-1)$ 模型建模.

对于一个 ARMA$(m, m-1)$ 模型, 其自回归部分的特征方程为

$$\lambda^m - \varphi_1 \lambda^{m-1} - \varphi_2 \lambda^{m-2} - \cdots - \varphi_m = 0$$

如果自回归阶数 m 为奇数, 那么必有一个特征根为实根, 这种人为地迫使其中有一特征根为实数, 是不科学的、不合理的. 而对于 ARMA$(2m, 2m-1)$ 模型, 其自回归的阶数为偶数, 从而避免了强使模型的自回归部分的特征方程必须有一个实数的特征根而造成的失误.

Pandit-Wu 方法按 ARMA$(2m, 2m-1)$ $(m = 1, 2, \cdots)$ 模型建模, 当 F 统计量表明 ARMA$(2m+2, 2m+1)$ 模型相对于 ARMA$(2m, 2m-1)$ 模型其剩余平方和并没有显著性减小时, 这并不意味着 ARMA$(2m, 2m-1)$ 模型是最适应的模型, 还应该检验最高阶的

参数 φ_{2m} 和 θ_{2m-1} 是否显著为零. 如果 φ_{2m} 或 θ_{2m-1} 显著为零, 那么用 ARMA($2m-1$, $2m-2$) 模型进行拟合, 并对 ARMA($2m-1,2m-2$) 模型和 ARMA($2m,2m-1$) 模型进行 F 检验. 如果 ARMA($2m$, $2m-1$) 模型相对于 ARMA($2m-1,2m-2$) 模型其剩余平方和有显著性减小, 那么 ARMA($2m,2m-1$) 模型是较为适应的, 此时应再检验参数 $\theta_k, k = 2m-1,2m-2,\cdots,1$ 是否显著为零, 舍弃较小的 θ_k, 定出适用的 ARMA($2m,q$), $q<2m-1$ 模型. 如果 ARMA($2m,2m-1$) 模型相对于 ARMA($2m-1,2m-2$) 模型其残差平方和的减小并无显著性改善, 那么 ARMA($2m-1$, $2m-2$) 模型是较为适应的, 此时再检验参数 $\theta_k, k = 2m-2, 2m-3,\cdots,1$ 是否显著为零, 舍弃较小的 θ_k, 定出适用的 ARMA($2m-1$, q), $q < 2m-2$ 模型. 换言之, 阶数增量取值 2 并不会遗漏任意的 ARMA(p,q) 模型, 而且使得模型的选取速度加快了.

例 3.8.2　对例 3.8.1 中经过平稳化处理的 1993—1997 年的月度数据 $W(t)$, 利用 Pandit-Wu 方法建模.

解　结合样本自相关系数和样本偏相关系数的特点, 根据 Pandit-Wu 建模思想, 尝试用 ARMA($4,3$) 模型和 ARMA($2,1$) 模型对时间序列 $W(t)$ 进行拟合. 两个模型参数的最小二乘估计、剩余平方和、AIC 值如表 3.8.7 所示.

表 3.8.7　根据 Pandit-Wu 建模思想所得模型的相应结果

模型	参数最小二乘估计	剩余平方和	AIC 值
ARMA($4,3$)	$\hat{\varphi}_1 = 0.4771 \pm 1.96 \times 0.2086$		
	$\hat{\varphi}_2 = -0.2421 \pm 1.96 \times 0.2683$		
	$\hat{\varphi}_3 = -0.6486 \pm 1.96 \times 0.2794$		
	$\hat{\varphi}_4 = 0.5444 \pm 1.96 \times 0.1654$	16.3521	112.1059
	$\hat{\theta}_1 = 0.1186 \pm 1.96 \times 0.1787$		
	$\hat{\theta}_2 = 0.2596 \pm 1.96 \times 0.1492$		
	$\hat{\theta}_2 = 0.9218 \pm 1.96 \times 0.1766$		
ARMA($2,1$)	$\hat{\varphi}_1 = -0.2780 \pm 1.96 \times 0.2255$		
	$\hat{\varphi}_2 = 0.4714 \pm 1.96 \times 0.1782$	18.5772	108.4499
	$\hat{\theta}_1 = 0.9092 \pm 1.96 \times 0.1836$		

记 ARMA($2,1$) 模型剩余平方和为 A_1, ARMA($4,3$) 模型的剩余平方和为 A_2, 用 F 统计量考察一下所建立的 ARMA($2,1$) 模型和 ARMA($4,3$) 模型是否具有明显差异. 根据式 (3.7.6), 知

$$F = \frac{\dfrac{A_1 - A_2}{4}}{\dfrac{A_2}{n_1 - k}} = \frac{\dfrac{18.5772 - 16.3521}{4}}{\dfrac{16.3521}{49}} \approx 1.6669$$

由 F 分布表查得 $F_{0.05}(4,49) = 2.5611$，$F < F_{0.05}(4,49)$，检验表明 ARMA(4,3) 模型与 ARMA(2,1) 模型没有显著性的改进. 所以选用 ARMA(2,1) 模型进行拟合比较合理.

对时间序列 $W(t)$ 的 ARMA(2,1) 模型的参数进行显著性检验，其相应结果如表 3.8.8 所示.

表 3.8.8　时间序列 $W(t)$ 的 ARMA(2,1) 的参数检验结果

变量名称	估计值	标准误差	T 统计量	P 值
AR(2)	0.4714	0.1782	2.6454	0.00531
AR(1)	−0.277	0.2255	−1.2328	0.8885
MA(1)	0.9092	0.1836	4.9521	3.6625e−06
AR 部分特征根	0.139+0.6724i			0.139−0.6724i
MA 部分特征根		0.9092		

从 P 值上看，应该接受参数 $\varphi_1 = 0$ 的假设检验；再加之前面 Box-Jenkins 方法建模的 F 检验，可以看出利用 AR(2) 模型对样本时间序列 $W(t)$ 建模是最恰当的，其相应的结果见 Box-Jenkins 方法建模中的表.

3.8.3　长阶自回归建模方法

长阶自回归建模方法就是利用高阶 AR(n) 模型逼近序列. 选用高阶 AR(n) 模型来拟合时间序列的原因如下：

(1) 平稳的 ARMA(p,q) 序列必定存在逆转形式，而且逆函数是以负指数衰减的，所以，任何一个平稳的 ARMA(p,q) 序列可以用高阶的 AR 模型逼近. 这也说明了长阶自回归建模方法的第一步是数据的平稳性检验和平稳化处理.

(2) AR(n) 模型参数的矩估计只涉及了线性方程组的求解过程，而且在大样本的前提下，AR(n) 模型参数的矩估计与最小二乘估计、极大似然估计接近，不需要繁琐的迭代计算，较之 MA(m)，ARMA(p,q) 模型参数的估计具有无比可拟的优越性.

一个 ARMA$(n, n-1)$ 模型可以利用 AR$(2n)$ 模型来逼近，但往往 AR$(2n)$ 模型的剩余平方和大于 ARMA$(n, n-1)$ 模型的剩余平方和. 因而，为了提供模型的精度，当获得了较为理想的 AR$(2n)$ 模型时，通常都进一步利用 AR$(2n)$ 模型拟合 ARMA$(n, n-1)$ 模型.

对于 ARMA$(n, n-1)$ 系统：

$$(1 - \varphi_1 B - \varphi_2 B^2 - \cdots - \varphi_n B^n) X_t = (1 - \theta_1 B - \theta_2 B^2 - \cdots - \theta_{n-1} B^{n-1}) \varepsilon_t$$

将 $\varepsilon_t = -\sum_{j=0}^{\infty} I_j B^j X_t$ 代入，比较 B 的同次幂的系数，可得

$$I_l = \sum_{j=1}^{l} \theta'_j I_{l-j} + \varphi'_l, \quad l = 1, 2, \cdots \tag{3.8.1}$$

其中 $\theta_j' = \begin{cases} \theta_j, & 1 \leqslant j \leqslant n-1, \\ 0, & j > n-1, \end{cases}$　$\varphi_j' = \begin{cases} \varphi_j, & 1 \leqslant j \leqslant n, \\ 0, & j > n, \end{cases}$　$I_0 = -1, \varphi_0 = -1, \theta_0 = -1.$

当 $l > n$ 时，逆函数 I_l 都满足移动平均部分的差分方程，即

$$(1 - \theta_1 B - \theta_2 B^2 - \cdots - \theta_{n-1} B^{n-1}) I_l = 0, \quad l > n \tag{3.8.2}$$

对于 AR$(2n)$ 系统：

$$X_t = \varphi_1 X_1 + \varphi_2 X_2 + \cdots + \varphi_{2n} X_{t-2n} + \varepsilon_t$$

从逆函数的定义很容易可以得出

$$I_0 = -1, \quad I_i = \varphi_i \ (1 \leqslant i \leqslant 2n), \quad I_i = 0 \ (i > 2n) \tag{3.8.3}$$

利用 AR$(2n)$ 系统逼近 ARMA$(n, n-1)$ 系统，所以，联立 (3.8.2) 与 (3.8.3)，建立 $n-1$ 个线性方程：

$$(1 - \theta_1 B - \theta_2 B^2 - \cdots - \theta_n B^n) \varphi_l = 0, \quad l = n+1, n+2, \cdots, 2n-1$$

解线性方程组得到参数 $\theta_i (i = 1, 2, \cdots, n-1)$，再将 $I_i = \varphi_i (1 \leqslant i \leqslant n)$ 和参数 $\theta_i (i = 1, 2, \cdots, n-1)$ 的值代入 (3.8.1)，求解得到相应参数 $\varphi_j (j = 1, 2, \cdots, n)$，从而 ARMA$(n, n-1)$ 系统得到确立.

不论采用哪种建模方法，目的是得到恰当的而且简约的模型，所以在选择模型时，必须进行反复的试探和选择，必须进行不断的改进、修正错误和试验的过程.

3.9　基于 R 软件的 ARMA 模型的建立

例 3.9.1　模拟产生 AR(2) 模型 $X_t - 1.5X_{t-1} + 0.75X_{t-2} = \varepsilon_t$，样本容量为 500 个，按照 Box-Jenkins 方法建模，并验证对于自回归模型而言，参数的矩估计、最小二乘估计和极大似然估计是一致的.

解　(1) 模拟生成时间序列. 直接在操作窗口输入以下命令：

```
library(tseries)
set.seed(132456)
time4=arima.sim(n=500,list(ar=c(1.5,-0.75)))
plot.ts(time4)
```

在 R 中通常用 plot.ts() 函数，画出时间序列的时序图. 上述命令所得图像如图 3.9.1 所示.

(2) 进行纯随机性检验. 直接在操作窗口输入以下命令：

```
LB=rep(0,12)
P=rep(0,12)
```

```
for(i in 1:12){
  resul=Box.test(time4,type="Ljung-Box",lag = i)
  LB[i]=resul$statistic
  P[i]=resul$p.value
}
data.frame(LB,P)
```

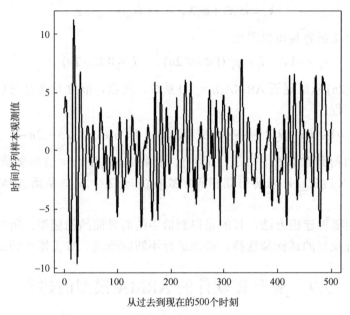

图 3.9.1　模拟 AR(2)模型的时间序列 time4 的时序图

在 R 中通常用 Box.test()函数，进行纯随机性检验，其基本语法为

```
Box.test(x, lag = 1, type =c("Box-Pierce" "Ljung-Box"), fitdf = 0)
```

其中"x"是待检测的时间序列的样本观测值序列，"lag"是滞后阶数，"type"是检查方法."type"中包含了两种方法：一种是 Box-Pierce 的 Q 统计量 $Q_{BP} = \sum_{k=1}^{M} \hat{\rho}_k^2$；

另一种是 Ljung-Box 的 Q 统计量 $Q_{LB} = n(n+2)\sum_{k=1}^{M}\left(\dfrac{\hat{\rho}_k^2}{n-k}\right)$，"fitdf"表示针对残差序列进行纯随机检验时，需要减去的自由度，也就是 AR 部分和 MA 部分待估计的参数个数. 默认 fitdf = 0，也就是说对于残差序列进行纯随机性检验时，需要修改 fitdf 的值，请参考例 3.9.2 的残差画图和相关检验部分的 Box.test 的检验. 上述命令，通过循环将前 12 阶的相应的 Ljung-Box 的 Q 统计量值，以及相应的 P 值，以数据框的形式呈现出来.

(3)进行相关分析. 直接在操作窗口输入以下命令:

```
par(mfrow=c(1,2))
acf(time4,lag.max=24,plot=T)
acf(time4,lag.max=24, type ="partial",plot=T)
```

相关分析由 par(mfrow=c(1,2)) 和后面两句命令实现. 实现一页多图的功能, 一个图版显示 1 行 2 列的两幅图, 左边为样本自相关系数滞后 24 阶的图, 右边为样本偏相关系数滞后 24 阶的图, 其图形如图 3.9.2 所示.

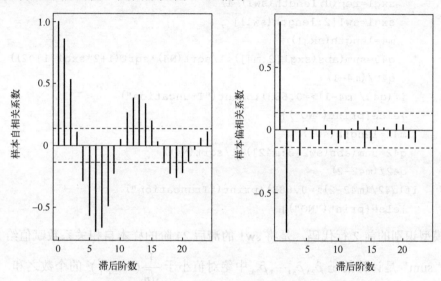

图 3.9.2　时间序列 time4 的样本自相关系数和样本偏相关系数

(4)进行零均值检验. 直接在操作窗口输入以下命令:

```
sw1=acf(time4,lag.max=24,plot=F)$acf
sw2=acf(time4,lag.max=24,type ="partial",plot=F)$acf
sw3=acf(time4,lag.max=24,type="cov",plot=F)$acf
N4=length(time4)
SE4=sqrt(1/N4)*sqrt(sw3[1]+2*sum(sw3[2:24]^2))
m4=mean(time4)
if(abs(m4)<2*SE4){
print("Zero mean")
}else{print(" NO Zero mean ")}
```

零均值检验的前 3 行命令分别计算滞后 24 阶样本自相关系数、样本偏相关系数和样本协方差函数. 特别要注意, sw1 是一个 25 维的列向量, 第一个值是 $\rho(0)=1$, 然后是滞后 24 阶的样本自相关系数; sw2 是一个 24 维的列向量, 是滞后 24 阶的样

本偏相关系数；sw3 也是一个 25 维的列向量，第一个值是 $\hat{C}(0)$，然后是滞后 24 阶

的样本协方差函数. SE4 是按照公式 $\text{S.E.}\,[\bar{X}] = \sqrt{\text{Var}[\bar{X}]} \approx \dfrac{1}{\sqrt{n}}\left(\hat{C}(0) + 2\sum_{k=1}^{M}\hat{C}(k)\right)^{\frac{1}{2}}$ 来计

算样本均值的标准差，从而判定时间序列是否为零均值过程. 其相应的结果为 "Zero
mean"，也就说该时间序列是零均值的，也就是判定该时间序列为零均值过程.

（5）进行模型识别.直接在操作窗口输入以下命令：

```
sxg1=rep(0,length(sw1)-1)
sxg1=sw1[2:length(sw1)]
m4=length(sxg1)
q40=sum(abs(sxg1[2:m4])<1/sqrt(N4)*sqrt(1+2*sxg1[1]^2))
q40/(m4-1)
if(q40/(m4-1)>=0.683){print("Truncation")
}else{print("NO")}
m42=length(sw2)
q42=sum(abs(sw2[3:m42])<1/sqrt(N4))
q42/(m42-2)
if(q42/(m42-2)>=0.683){print("Truncation")
}else{print("NO")}
```

模型识别的前 2 行代码，是将 sw1 的滞后 24 阶的样本自相关系数赋值给 sxg1.

命令 "sum" 是计算的是 $\hat{\rho}_2, \hat{\rho}_3, \cdots, \hat{\rho}_{24}$ 中绝对值小于 $\dfrac{1}{\sqrt{n}}(1+2\hat{\rho}_1^2)^{\frac{1}{2}}$ 的个数之和，然后

计算所占比例 q40/(m4−1)，通过比例是否大于 0.683 来判定自相关系数的截尾性.
其相应的结果是 "NO"，也就是说，时间序列 time4 的样本自相关系数不具有 1 阶
截尾性.

模型识别中的 q42 计算的是 $\hat{\varphi}_{33}, \cdots, \hat{\varphi}_{2424}$ 中绝对值小于 $\dfrac{1}{\sqrt{n}}$ 的个数之和，然后计

算所占比例 q42/(m42−2)，通过比例是否大于 0.683 来判定偏相关系数的截尾性. 其
相应的结果是 "Truncation". 也就是说，时间序列 time4 的样本偏相关系数是 2 阶
截尾的，建立 AR(2)模型.

（6）参数估计，直接在操作窗口输入以下命令：

```
mod1=arima(time4,order=c(2,0,0), method ="ML",include.mean=F)
cd1=mod1$coef
AIC1=mod1$aic
mod2=arima(time4,order=c(0,0,2), method ="ML",include.mean = F)
cd2=mod2$coef
```

```
        AIC2=mod2$aic
        mod3=arima(time4,order =c(2,0,1), method ="ML",include.mean = F)
        cd3=mod3$coef
        AIC3=mod3$aic
    fit1=ar(time4, aic = TRUE, order.max = NULL,method = "mle",demean=F)
    fit2=ar(time4, aic = TRUE, order.max=NULL,method="yule-walker",
demean=F)
    fit3=ar(time4, aic = TRUE, order.max =2,method = "ols",demean=F)
```

在 R 中通常用 arima() 函数，对 ARMA 模型进行参数估计，其简单语法为

```
        arima(x,order=c(0L, 0L, 0L),include.mean = TRUE,method =c("CSS-ML",
"ML", "CSS"))
```

其中"x"是待检测的时间序列的样本观测值序列，"order"是用 c() 函数将三个元素连接在一起的，从而确定 ARMA 模型的阶数，第一个元素是 AR 的阶数，第二个元素是差分的阶数，第三个元素是 MA 的阶数. "include.mean"是一个逻辑值，当取值为 TRUE，建立非中心 ARMA 模型，当取值为 FALSE，建立中心 ARMA 模型. "method"是参数估计的方法，包含了极大似然估计方法和最小二乘估计方法.

在 R 中可以用 ar() 函数，对 AR 模型进行参数估计，其简单语法为

```
        ar(x, aic =TRUE, order.max =NULL,method = c("yule-walker", "burg",
"ols", "mle", "yw"))
```

其中"x"是待检测的时间序列的样本观测值序列，"aic"是一个逻辑值，当取值为 TRUE 时，是按照 AIC 准则来确定所建立的 AR 模型的阶数，"order.max"可以是一个空值，也可以输入具体数值，当"aic=TRUE"，"order.max=2"时，就是在最大滞后阶为 2 的前提下，按 AIC 值最小选出最优模型，并估计参数. "method"是参数估计的方法，包含了矩估计的尤尔-沃克方法、功率谱的 burg 方法、最小二乘估计方法，极大似然估计方法.

将上述命令的结果罗列在下面的表格中，如表 3.9.1 所示.

表 3.9.1　时间序列 time4 的 6 类模型参数估计和 AIC 对比分析

模型	AR 阶数	MA 阶数	参数估计方法	参数估计结果	AIC 值
AR(2)	2	0	极大似然估计	$\hat{\varphi}_1 \approx 1.5489$ $\hat{\varphi}_2 \approx -0.7866$	1390.18
MA(2)	0	2	极大似然估计	$\hat{\theta}_1 \approx 1.3590$ $\hat{\theta}_2 \approx 0.6782$	1712.32
ARMA(2,1)	2	1	极大似然估计	$\hat{\varphi}_1 \approx 1.5569$ $\hat{\varphi}_2 \approx -0.7936$ $\hat{\theta}_1 \approx -0.0213$	1392.08

续表

模型	AR 阶数	MA 阶数	参数估计方法	参数估计结果	AIC 值
自动定阶 AR 模型	4	0	极大似然估计	$\hat{\varphi}_1 \approx 1.5378$ $\hat{\varphi}_2 \approx -0.8480$ $\hat{\varphi}_3 \approx 0.1488$ $\hat{\varphi}_4 \approx -0.1046$	1388.62
自动定阶 AR 模型	4	0	尤尔-沃克方法	$\hat{\varphi}_1 \approx 1.5161$ $\hat{\varphi}_2 \approx -0.8103$ $\hat{\varphi}_3 \approx 0.1239$ $\hat{\varphi}_4 \approx -0.0999$	1388.65
最大滞后期为 2 前提下自动定阶 AR 模型	2	0	最小二乘估计	$\hat{\varphi}_1 \approx 1.5490$ $\hat{\varphi}_2 \approx -0.7871$	1390.18

从表 3.9.1 可以看出，对于自回归模型而言，参数的矩估计、最小二乘估计和极大似然估计是一致的.

例 3.9.2　对例子 3.8.1 中某经过平稳化处理的 1993 年至 1997 年的月度数据 $W(t)$，利用 Box-Jenkins 建模方法对时间序列 $W(t)$ 建模.

解　为了更好地解释语句，在下面 R 代码中，不同的地方都加上了符号 "#"，以说明语句的目的，它们在执行实际的程序时将被忽略，不影响程序的运行. 相关的 R 代码和符号 "#" 的注释语句如下所示：

```
#安装相应的包，并调入包
install.packages(timeSeries)
library(fBasics)
library(timeSeries)
#读入以 "csv" 为后缀的 EXCEL 数据
time=read.table("d:/Rchengxu/TSAWORK/lizi2.csv",header=FALSE,
sep=",")
#将数据第 2 列转换为以月度为等间隔采样获得的时间序列
w=ts(time[,2],frequency=12,start=c(1993,1))
#呈现时间序列的相关图像
library(forecast)
tsdisplay(w,xlab="Monthly",ylab="series")
#对数据进行描述性分析
summary(w)
#模型识别与初步定阶
library(TSA)
eacf(w)
#自动定阶并追踪相应结果
arima1=auto.arima(w,trace=T)
# 模型建立与参数估计
```

```
fit1=arima(w,order = c(2,0,1),include.mean = F)
fit2=arima(w,order = c(1,0,0),include.mean = F)
fit3=arima(w,order = c(0,0,1),include.mean = F)
# ARMA(2,1)模型和 AR(1)模型比较的 F 统计量
F11=sum((fit1$residuals)^2)
F22=sum((fit2$residuals)^2)
F2_1=(F22-F11)/2
F2_1
dff=length(w)-2*2-1
F3_2=sum((fit1$residuals)^2)/dff
F3_2
FF=F2_1/F3_2
pf(FF,2,dff,lower.tail =F)
#模型 AIC 值
fit1$aic
fit2$aic
fit3$aic
#模型参数的显著性检验
coef1=fit2$coef
coef1
cov1=fit2$var.coef
cov1
t=coef1[1]/sqrt(cov1[1,1])
dsf=length(w)-2
pt(t,dsf,lower.tail = F)
#残差画图与相关检验
tsdiag(fit2)
Box.test(fit2$residuals,lag=6,type = c("Ljung-Box"), fitdf=1)
#特征根的分析
plot(fit2)
```

在 R 软件中使用 read.table()函数来读取矩形表格数据是非常方便的,其简单语法如下:

```
read.table(file, header = FALSE, sep = "")
```

其中"file"是要读取的文件名称."header"是一个逻辑值,用于指出文件的第一行是否为数据变量的名字. 缺省情况下, 由文件的格式来确定此值. 如果 header 设置为 TRUE, 则要求第一行要比数据列的数量少一列. "sep"是指定数据文件每行中

数据之间使用的分隔符，默认情况下，read.table()函数以空格作为数据的分隔符，即默认情况下，read.table()函数可以将 1 个或多个空格、tab 制表符、换行符或回车符作为分隔符.

在 R 中可以用 ts()函数,将一向量或者矩阵创建为一个一元或多元的时间序列,创建为 ts 型的对象,其具体语法如下:

```
ts(data = NA, start = 1, end = numeric(0), frequency = 1, deltat = 1,
ts.eps = getOption("ts.eps"), class, names)
```

其中"data"是一个向量或者矩阵,"start"是第一个观测值的时间,为一个数字或者是一个由两个整数构成的向量,"end"是最后一个观测值的时间,指定方法和 start 相同,"frequency"是单位时间内观测值的频数(频率),"deltat"是两个观测值间的时间间隔. frequency 和 deltat 必须并且只能给定其中一个."ts.eps"是序列之间的误差限,如果序列之间的频率差异小于 ts.eps,则认为这些序列的频率相等."class"是对象的类型. 一元序列的缺省值是"ts",多元序列的缺省值是"mts"."names"是一个字符型向量,给出多元序列中每个一元序列的名称,如果缺省则对 data 中每列数据的命名为 Series1，Series2 等.

在 R 软件中使用 tsdisplay()来观察时间序列的时序图、样本自相关系数，以及样本偏相关系数，这三个图形. 上面的图形如图 3.9.3 所示.

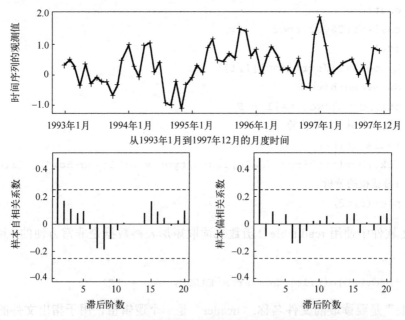

图 3.9.3　时间序列 $W(t)$ 的时序图、样本自相关系数和样本偏相关系数图

在 R 软件中用 summary()获取描述性统计量，可以提供最小值(Min)、四分之

一分位数(1st Qu)、中位数(Median)、均值(Mean)、四分之三分位数(3rd Qu)、最大值(Max). 上面的结果如图 3.9.4 所示.

```
> summary(w)
   Min.  1st Qu.   Median      Mean   3rd Qu.      Max.
-1.14363 -0.06523  0.32767   0.31650  0.65077   1.95769
```

图 3.9.4　时间序列 $W(t)$ 的描述性统计结果

在 R 软件中用 eacf()计算延伸自相关函数法，从而确定 ARMA 模型的阶数. 延伸自相关函数法是1984年 Tiao(刁锦寰)和Tsay提出的确定 ARMA 模型阶数的方法. 上面的结果如图 3.9.5 所示.

```
> eacf(w)
AR/MA
  0 1 2 3 4 5 6 7 8 9 10 11 12 13
0 x o o o o o o o o o o  o  o  o
1 o o o o o o o o o o o  o  o  o
2 x o o o o o o o o o o  o  o  o
3 o x o o o o o o o o o  o  o  o
4 o o o o o o o o o o o  o  o  o
5 x o x o o o o o o o o  o  o  o
6 x o o o o o o o o o o  o  o  o
7 x o o o o o o o o o o  o  o  o
```

图 3.9.5　基于延伸自相关函数的定阶结果

该图简化表显示由"O"组成的三角形的左上角顶点位于阶$(p, q) = (1, 0)$处. 因此，EACF 表明该序列服从一个 AR(1)模型.

在 R 软件中的 auto.arima()函数，是基于 AIC 准则或 BIC 准则，自动筛选并确定 ARMA 模型的自回归部分阶数和移动平均部分阶数，上面的结果如图 3.9.6 所示.

```
> arima1=auto.arima(w,trace=T)

 ARIMA(2,0,2)(1,0,1)[12] with non-zero mean : Inf
 ARIMA(0,0,0)            with non-zero mean : 116.6755
 ARIMA(1,0,0)(1,0,0)[12] with non-zero mean : 105.1827
 ARIMA(0,0,1)(0,0,1)[12] with non-zero mean : 105.6658
 ARIMA(0,0,0)            with zero mean : 128.5206
 ARIMA(1,0,0)            with non-zero mean : 102.8973
 ARIMA(1,0,0)(0,0,1)[12] with non-zero mean : 105.1824
 ARIMA(1,0,0)(1,0,1)[12] with non-zero mean : Inf
 ARIMA(2,0,0)            with non-zero mean : 104.7792
 ARIMA(1,0,1)            with non-zero mean : 104.6317
 ARIMA(0,0,1)            with non-zero mean : 103.3671
 ARIMA(2,0,1)            with non-zero mean : 106.6157
 ARIMA(1,0,0)            with zero mean : 105.3525

 Best model: ARIMA(1,0,0)            with non-zero mean
```

图 3.9.6　基于 auto.arima 函数的定阶结果

可以看出，最佳模型为零均值的 AR(1)模型.

ARMA(2,1)模型和 AR(1)模型进行比较时，F11 是 ARMA(2,1)模型的剩余平方和, F22 是 AR(1)模型的剩余平方和, pf()函数计算的是在 F 分布下的上尾 P 值, 或下尾 P 值, 当 "lower.tail = F" 时, 计算上尾 P 值, 上面的结果如图 3.9.7 所示. 从 P 值看出接受原假设, 也就是说 ARMA(2,1)模型和 AR(1)模型没有显著性差异.

　　模型参数的显著性检验中, "coef1" 是 AR(1)模型下最小二乘估计所得到的参数估计值, "cov1" 是参数估计的协方差矩阵, pt()函数计算的是在 T 分布下的上尾 P 值, 或下尾 P 值, 当 "lower.tail = F" 时, 计算的上尾 P 值, 上面的结果如图 3.9.8 所示.

```
> F11=sum((fit1$residuals)^2)
> F22=sum((fit2$residuals)^2)
> F2_1=(F22-F11)/2
> F2_1
[1] 0.1228725
> dff=length(w)-2*2-1
> F3_2=sum((fit1$residuals)^2)/dff
> F3_2
[1] 0.3377664
> FF=F2_1/F3_2
> pf(FF,2,dff,lower.tail =F)
[1] 0.6967041
```

```
> coef1=fit2$coef
> coef1
        ar1
0.5887192
> cov1=fit2$var.coef
> cov1
            ar1
ar1 0.01076475
> t=coef1[1]/sqrt(cov1[1,1])
> dsf=length(w)-2
> pt(t,dsf,lower.tail = F)
        ar1
2.331732e-07
```

图 3.9.7　基于 F 统计量的检验结果　　　图 3.9.8　AR(1)模型的参数显著性检验结果

　　从 P 值看出拒绝原假设, 也就是说 AR(1)模型的参数显著不为零.

　　在 R 软件中的 tsdiag()函数, 是对模型进行适应性诊断, 判断残差序列是否为白噪声, 上面的结果如图 3.9.9 所示.

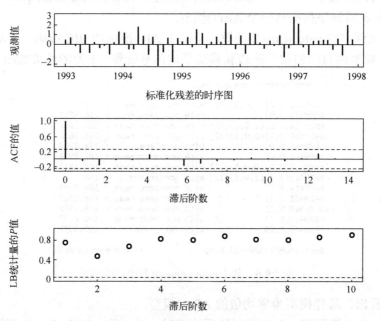

图 3.9.9　AR(1)模型的残差适应性检验

　　第一幅子图是标准化残差的时序图，第二幅子图是残差序列的样本自相关系数图，第三幅子图是残差序列不同阶数下的 LB 统计量所对应的 P 值，从上面的图中可看出残差序列是白噪声.

　　R 语句"plot(fit2)"，将画出单位圆和相应的特征根，从而分析 AR 模型的可逆性. 上面的图像如图 3.9.10 所示.

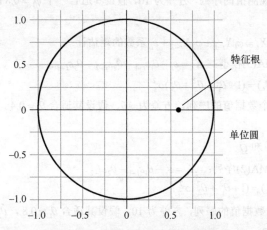

图 3.9.10　AR(1)模型的特征根检验

　　可以看出，AR 部分有一个特征根，该特征根的模小于 1，满足可逆性，所以，上述数据所建立的模型为

$$W(t) = \varepsilon(t) + 0.5887W(t-1)$$

习 题 3

　　1. 已知 $\{X_t\}$ 是 MA(2)模型：$X_t = \varepsilon_t - 0.7\varepsilon_{t-1} + 0.4\varepsilon_{t-2}$，$\varepsilon_t \sim \text{NID}(0, \sigma^2)$，求 DX_t 和自相关系数 ρ_k.

　　2. 已知 $\{X_t\}$ 是 AR(2)模型：

$$X_t - 0.5X_{t-1} + 0.8X_{t-2} = \varepsilon_t, \quad \varepsilon_t \sim \text{NID}(0, 0.8)$$

　　(1)写出该过程的尤尔-沃克方程，并由此解出 ρ_1 和 ρ_2.

　　(2)计算 X_t 的方差.

　　3. 由平稳时间序列的实测数据确定拟合模型为 ARMA(1, 1)模型，求得 $\hat{R}(0) = 1.25$，$\hat{R}(1) = 0.5$，$\hat{R}(2) = 0.4$，$\varepsilon_t \sim \text{NID}(0, \sigma^2)$，求参数 θ_1，φ_1 和 σ^2 的估计.

　　4. 由平稳时间序列的实测数据确定拟合模型为 AR(2)模型，求得 $\hat{\rho}(1) = -0.23$，$\hat{\rho}(2) = 0.29$，$\varepsilon_t \sim \text{NID}(0, \sigma^2)$，求参数 φ_1，φ_2 的估计.

5. 已知 AR(2)序列为：$X_t = X_{t-1} + cX_{t-2} + \varepsilon_t$，其中 $\varepsilon_t \sim NID(0, \sigma_\varepsilon^2)$，确定常数 c 的取值范围，以保证 $\{X_t\}$ 为平稳序列，并给出该序列 ρ_k 的表达式.

6. 证明：对任意常数 c 如下定义的 AR(3)序列一定是非平稳序列

$$X_t = X_{t-1} + cX_{t-2} - cX_{t-3} + \varepsilon_t, \quad 其中 \varepsilon_t \sim NID(0, \sigma_\varepsilon^2)$$

7. 一个有 200 个观测值的序列，方差为 10，假设其适合一个 $\hat{\varphi}_1 = 0.8$ 的 AR(1)模型，试求 σ_ε^2 和剩余平方和 $Q(\hat{\varphi}_1)$.

8. 求 AR(2)模型 $X_t = \varphi_1 X_{t-1} + \varphi_2 X_{t-2} + \varepsilon_t$ 系数的矩估计.

9. 已知 $\{X_t\}$ 是 MA(3)模型：$X_t = \varepsilon_t - \theta_1 \varepsilon_{t-1} - \theta_2 \varepsilon_{t-2} - \theta_3 \varepsilon_{t-3}$.

(1) 证明：$Var(X_t) = (1 + \theta_1^2 + \theta_2^2 + \theta_3^2) \sigma_\varepsilon^2$.

(2) 一个有 200 个数据值的序列，方差为 16，假设其适合 $\hat{\theta}_1 = 0.4$，$\hat{\theta}_2 = -0.3$，$\hat{\theta}_3 = 0.2$ 的 MA(3)模型，计算 $\hat{\sigma}_\varepsilon^2$.

(3) 计算剩余平方和 Q.

10. 已知 $\{X_t\}$ 是 MA(2)序列：$X_t = \varepsilon_t - \theta_1 \varepsilon_{t-1} - \theta_2 \varepsilon_{t-2}$.

(1) 证明：$Var(x_t) = (1 + \theta_1^2 + \theta_2^2) \sigma_\varepsilon^2$.

(2) 一个有 200 个数据值的序列，方差为 10，假设其适合 $\hat{\theta}_1 = 0.8$，$\hat{\theta}_2 = -0.3$ 的 MA(2)模型，计算 $\hat{\sigma}_\varepsilon^2$ 和剩余平方和 Q.

11. 已知 $\hat{\rho}_1 = 0.90$，$\hat{\rho}_2 = 0.70$，$\hat{\rho}_3 = 0.45$，求 ARMA(2, 1)模型参数的初始值.

12. 有一个 52 个数据值的序列，该序列的样本自相关函数和样本偏相关函数的数值如下表.

K	1	2	3	4	5	6	7	8	9
样本自相关系数	−0.685	0.341	−0.193	0.042	−0.068	0.199	−0.221	0.185	−0.132
样本偏相关系数	−0.685	−0.243	−0.139	−0.208	−0.313	0.046	−0.030	−0.037	−0.002
K	10	11	12	13	14	15	16	17	18
样本自相关系数	0.037	−0.036	0.156	−0.165	0.038	0.001	−0.027	0.143	−0.132
样本偏相关系数	−0.042	−0.130	0.139	0.136	−0.184	−0.120	−0.012	0.196	0.025

对模型进行初步识别.

第4章 平稳时间序列预测

所谓预测就是利用平稳时间序列 $\{X_t, t = 0, \pm 1, \pm 2, \cdots\}$ 在时刻 t 及以前时刻 $t-1$，$t-2, \cdots$ 的所有信息，对 $X_{t+l}(l > 0)$ 进行估计，相应的预测量记为 $\hat{X}_t(l)$，l 称为预测步长，t 称为预测的原点.

4.1 正交投影预测

4.1.1 线性预测函数

针对平稳时间序列 $\{X_t\}$，可以用逆转形式等价地描述该时间序列

$$\varepsilon_t = -\sum_{j=0}^{\infty} I_j X_{t-j}$$

式中 $I_j, j = 0,1,2,\cdots$ 是逆函数，其中 $I_0 = -1$. 所以，

$$X_t = \varepsilon_t + \sum_{j=1}^{\infty} I_j X_{t-j}$$

$$X_{t+l} = \varepsilon_{t+l} + \sum_{j=1}^{\infty} I_j X_{t+l-j} = \varepsilon_{t+l} + \sum_{j=1}^{\infty} I_j \left(\varepsilon_{t+l-j} + \sum_{k=1}^{\infty} I_k X_{t+l-j-k} \right)$$

将 ε_t 视为截距项，X_t 是以前时刻 $t-1, t-2, \cdots$ 所对应的 $X_{t-1}, X_{t-2}, \cdots$ 的线性函数. 同样，对于任意一个未来时刻 $t+l$ 所对应的 X_{t+l} 而言，将与 $\{\varepsilon_{t+l-j}, j = 0,1,2,\cdots\}$ 相关的项视为截距项，X_{t+l} 是 $X_{t+l-1}, X_{t+l-2}, \cdots, X_{t+1}, X_t, X_{t-1}, \cdots$ 的线性函数. 即对 X_{t+l} 进行预测，应充分利用 $X_t, X_{t-1}, X_{t-2}, \cdots$ 所提供的信息，把 $\hat{X}_t(l)$ 作为 $X_t, X_{t-1}, X_{t-2}, \cdots$ 的线性函数来表达，

$$\hat{X}_t(l) = g_0^* X_t + g_1^* X_{t-1} + \cdots = \sum_{k=0}^{\infty} g_k^* X_{t-k} \tag{4.1.1}$$

也就是说，利用平稳时间序列 $\{X_t, t = 0, \pm 1, \pm 2, \cdots\}$ 在时刻 t 及以前时刻 $t-1, t-2, \cdots$ 的所有信息，对 $X_{t+l}(l > 0)$ 进行估计，相应的预测量 $\hat{X}_t(l)$ 是 $X_t, X_{t-1}, X_{t-2}, \cdots$ 的线性函数，这是**平稳时间序列预测的线性原则**.

4.1.2 正交投影预测的含义

根据时间序列 $\{X_t\}$ 的传递形式，$X(t)$ 能表示成既往白噪声 $\varepsilon_{t-j}(j \geq 0)$ 的加权求

和形式

$$X_t = \sum_{j=0}^{\infty} G_j \varepsilon_{t-j} = \sum_{j=0}^{\infty} G_j B^j \varepsilon_t$$

式中 $G_j, j=0,1,2,\cdots$ 是逆函数, 其中 $G_0 = 1$. 将时间序列 $\{X_t\}$ 的传递形式代入式 (4.1.1),

$$\hat{X}_t(l) = \sum_{k=0}^{\infty} g_k^* X_{t-k} = \sum_{k=0}^{\infty} g_k^* \left(\sum_{j=0}^{\infty} G_j \varepsilon_{t-k-j} \right)$$

$$= D_0 \varepsilon_t + D_1 \varepsilon_{t-1} + D_2 \varepsilon_{t-2} + \cdots = \sum_{k=0}^{\infty} D_k \varepsilon_{t-k} \tag{4.1.2}$$

所以, 对 X_{t+l} 进行预测, 预测量 $\hat{X}_t(l)$ 能表示成既往白噪声 $\{\varepsilon_{t-j}, j=0,1,2,\cdots\}$ 的加权求和形式.

定义 4.1.1　若二阶矩存在的随机变量的空间中的两个随机变量 X,Y, 它们的协方差等于零, 即 $\mathrm{Cov}(X,Y) = EXY - EXEY = 0$, 则称两个随机变量 X,Y 是**正交的**.

白噪声序列 $\{\varepsilon_t, \varepsilon_{t-1}, \varepsilon_{t-2}, \cdots\}$ 中的随机变量 ε_{t-i} 与 $\varepsilon_{t-j}(i \neq j)$ 是相互正交的, 所以, $\varepsilon_t, \varepsilon_{t-1}, \varepsilon_{t-2}, \cdots$ 的线性组合构成了空间的一个平面 M, 而且预测量 $\hat{X}_t(l) = \sum_{k=0}^{\infty} D_k \varepsilon_{t-k}$ 属于平面 M. 而真实值 $X_{t+l} = \sum_{j=0}^{\infty} G_j \varepsilon_{t+l-j}$ 属于 $\varepsilon_{t+l}, \varepsilon_{t+l-1}, \cdots, \varepsilon_t, \varepsilon_{t-1}, \cdots$ 的线性组合构成了空间的另一个平面,不属于平面 M. 所以, 为了使得预测量 $\hat{X}_t(l)$ 与真实值 X_{t+l} 最接近, 很自然会想到用 X_{t+l} 在平面 M 上的正交投影, 这样一来就能求出 $D_0, D_1, \cdots$, 从而得到预测量 $\hat{X}_t(l)$. 这种预测方法通常称为**正交投影预测**.

根据正交投影预测的思想, 预测量 $\hat{X}_t(l)$ 与真实值 X_{t+l} 之间的预测误差

$$e_t(l) = X_{t+l} - \hat{X}_t(l) = \sum_{k=0}^{l-1} G_k \varepsilon_{t+l-k} + \sum_{k=0}^{\infty} (G_{k+l} - D_k) \varepsilon_{t-k}$$

应与平面 M 正交, 与白噪声序列 $\{\varepsilon_{t-j}, j=0,1,2,\cdots\}$ 中的每个随机变量正交,

$$E[e_t(l) \varepsilon_{t-j}] = [G_{j+l} - D_j] \sigma_\varepsilon^2 = 0, \quad j = 0,1,2,\cdots \tag{4.1.3}$$

所以,

$$D_j = G_{j+l}, \quad j = 0,1,2,\cdots \tag{4.1.4}$$

所以, 对 X_{t+l} 进行预测, 其正交投影预测量 $\hat{X}_t(l)$ 为

$$\hat{X}_t(l) = \sum_{j=0}^{\infty} G_{j+l} \varepsilon_{t-j} = G_l \varepsilon_t + G_{l+1} \varepsilon_{t-1} + G_{l+2} \varepsilon_{t-2} + \cdots \tag{4.1.5}$$

4.1.3　正交投影预测的性质

根据正交投影预测的思想，推导出正交预测量 $\hat{X}_t(l)=\sum_{j=0}^{\infty}G_{j+l}\varepsilon_{t-j}$，具有以下特征.

(1)线性特征. 正交投影预测量 $\hat{X}_t(l)=\sum_{j=0}^{\infty}G_{j+l}\varepsilon_{t-j}$ 是格林函数的无尽求和形式，是既往白噪声 $\{\varepsilon_{t-j},j=0,1,2,\cdots\}$ 的线性函数.

面对时间序列的样本观测值 $\{x_t,t=1,2,\cdots,n\}$，通过模型识别、参数估计等步骤可以建立 $\mathrm{ARMA}(p,q)$ 模型，这样一来，格林函数可以递推计算：

$$G_l=\sum_{j=1}^{l}\varphi'_j G_{l-j}+\theta'_l,\quad l=1,2,\cdots$$

其中 $\varphi'_j=\begin{cases}\hat{\varphi}_j,&1\leqslant j\leqslant p,\\0,&j>p,\end{cases}$ $\theta'_j=\begin{cases}\hat{\theta}_j,&1\leqslant j\leqslant q,\\0,&j>q,\end{cases}$ $G_0=1,\varphi_0=-1,\theta_0=1$.

同理，既往白噪声 $\{\varepsilon_{t-j},j\geqslant0\}$ 也可以根据式(3.6.1)估计出来，得到残差序列 $\{\hat{\varepsilon}_{t-j},j\geqslant0\}$.

对于平稳时间序列，格林函数是呈负指数衰减到零，所以，利用有限项求和来逼近无穷多项求和，即

$$\hat{X}_t(l)=\sum_{j=0}^{\infty}G_{j+l}\varepsilon_{t-j}\approx\sum_{j=0}^{T}\hat{G}_{j+l}\hat{\varepsilon}_{t-j}$$

其中 T 的取值只要使 $\sum_{j=T+1}^{\infty}|\hat{G}_{l+j}\hat{\varepsilon}_{t-j}|$ 小于允许值即可，这样一来 $\hat{X}_t(l)\approx\sum_{j=0}^{T}\hat{G}_{j+l}\hat{\varepsilon}_{t-j}$ 是有限项的残差序列 $\hat{\varepsilon}_{t-j}(j=0,1,2,\cdots,T)$ 的线性函数.

(2)所有线性预测中方差最小. 针对所有的线性预测

$$\hat{X}_t(l)=D_0\varepsilon_t+D_1\varepsilon_{t-1}+D_2\varepsilon_{t-2}+\cdots=\sum_{k=0}^{\infty}D_k\varepsilon_{t-k}$$

其预测的误差为

$$e_t(l)=\sum_{k=0}^{l-1}G_k\varepsilon_{t+l-k}+\sum_{k=0}^{\infty}(G_{k+l}-D_k)\varepsilon_{t-k}$$

所以，

$$Ee_t(l)=\sum_{k=0}^{l-1}G_k E\varepsilon_{t+l-k}+\sum_{k=0}^{\infty}(G_{k+l}-D_k)E\varepsilon_{t-k}$$

$$De_t(l) = \sum_{k=0}^{l-1} G_k^2 D\varepsilon_{t+l-k} + \sum_{k=0}^{\infty} (G_{k+l} - D_k)^2 D\varepsilon_{t-k}$$

在 $D_j = G_{j+l}, j = 0,1,2,\cdots$ 条件下，得到正交投影预测量 $\hat{X}_t(l) = \sum_{j=0}^{\infty} G_{j+l}\varepsilon_{t-j}$，此时

$$Ee_t(l) = 0$$

$$E[X_{t+l} - \hat{X}_t(l)]^2 = Ee_t^2(l) = De_t(l) = \sum_{k=0}^{l-1} G_k^2 \sigma_\varepsilon^2$$

即正交投影预测量 $\hat{X}_t(l) = \sum_{j=0}^{\infty} G_{j+l}\varepsilon_{t-j}$，其预测误差的均值为零，而且保证了 $\hat{X}_t(l)$ 与 X_{t+l} 的预测误差的方差是线性组合中最小的，所以，**正交投影预测又称为线性最小方差预测**.

(3) 平稳性. 针对正交投影预测量 $\hat{X}_t(l) = \sum_{j=0}^{\infty} G_{j+l}\varepsilon_{t-j}$，其预测误差的方差为

$$De_t(l) = \sum_{k=0}^{l-1} G_k^2 \sigma_\varepsilon^2 = (1 + G_1^2 + G_2^2 + \cdots + G_{l-1}^2)\sigma_\varepsilon^2$$

与预测的原点无关，这就是正交投影预测的平稳性.

预测误差的方差与预测的原点无关，随着预测步长的增大，预测误差的方差变大，相应置信度为 95% 的预测区间为

$$(\hat{X}_t(l) - 1.96\hat{\sigma}_t(l), \hat{X}_t(l) + 1.96\hat{\sigma}_t(l)) \tag{4.1.6}$$

其中 $\hat{\sigma}_t(l) = \sigma_\varepsilon \sqrt{1 + G_1^2 + G_2^2 + \cdots + G_{l-1}^2}$.

4.2 条件期望预测

4.2.1 条件期望预测的含义

定理 4.2.1 X 和 Y 是随机变量，而且 EX，EY 和 $Eg(X)$ 存在，则

(1) $E(g(X)Y|X) = g(X)E(Y|X)$.

(2) $E(E(Y|X)) = EY$.

(3) $E(Y - E(Y|X))^2 \leqslant E(Y - g(X))^2$.

将定理 4.2.1 推广，得

$$E(E(X_{t+l}|X_t, X_{t-1}, X_{t-2}, \cdots)) = E(X_{t+l})$$

$$E(X_{t+l} - E(X_{t+l}|X_t, X_{t-1}, X_{t-2}, \cdots))^2 \leqslant E(X_{t+l} - g(X_t, X_{t-1}, X_{t-2}, \cdots))^2$$

所以，对 X_{t+l} 进行预测，一个直观的想法是用其条件期望作为预测值. 即

$$\hat{X}_t(l) = E(X_{t+l} \mid X_t, X_{t-1}, X_{t-2}, \cdots) \tag{4.2.1}$$

此时，条件期望得到预测值满足无偏性，而且是所有关于 $\{X_t, X_{t-1}, X_{t-2}, \cdots\}$ 的均值存在函数 $\{g(X_t, X_{t-1}, X_{t-2}, \cdots)$，其中 $Eg(X_t, X_{t-1}, X_{t-2}, \cdots) < +\infty\}$ 中，方差最小的预测.

也就是说，利用平稳时间序列 $\{X_t, t = 0, \pm 1, \pm 2, \cdots\}$ 在时刻 t 及以前时刻 $t-1, t-2, \cdots$ 的所有信息，对 $X_{t+l}(l>0)$ 进行预测，最佳预测是条件期望预测.

4.2.2　条件期望预测的逆函数形式

针对 ARMA 模型所描述的平稳时间序列 $\{X_t\}$，可以将 X_t 表示为过去观测值 $\{X_{t-j}, j \geqslant 1\}$ 的线性组合再加一个随机扰动 ε_t，即

$$X_t = \varepsilon_t + \sum_{j=1}^{\infty} I_j X_{t-j}, \qquad X_{t+l} = \varepsilon_{t+l} + \sum_{j=1}^{\infty} I_j X_{t+l-j}$$

用条件期望 $E(X_{t+l} \mid X_t, X_{t-1}, \cdots)$ 作为 X_{t+l} 预测值，那么

$$\hat{X}_t(l) = E(X_{t+l} \mid X_t, X_{t-1}, \cdots) = E\left(\varepsilon_{t+l} + \sum_{j=1}^{\infty} I_j X_{t+l-j} \,\middle|\, X_t, X_{t-1}, \cdots \right) \tag{4.2.2}$$

由于 ARMA 模型中，假定 $E\varepsilon_s X_t = 0 (s > t)$，而且利用所观察到的数据 $\{x_{t-j}, j = 0, 1, 2, \cdots\}$ 和参数估计的结果，能计算出既往白噪声 $\{\varepsilon_{t-j}, j \geqslant 0\}$ 的观测值 $\{\hat{\varepsilon}_{t-j}, j \geqslant 0\}$，所以，

$$E(\varepsilon_{t+l} \mid X_t, X_{t-1}, \cdots) = \begin{cases} 0, & l \geqslant 1 \\ \varepsilon_{t+l}, & l \leqslant 0 \end{cases}$$

$$\hat{X}_t(l) = E(X_{t+l} \mid X_t, X_{t-1}, \cdots) = \sum_{j=1}^{l-1} I_j \hat{X}(l-j) + \sum_{j=l}^{\infty} I_j X_{t+l-j}, \quad l > 0 \tag{4.2.3}$$

基于时间序列的逆转形式，根据条件期望预测的思想，得到了未来时刻 $t+l$ 所对应的 X_{t+l} 的预测值 $\hat{X}_t(l)$，称为**条件期望预测的逆函数形式**.

由于

$$\hat{X}_t(l-m) = \sum_{j=1}^{l-m-1} I_j \hat{X}(l-m-j) + \sum_{j=l-m}^{\infty} I_j X_{t+l-m-j}, \quad m = 1, 2, \cdots, l-1 \tag{4.2.4}$$

将式 (4.2.4) 代入式 (4.2.3)，不断迭代，得

$$\hat{X}_t(l) = \sum_{j=1}^{\infty} w_j X_{t+1-j} \tag{4.2.5}$$

即逆函数形式下的条件期望预测 $\hat{X}_t(l)$，是现在和既往的时间序列 $\{X_{t-j}, j = 0, 1, 2, \cdots\}$ 的线性组合，这也进一步说明平稳时间序列预测的线性原则是合理的.

4.2.3　条件期望预测的格林函数形式

将时间序列的传递形式代入条件期望预测式中，得

$$\hat{X}_t(l) = E(X_{t+l} \mid X_t, X_{t-1}, \cdots) = E\left(\sum_{j=1}^{\infty} G_j \varepsilon_{t+l-j} \middle| X_t, X_{t-1}, \cdots \right)$$

$$= \sum_{j=l}^{\infty} G_j \varepsilon_{t+l-j} = \sum_{k=0}^{\infty} G_{l+k} \varepsilon_{t-k}, \quad l > 0 \tag{4.2.6}$$

基于时间序列的传递形式，根据条件期望预测的思想，得到了未来时刻 $t+l$ 所对应的 X_{t+l} 的预测值 $\hat{X}_t(l)$，称为**条件期望预测的格林函数形式**.

格林函数形式下的条件期望预测 $\hat{X}_t(l)$，是现在和既往白噪声序列 $\{\varepsilon_{t-j}, j = 0,1,2,\cdots\}$ 的线性组合，与正交投影预测是一致的. 正交投影预测是基于几何角度和线性空间的角度来推导的，条件期望预测的格林函数形式是基于条件期望性质和传递形式来推导的，其本质是一致的.

4.2.4　条件期望预测的差分方程形式

对于 $\mathrm{AR}(p)$ 模型所描述的平稳时间序列 $\{X(t), t = 0, \pm 1, \pm 2, \cdots\}$，有

$$X_{t+l} = \varphi_1 X_{t+l-1} + \varphi_2 X_{t+l-2} + \cdots + \varphi_p X_{t+l-p} + \varepsilon_{t+l}$$

当 $0 < l < p$ 时，

$$\hat{X}_t(l) = E(X_{t+l} \mid X_t, X_{t-1}, \cdots) = \sum_{j=1}^{l-1} \varphi_j \hat{X}(l-j) + \sum_{j=l}^{p} \varphi_j X_{t+l-j} \tag{4.2.7}$$

当 $l > p$ 时，

$$\hat{X}_t(l) = \sum_{j=1}^{p} \varphi_j \hat{X}(l-j) \tag{4.2.8}$$

所以，对于 $\mathrm{AR}(p)$ 模型所描述的平稳时间序列 $\{X(t), t = 0, \pm 1, \pm 2, \cdots\}$，当预测步长超过 p 步，其预测值满足自回归部分的齐次差分方程

$$\hat{X}_t(l) - \varphi_1 \hat{X}(l-1) - \cdots - \varphi_p \hat{X}(l-p) = 0, \quad l > p \tag{4.2.9}$$

例 4.2.1　考虑 $\mathrm{AR}(2)$ 模型 $X_t = 1.5 + 0.3 X_{t-1} + 0.5 X_{t-2} + \varepsilon_t$，其中 $\{\varepsilon_t, t = 0, \pm 1, \pm 2, \cdots\}$ 相互独立同标准正态分布 $N(0,1)$. 若已知观测值 $x_{50} = 7.64$，$x_{49} = 7.47$. 试求：(1) X_{51}, X_{52} 的预测值；(2) X_{51}, X_{52} 的置信度 95% 的预测区间.

解　(1) 根据 $\mathrm{AR}(2)$ 模型和条件期望预测的原理，得

$$\hat{X}_t(1) = E(X_{t+1} \mid X_t, X_{t-1}, \cdots)$$
$$= E(1.5 + 0.3 X_t + 0.5 X_{t-1} + \varepsilon_{t+1} \mid X_t, X_{t-1}, \cdots)$$
$$= 1.5 + 0.3 X_t + 0.5 X_{t-1}$$

$$\hat{X}_t(2) = E(X_{t+2} \mid X_t, X_{t-1}, \cdots) = 1.5 + \varphi_1 \hat{X}_t(1) + \varphi_2 X_t$$

所以,

$$\hat{x}_{50}(1) = 1.5 + 0.3 \times 7.64 + 0.5 \times 7.47 = 7.527$$

$$\hat{x}_{50}(2) = 1.5 + 0.3 \times 7.527 + 0.5 \times 7.64 = 7.5781$$

(2)首先求中心化以后 AR(2) 模型的格林函数,即求 $X_t = \varphi_1 X_{t-1} + \varphi_2 X_{t-2} + \varepsilon_t$ 的格式函数

$$G_0 = 1, \quad G_1 = \varphi_1 = 0.3, \quad G_2 = \varphi_1^2 + \varphi_2 = 0.59$$

根据式(4.1.6),知 X_{51} 的置信度 95%的预测区间为

$$(\hat{x}_{50}(1) - 1.96\hat{\sigma}_{50}(1), \hat{x}_{50}(1) + 1.96\hat{\sigma}_{50}(1))$$

其中 $\hat{\sigma}_{50}(1) = \sigma_\varepsilon = 1$. 所以,相应的预测区间为

$$(5.567, 9.487)$$

X_{52} 的置信度 95%的预测区间为

$$(\hat{x}_{50}(2) - 1.96\hat{\sigma}_{50}(2), \hat{x}_{50}(2) + 1.96\hat{\sigma}_{50}(2))$$

其中 $\hat{\sigma}_{50}(2) = [(G_0^2 + G_1^2)\sigma_\varepsilon^2]^{\frac{1}{2}} = \sqrt{1.09}$. 所以,相应的预测区间为

$$(7.5781 - 1.96\sqrt{1.09}, 7.5781 + 1.96\sqrt{1.09}) \approx (5.5317, 9.6244)$$

例 4.2.2 某平稳时间序列已知观测值 $x_{400} \approx -6.004$,$x_{399} \approx -6.557$,以及前 2 阶样本自相关系数为 $\hat{\rho}_1 \approx 0.906$,$\hat{\rho}_2 \approx 0.751$,$\hat{R}_0 \approx 6.912$,利用 AR(2) 模型 $X_t = \varphi_1 X_{t-1} + \varphi_2 X_{t-2} + \varepsilon_t$ 来拟合数据. 试求:(1)参数 φ_1, φ_2 的矩估计;(2) $\hat{X}_{400}(1)$ 的预测区间和预测函数 $\hat{X}_t(l)$.

解 (1)由尤尔-沃克方程,知

$$\begin{pmatrix} \hat{\varphi}_1 \\ \hat{\varphi}_2 \end{pmatrix} = \begin{pmatrix} 1 & \hat{\rho}_1 \\ \hat{\rho}_1 & 1 \end{pmatrix}^{-1} \begin{pmatrix} \hat{\rho}_1 \\ \hat{\rho}_2 \end{pmatrix}$$

而且 $R_0 = \varphi_1 R_0 \rho_1 + \varphi_2 R_0 \rho_2 + \sigma_\varepsilon^2$,所以,

$$\hat{\varphi}_1 = \frac{\hat{\rho}_1(1 - \hat{\rho}_2)}{1 - \hat{\rho}_1^2}, \quad \hat{\varphi}_2 = \frac{\hat{\rho}_2 - \hat{\rho}_1^2}{1 - \hat{\rho}_1^2}, \quad \hat{\sigma}_\varepsilon^2 = \hat{R}_0(1 - \hat{\varphi}_1 \hat{\rho}_1 - \hat{\varphi}_2 \hat{\rho}_2)$$

求解得, $\hat{\varphi}_1 \approx 1.3$, $\hat{\varphi}_2 \approx -0.4$, $\hat{\sigma}_\varepsilon^2 \approx 0.85$.

(2)根据 AR(2) 模型和条件期望预测的原理,得

$$\hat{X}_t(1) = E(X_{t+1} \mid X_t, X_{t-1}, \cdots) = \varphi_1 X_t + \varphi_2 X_{t-1}$$

所以, $\hat{X}_{400}(1)$ 的预测值和预测区间为

$$\hat{x}_{400}(1) \approx -1.3 \times 6.004 + 0.4 \times 6.557 = -5.1824$$

$$(\hat{x}_{400}(1) - 1.96\sqrt{0.85}, \hat{x}_{400}(1) + 1.96\sqrt{0.85}) \approx (-6.989, -3.375)$$

当预测步长 $l > 2$ 时， AR(2) 模型的预测值满足自回归部分的齐次差分方程，所以，

$$\hat{X}_t(l) - 1.3\hat{X}(l-1) + 0.4\hat{X}(l-2) = 0, \quad l > 2$$

特征方程 $\lambda^2 - 1.3\lambda + 0.4 = 0$ 的特征根为 $\lambda_1 = 0.5$，$\lambda_2 = 0.8$，故预测函数为

$$\hat{X}_t(l) = (b_1\lambda_1^l + b_1\lambda_2^l) = (b_1 e^{-l\omega_1} + b_2 e^{-l\omega_2}), \quad l > 2$$

其中 $-\omega_1 = \ln(0.5)$，$-\omega_2 = \ln(0.8)$，并根据 $\hat{X}_t(1)$ 和 $\hat{X}_t(2)$ 的预测值，求出 b_1 和 b_2.

对于 AR(p) 模型所描述的平稳时间序列 $\{X(t), t = 0, \pm1, \pm2, \cdots\}$，其特征方程

$$\lambda^p - \varphi_1\lambda^{p-1} - \varphi_2\lambda^{p-2} - \cdots - \varphi_p = 0$$

所对应的特征根的模小于 1，$|\lambda_i| < 1, i = 1, 2, \cdots, p$，如果所有特征根互不相等，那么，

$$\hat{X}_t(l) = b_1\lambda_1^l + b_2\lambda_2^l + \cdots + b_p\lambda_p^l, \quad l > p \tag{4.2.10}$$

预测值 $\hat{X}_t(l)$ 随预测步长增大呈负指数衰减到零，具有拖尾性.

对于 MA(q) 模型所描述的平稳时间序列 $\{X(t), t = 0, \pm1, \pm2, \cdots\}$，有

$$X_{t+l} = \varepsilon_{t+l} + \theta_1\varepsilon_{t+l-1} + \theta_2\varepsilon_{t+l-2} + \cdots + \theta_q\varepsilon_{t+l-q}$$

当 $0 < l < q$ 时，

$$\hat{X}_t(l) = E(X_{t+l} \mid X_t, X_{t-1}, \cdots) = \sum_{j=l}^{q} \theta_j\varepsilon_{t+l-j} \tag{4.2.11}$$

当 $l > q$ 时，

$$\hat{X}_t(l) = 0 \tag{4.2.12}$$

对于 MA(q) 模型而言，预测步长超过 q 步其预测值均为零，这说明 MA(q) 模型描述的时间序列具有短记忆性.

对于 ARMA(p,q) 模型所描述的平稳时间序列 $\{X(t), t = 0, \pm1, \pm2, \cdots\}$，有

$$X_t = \varphi_1 X_{t-1} + \varphi_2 X_{t-2} + \cdots + \varphi_p X_{t-p} + \varepsilon_t + \theta_1\varepsilon_{t-1} + \theta_2\varepsilon_{t-2} + \cdots + \theta_q\varepsilon_{t-q}$$

$$X_{t+l} = \varphi_1 X_{t+l-1} + \varphi_2 X_{t+l-2} + \cdots + \varphi_p X_{t+l-p} + \varepsilon_{t+l} + \theta_1\varepsilon_{t+l-1} + \theta_2\varepsilon_{t+l-2} + \cdots + \theta_q\varepsilon_{t+l-q}$$

当 $l < \min(p, q)$ 时，

$$\hat{X}_t(l) = E(X_{t+l} \mid X_t, X_{t-1}, \cdots) = \sum_{j=1}^{l-1} \varphi_j\hat{X}(l-j) + \sum_{j=1}^{p} \varphi_j X_{t+l-j} + \sum_{j=l}^{q} \theta_j\varepsilon_{t+l-j} \tag{4.2.13}$$

当 $l > \max(p, q)$ 时，

$$\hat{X}_t(l) = \sum_{j=1}^{p} \varphi_j\hat{X}(l-j), \quad l > \max(p, q) \tag{4.2.14}$$

对于 ARMA(p,q) 模型所描述的平稳时间序列,当预测步长充分大时,其预测函数满足自回归部分的差分方程.

例 4.2.3 考虑如下 ARMA(2,1) 模型:

$$X_t - 0.8X_{t-1} + 0.5X_{t-2} = \varepsilon_t - 0.3\varepsilon_{t-1}$$

已知 $x_{t-3} = -1, x_{t-2} = 2, x_{t-1} = 2.5, x_t = 0.6$,$\hat{\varepsilon}_{t-2} = 0$,求 $\hat{X}_t(1)$,$\hat{X}_t(2)$ 的预测值,以及预测函数 $\hat{X}_t(l)$.

解 因为 $X_{t-1} - 0.8X_{t-2} + 0.5X_{t-3} = \varepsilon_{t-1} - 0.3\varepsilon_{t-2}$,所以,

$$\hat{\varepsilon}_{t-1} = x_{t-1} - 0.8x_{t-2} + 0.5x_{t-3} + 0.3\hat{\varepsilon}_{t-2} = 0.4$$

$$\hat{\varepsilon}_t = x_t - 0.8x_{t-1} + 0.5x_{t-2} + 0.3\hat{\varepsilon}_{t-1} = -0.28$$

根据 ARMA(2,1) 模型和条件期望预测的原理,得

$$\hat{X}_t(1) = E(X_{t+1} \mid X_t, X_{t-1}, \cdots) = 0.8X_t - 0.5X_{t-1} - 0.3\varepsilon_t$$

$$\hat{X}_t(2) = E(X_{t+2} \mid X_t, X_{t-1}, \cdots) = 0.8\hat{X}_t(1) - 0.5X_t$$

所以,$\hat{x}_t(1) = -0.686$,$\hat{x}_t(2) = -0.2288$.

当 $l > 2$ 时,预测值满足自回归部分决定的差分方程

$$\hat{X}_t(l) - 0.8\hat{X}_t(l-1) + 0.5\hat{X}_t(l-2) = 0, \quad l > 2$$

特征方程 $\lambda^2 - 0.8\lambda + 0.5 = 0$ 的特征根为

$$\lambda_1 = 0.4 + 0.58\mathrm{i} = r\mathrm{e}^{\mathrm{i}\theta}, \quad \lambda_2 = 0.4 - 0.58\mathrm{i} = r\mathrm{e}^{-\mathrm{i}\theta}$$

其中 $r = \sqrt{0.4^2 + 0.58^2}$,$\theta = \arctan\dfrac{0.58}{0.4} = 55.41°$.

故预测函数为如下形式:

$$\hat{X}_t(l) = r^l(b_0^{(t)}\mathrm{e}^{\mathrm{i}l\theta} + b_1^{(t)}\mathrm{e}^{-\mathrm{i}l\theta}), \quad l > 2$$

根据 $\hat{X}_t(1)$ 和 $\hat{X}_t(2)$ 的预测值,可以求出 $b_0^{(t)}$ 和 $b_1^{(t)}$. 实际上,$b_0^{(t)}$ 和 $b_1^{(t)}$ 由模型的移动平均部分的系数确定,随着预测步长的增大,预测值将振荡衰减趋于零.

例 4.2.4 对 $\{x_t, t = 1, 2, \cdots, 250\}$ 建模得到其模型为

$$X_t = 0.97X_{t-1} - 0.55X_{t-2} + \varepsilon_t - 0.58\varepsilon_{t-1}$$

已知 $x_{250} = 0.172$,$x_{249} = -0.024$,$x_{248} = -1.008$,$x_{247} = -2.336$,$\hat{\varepsilon}_{248} = -0.083$,剩余平方和为 260.04;求:(1)残差序列方差的最小二乘估计值;(2)$\hat{x}_{250}(1)$ 的 95% 的置信区间.

解 (1)由最小二乘估计知

$$\hat{\sigma}_\varepsilon^2 = \frac{Q}{N_1 - k}$$

其中 Q 是模型的剩余平方和，N_1 为建立模型所使用实际数据的个数，实际上 $N_1 = n-p$，n 为样本容量，p 为自回归的阶数，k 为模型估计参数的个数.

由于模型为 ARMA(2,1)，所以，

$$\hat{\sigma}_\varepsilon^2 = \frac{Q}{N_1-k} = \frac{260.04}{(250-2)-3} \approx 1.0614$$

(2) 根据 ARMA(2,1) 模型和条件期望预测的原理，得

$$\begin{aligned}\hat{X}_t(1) &= E(X_{t+1} \mid X_t, X_{t-1}, \cdots)\\ &= E(0.97X_t - 0.55X_{t-1} + \varepsilon_{t+1} - 0.58\varepsilon_t \mid X_t, X_{t-1}, \cdots)\\ &= 0.97X_t - 0.55X_{t-1} - 0.58\varepsilon_t\end{aligned}$$

又由于

$$x_{250} = 0.97x_{249} - 0.55x_{248} + \hat{\varepsilon}_{250} - 0.58\hat{\varepsilon}_{249}$$

$$x_{249} = 0.97x_{248} - 0.55x_{247} + \hat{\varepsilon}_{249} - 0.58\hat{\varepsilon}_{248}$$

所以，$\hat{\varepsilon}_{249} = -0.3792$，$\hat{\varepsilon}_{250} = -0.2790$. 相应地，

$$\hat{x}_{250}(1) = 0.97x_{249} - 0.55x_{248} - 0.58\hat{\varepsilon}_{250} \approx 0.5159$$

根据式 (4.1.6)，知 $\hat{x}_{250}(1)$ 的置信度 95% 的预测区间为

$$(\hat{x}_{250}(1) \pm 1.96\sqrt{1.0614}) \approx (-1.5034, 2.535)$$

4.3　适时修正预测

对于平稳时间序列，利用当前信息 X_t 和历史信息 $X_{t-1}, X_{t-2}, \cdots$，分别对 $t+2$, $t+3, \cdots$ 时刻响应 $X_{t+2}, X_{t+3}, \cdots$ 进行预测，那么，相应的格林函数预测形式为

$$\hat{X}_t(l+1) = \sum_{j=0}^{\infty} G_{j+l+1}\varepsilon_{t-j}, \quad l \geqslant 1$$

当到了时刻 $t+1$ 的时候，X_{t+1} 成为已知，利用当前信息 X_{t+1} 和历史信息 X_t, $X_{t-1}, X_{t-2}, \cdots$，分别对 $t+2, t+3, \cdots$ 时刻响应 $X_{t+2}, X_{t+3}, \cdots$ 进行预测，那么，相应的格林函数预测形式为

$$\hat{X}_{t+1}(l) = \sum_{j=0}^{\infty} G_{j+l}\varepsilon_{t+1-j}, \quad l \geqslant 1$$

一方面，由于预测误差的方差随着预测步长的增大而增加，利用 $\hat{X}_t(l+1)$ 相对于利用 $\hat{X}_{t+1}(l)$ 对 $t+2, t+3, \cdots$ 时刻的响应 $X_{t+2}, X_{t+3}, \cdots$ 进行预测，其误差较大，没有利用时刻 $t+1$ 时已知的信息 X_{t+1}. 另一方面，仅利用 $\hat{X}_{t+1}(l)$ 对 $t+2, t+3, \cdots$ 时刻响应

$X_{t+2}, X_{t+3}, \cdots$ 进行预测，又浪费了 $\hat{X}_t(l+1)$ 的对 $t+2, t+3, \cdots$ 时刻响应 $X_{t+2}, X_{t+3}, \cdots$ 的预测. 所以，最直观的做法，就是利用时刻 $t+1$ 时已知的信息 X_{t+1}，对以 t 时刻为预测原点，预测步长为 $k = l+1$ 的预测量 $\hat{X}_t(l+1), l \geq 1$ 进行修正，从而得到 $t+2, t+3, \cdots$ 时刻响应 $X_{t+2}, X_{t+3}, \cdots$ 的预测，这就是**适时修正预测的思想**.

已知历史信息 $X_t, X_{t-1}, X_{t-2}, \cdots$ 时，X_{t+1+l} 的格林函数预测形式为

$$\hat{X}_t(l+1) = G_{l+1}\varepsilon_t + G_{l+2}\varepsilon_{t-1} + G_{l+3}\varepsilon_{t-2} + \cdots, \quad l \geq 1 \tag{4.3.1}$$

当 X_{t+1} 成为已知时，在历史信息 $X_{t+1}, X_t, X_{t-1}, X_{t-2}, \cdots, X_{t+1+l}$ 已知的条件下，X_{t+1+l} 的格林函数预测形式为

$$\hat{X}_{t+1}(l) = G_l\varepsilon_{t+1} + G_{l+1}\varepsilon_t + G_{l+2}\varepsilon_{t-1} + \cdots, \quad l \geq 1 \tag{4.3.2}$$

式 (4.3.2) 减去式 (4.3.1)，得

$$\hat{X}_{t+1}(l) = G_l\varepsilon_{t+1} + \hat{X}_t(l+1) \tag{4.3.3}$$

又由于

$$X_{t+1} = \sum_{j=0}^{\infty} G_j\varepsilon_{t+1-j} = \varepsilon_{t+1} + \sum_{k=0}^{\infty} G_{k+1}\varepsilon_{t-k}$$

$$\hat{X}_t(l) = \sum_{k=0}^{\infty} G_{l+k}\varepsilon_{t-k}, \quad l \geq 1, \quad \hat{X}_t(1) = \sum_{k=0}^{\infty} G_{k+1}\varepsilon_{t-k} = G_1\varepsilon_t + G_2\varepsilon_{t-1} + G_3\varepsilon_{t-2} + \cdots$$

所以，

$$\varepsilon_{t+1} = X_{t+1} - \hat{X}_t(1) \tag{4.3.4}$$

$$\hat{X}_{t+1}(l) = G_l[X_{t+1} - \hat{X}_t(1)] + \hat{X}_t(l+1) \tag{4.3.5}$$

如果把 $t+1$ 时刻的观测值 X_{t+1} 和预测值 $\hat{X}_{t+1}(l)$ 称为"新"的，把以 t 时刻为原点的预测值 $\hat{X}_t(l+1)$ 称为"旧"的，那么，

(1) 式 (4.3.5) 说明，新的预测值由"新息"和旧的预测值推算出来."新息"是预测值 $\hat{X}_t(1)$ 中没有包含新观测值 X_{t+1} 的信息，也就是观测值 X_{t+1} 减去预测值 $\hat{X}_t(1)$，即旧的一步预测的误差 ε_{t+1}，即式 (4.3.4).

(2) 式 (4.3.5) 称为**适时修正公式**，说明新的预测值是旧的预测值加一个修正项得到，而且这一修正项与"新息"成比例，比例系数是第 l 个格林函数 G_l，随预测步长的增加而变化，从而达到"适时"修正的目的，相应地得到适时修正预测的置信区间，

$$(\hat{X}_{t+1}(l) - 1.96\hat{\sigma}_{t+1}(l), \hat{X}_{t+1}(l) + 1.96\hat{\sigma}_{t+1}(l)) \tag{4.3.6}$$

其中 $\hat{\sigma}_{t+1}(l) = \delta_\varepsilon\sqrt{1 + G_1^2 + G_2^2 + \cdots + G_{l-1}^2}$，$\hat{X}_{t+1}(l) = G_l[X_{t+1} - \hat{X}_t(1)] + \hat{X}_t(l+1)$. 这样一来，如果已经有了旧的预测结果 $\hat{X}_t(l+1)$，那么，预测 $\hat{X}_{t+1}(l)$ 时，只需要对旧的预测

$\hat{X}_t(l+1)$ 加以修正 $G_l[X_{t+1}-\hat{X}_t(1)]$，而不必对全部数据重新计算，这样一来大大减少了数据的存储量，而且得到的适时修正预测的波动减小了，提高了预测速度和精度.

例 4.3.1　考虑如下 AR(2)序列：

$$X_t = 0.5X_{t-1} - 0.5X_{t-2} + \varepsilon_t$$

若已知观测值 $x_{100}=0.8$，$x_{99}=1.8$，$\hat{X}_{100}(1)$ 的 95%的置信区间为 $(-1.5,0.5)$.

(1) 求 $\hat{X}_{100}(2)$ 和 σ_ε^2 的估计. (2) 如果 $x_{101}=1$，修正 X_{102} 的预测值.

解　(1) 根据条件期望预测知

$$\hat{X}_t(1) = E(X_{t+1} \mid X_t, X_{t-1}, \cdots) = 0.5X_t - 0.5X_{t-1}$$

$$\hat{X}_t(2) = E(X_{t+2} \mid X_t, X_{t-1}, \cdots) = 0.5\hat{X}_t(1) - 0.5X_t$$

所以，

$$\hat{x}_{100}(1) = -0.5，\quad \hat{x}_{100}(2) = -0.65$$

相应 $\hat{X}_{100}(l)$ 的置信度为 95%的预测区间为

$$(\hat{X}_{100}(l) - 1.96\hat{\sigma}_{100}(l), \hat{X}_{100}(l) + 1.96\hat{\sigma}_{100}(l))$$

其中 $\hat{\sigma}_{100}(l) = \sigma_\varepsilon\sqrt{1+G_1^2+\cdots+G_{l-1}^2}$. 由于 $\hat{X}_{100}(1)$ 的 95%的置信区间为 $(-1.5,0.5)$，所以

$$0.5-(-1.5) = 2\times1.96\times\hat{\sigma}_{100}(1)，\quad \hat{\sigma}_{100}(1) = \sigma_\varepsilon，\quad \hat{\sigma}_\varepsilon^2 = \frac{1}{(1.96)^2}$$

(2) 根据适时修正公式知，X_{102} 的适时修正预测值为

$$\hat{X}_{100+1}(1) = G_1[X_{100+1} - \hat{X}_{100}(1)] + \hat{X}_{100}(2)$$

又因为 $G_1=\varphi_1=0.5$，$x_{101}=1$，$\hat{x}_{100}(1)=-0.5$，$\hat{x}_{100}(2)=-0.65$，所以，

$$\hat{x}_{100+1}(1) = 0.1$$

相应的置信区间为 $(\hat{x}_{100+1}(1)-1.96\hat{\sigma}_\varepsilon, \hat{x}_{100+1}(1)+1.96\hat{\sigma}_\varepsilon) = (-1.86, 2.06)$.

例 4.3.2　已知某超市的月销售额近似服从 AR(2)模型(单位：万元/月)

$$X_t = 10 + 0.6X_{t-1} + 0.3X_{t-2} + \varepsilon_t，\quad \varepsilon_t \sim N(0,36)$$

今年第一季度该超市的月销售额(单位：万元)分别为：101，96，97.2，(1) 请确定该超市第二季度每月销售额的 95%的置信区间；(2) 假如四月份的真实销售额为 100 万元，求第二季度后两个月销售额的修正预测值.

解　(1) 将上述 AR(2)模型表示为 $X_t = \mu + \varphi_1X_{t-1} + \varphi_2X_{t-2} + \varepsilon_t$，故

$$\begin{aligned}\hat{X}_t(1) &= E(X_{t+1} | X_t, X_{t-1}, \cdots) = E(\mu + \varphi_1X_t + \varphi_2X_{t-1} + \varepsilon_{t+1} | X_t, X_{t-1}, \cdots) \\ &= \mu + \varphi_1X_t + \varphi_2X_{t-1}\end{aligned}$$

$$\hat{X}_t(2) = E(X_{t+2} | X_t, X_{t-1}, \cdots) = E(\mu + \varphi_1 X_{t+1} + \varphi_2 X_t + \varepsilon_{t+2} | X_t, X_{t-1}, \cdots)$$
$$= \mu + \varphi_1 \hat{X}_t(1) + \varphi_2 X_t$$
$$\hat{X}_t(3) = E(X_{t+3} | X_t, X_{t-1}, \cdots) = E(\mu + \varphi_1 X_{t+2} + \varphi_2 X_{t+1} + \varepsilon_{t+3} | X_t, X_{t-1}, \cdots)$$
$$= \mu + \varphi_1 \hat{X}_t(2) + \varphi_2 \hat{X}_t(1)$$
$$\hat{\sigma}_t(1) = \sqrt{\sigma_\varepsilon^2}, \quad \hat{\sigma}_t(2) = \sqrt{(G_0^2 + G_1^2)\sigma_\varepsilon^2}, \quad \hat{\sigma}_t(3) = \sqrt{(G_0^2 + G_1^2 + G_2^2)\sigma_\varepsilon^2}$$

对于 AR(2)模型
$$G_0 = 1, \quad G_1 = \varphi_1, \quad G_2 = \varphi_1 G_1 + \varphi_2 G_0 = \varphi_1^2 + \varphi_2$$

由题知
$$x_t = 97.2, \quad x_{t-1} = 96, \quad \sigma_\varepsilon^2 = 36, \quad \varphi_1 = 0.6, \quad \varphi_2 = 0.3, \quad \mu = 10$$

计算得
$$\hat{X}_t(1) = 97.12, \quad \hat{X}_t(2) = 97.432, \quad \hat{X}_t(3) = 97.595$$
$$\hat{\sigma}_t(1) = 6, \quad \hat{\sigma}_t(2) \approx 6.997, \quad \hat{\sigma}_t(3) \approx 8.527$$

所以，该超市第二季度第一个月的销售额的 95%置信区间为
$$[\hat{X}_t(1) - 1.96\hat{\sigma}_t(1), \hat{X}_t(1) + 1.96\hat{\sigma}_t(1)] \approx [85.36, 108.88]$$

该超市第二季度第二个月的销售额的 95%置信区间为
$$[\hat{X}_t(2) - 1.96\hat{\sigma}_t(2), \hat{X}_t(2) + 1.96\hat{\sigma}_t(2)] \approx [83.718, 111.146]$$

该超市第二季度第三个月的销售额的 95%置信区间为
$$[\hat{X}_t(3) - 1.96\hat{\sigma}_t(3), \hat{X}_t(3) + 1.96\hat{\sigma}_t(3)] \approx [80.88, 114.308]$$

(2)因为 $X_{t+1} = 100$，所以
$$\hat{X}_{t+1}(1) = \hat{X}_t(2) + G_1(X_{t+1} - \hat{X}_t(1)) = 99.16$$
$$\hat{X}_{t+1}(2) = \hat{X}_t(3) + G_2(X_{t+1} - \hat{X}_t(1)) = 99.4958$$

该超市第二季度第二个月的销售额的 95%置信区间为
$$[\hat{X}_{t+1}(1) - 1.96\hat{\sigma}_{t+1}(1), \hat{X}_{t+1}(1) + 1.96\hat{\sigma}_{t+1}(1)] \approx [87.4, 110.92]$$

该超市第二季度第三个月的销售额的 95%置信区间为
$$[\hat{X}_{t+1}(2) - 1.96\hat{\sigma}_{t+1}(2), \hat{X}_{t+1}(2) + 1.96\hat{\sigma}_{t+1}(2)] \approx [85.782, 113.210]$$

4.4　预测的评价指标

为了有效判断所建立的 ARMA 模型的预测性能，需要一组没有参与 ARMA 模型建立的数据集，并在该数据集上评价 ARMA 模型预测的准确率，这组独立的数据集称为测试集，建立 ARMA 模型的数据集称为训练集.

面对时间序列的样本观测值 $\{x_t, t=1,2,\cdots,m,m+1,m+2,\cdots,n\}$，选择 $\{x_t, t=1,2,\cdots,m\}$ 作为训练集，$\{x_t, t=m+1,m+2,\cdots,n\}$ 作为测试集. 对训练集进行模型识别、参数估计等，建立恰当的 ARMA(p,q) 模型，然后，基于 ARMA(p,q) 模型进行预测，得到相应的预测值 $\hat{x}_m(l), l=1,2,\cdots,n-m$，用均方误差、均方根误差、平均绝对误差、平均绝对百分误差等指标来衡量模型的预测效果.

预测的平均误差(mean error，ME)，其公式为

$$\text{ME} = \frac{1}{n-m} \sum_{l=1}^{n-m} (x(m+l) - \hat{x}_m(l))$$

预测的平均误差是预测误差 $x(m+l) - \hat{x}_m(l)$ 的算术平均，会出现正负误差相互抵消的问题，所以，通常对其求平方或求绝对值，得到均方误差和平均绝对误差.

预测的均方误差(mean square error，MSE)，其公式为

$$\text{MSE} = \frac{1}{n-m} \sum_{l=1}^{n-m} (x(m+l) - \hat{x}_m(l))^2$$

均方误差是预测误差 $x(m+l) - \hat{x}_m(l)$ 平方之和的平均数，它避免了正负误差相互抵消的问题. 由于对预测误差进行了平方，加强了数值大的误差在指标中的作用，从而提高了这个指标的灵敏性，所以，均方误差是预测评价中较常用的指标之一.

均方根误差(root mean square error，RMSE)，其公式为

$$\text{RMSE} = \sqrt{\frac{1}{n-m} \sum_{l=1}^{n-m} (x(m+l) - \hat{x}_m(l))^2}$$

这是均方误差的平方根，代表了预测值的离散程度，也叫标准误差，均方根误差越小越好.

平均绝对误差(mean absolute error，MAE)，其公式为

$$\text{MAE} = \frac{1}{n-m} \sum_{l=1}^{n-m} \left| x(m+l) - \hat{x}_m(l) \right|$$

平均绝对误差是误差 $x(m+l) - \hat{x}_m(l)$ 绝对值的算术平均，一般认为 MAE 小于 10 时，预测精度较高.

平均绝对百分误差(mean absolute percentage error，MAPE)，其公式为

$$\text{MAPE} = \frac{1}{n-m} \sum_{l=1}^{n-m} \left| \frac{x(m+l) - \hat{x}_m(l)}{x(m+l)} \right| \times 100\%$$

平均绝对百分误差是平均绝对误差的百分比形式，其评价效果与平均绝对误差相似.

希尔不等系数(Theil inequality coefficient，TIC)，其公式为

$$TIC = \frac{\sqrt{\dfrac{1}{n-m}\sum_{l=1}^{n-m}(x(m+l)-\hat{x}_m(l))^2}}{\sqrt{\dfrac{1}{n-m}\sum_{l=1}^{n-m}(x(m+l))^2}+\sqrt{\dfrac{1}{n-m}\sum_{l=1}^{n-m}(\hat{x}_m(l))^2}}$$

希尔不等系数是介于 0 至 1 之间的数，数值越小表示预测值与真实值之间的差异较小，预测的精度越高.

4.5　基于 R 软件的 ARMA 模型的预测

例 4.4.1　模拟产生 ARMA(2,2)模型 $X_t = 0.5X_{t-1} + 0.2X_{t-2} + \varepsilon_t + 0.5\varepsilon_{t-1} + 0.3\varepsilon_{t-2}$，样本容量为 500，前 490 个数据作为训练集，后面 10 个数据作为测试集. 利用 Box-Jenkins 方法建立模型，然后预测，并对预测进行评价.

解　直接在操作窗口输入以下命令：

```
#安装相应的包，并调入包
library(fBasics)
library(tseries)
#模拟产生数据
set.seed(132456)
series1=arima.sim(list(order=c(2,0,2),ar=c(0.5,0.2),ma=c(0.5,
0.3)),n=500)
time1=as.ts(series1[1:490])
time2=as.ts(series1[491:500])
#画出时序图
plot(time1,type="l",pch=4, main=expression(paste("arma(2,2):",
                   phi[1]==0.5,",",phi[2]==0.2,",",
             theta[1]==0.5,",",theta[2]==0.3)), cex.main=0.7)
#画出自相关系数和偏相关系数图
  par(mfrow=c(1,2))
  acf(time1,lag=36)
  pacf(time1,lag=36)
#纯随机性检验
  LB=rep(0,12)
  P=rep(0,12)
  for(i in 1:12) {
    resul=Box.test(time1,type="Ljung-Box",lag = i)
    LB[i]=resul$statistic
    P[i]=resul$p.value
  }
```

```
data.frame(LB,P)
#定阶
  library(TSA)
  eacf(time1)
  arima1=auto.arima(time1,trace=T)
#模型参数估计
mod1=arima(time1,order=c(2,0,2),include.mean = F)
mod2=arima(time1,order=c(1,0,2),include.mean = F)
#残差检验
Box.test(mod2$residuals,lag=8,type=c("Ljung-Box"),fitdf=3)
tsdiag(mod2)
plot(mod2)
  #预测
library(forecast)
f.p1=forecast(mod2,h=10,level=c(95))
fited=f.p1$fitted
fmean=f.p1$mean
flow=f.p1$lower
fup=f.p1$upper
plot(f.p1)
#预测评价
accuracy(forecast(mod1, h=10),time2)
```

运行上述程序, 可以画出 ARMA(2,2)模型的时序图如图 4.4.1 所示.

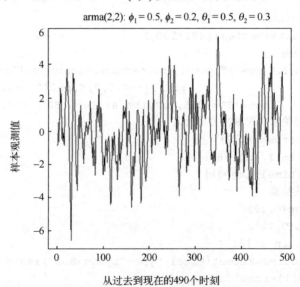

图 4.4.1　模拟时间序列的时序图

从图 4.4.1 可以看出，时间序列"time1"围绕零上下波动，没有趋势性，没有周期性，是平稳时间序列，其相应的样本自相关系数和偏相关系数图如图 4.4.2 所示.

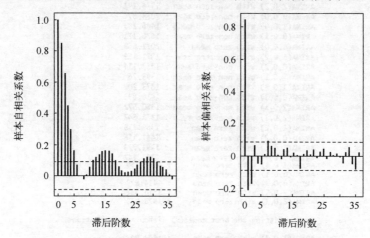

图 4.4.2　模拟时间序列的样本自相系数和样本偏相关系数图

从图 4.4.2 可以看出，时间序列"time1"的样本自相关系数呈现负指数衰减，样本偏相关系数在滞后 2 阶以后具有截尾性，时间序列不是纯随机的，其纯随机假设检验的结果如图 4.4.3 所示.

```
> data.frame(LB,P)
        LB P
1  359.5278 0
2  574.4944 0
3  672.9061 0
4  713.7755 0
5  726.1419 0
6  727.7861 0
7  727.8740 0
8  728.4039 0
9  728.4389 0
10 729.4436 0
11 734.0779 0
12 742.2099 0
```

图 4.4.3　纯随机检验的不同滞后阶的 LB 统计量值和 P 值

从 LB 统计量值和 P 值可以看出，时间序列"time1"拒绝纯随机的检验，不是白噪声时间序列. 利用自动定阶函数"auto.arima"得到的结果如图 4.4.4 所示.

从"auto.arima"定阶的结果可以看出，最佳阶数是自回归阶数为 1，移动平均阶数为 2，应该建立 ARMA(1,2)模型. 下面对 ARMA(1,2)模型和 ARMA(2,2)模型进行参数估计，并比较 ARMA(1,2)模型和 ARMA(2,2)模型的优良性，相应结果如图 4.4.5 所示.

从图 4.4.5 可以看出，ARMA(1,2)模型和 ARMA(2,2)模型，其残差方差的估计、极大对数似然函数的值，是一样的，但是 ARMA(1,2)模型的 AIC 值更小一些，

```
> arima1=auto.arima(time1,trace=T)

Fitting models using approximations to speed things up...

ARIMA(2,0,2) with non-zero mean : 1374.192
ARIMA(0,0,0) with non-zero mean : 2023.87
ARIMA(1,0,0) with non-zero mean : 1406.283
ARIMA(0,0,1) with non-zero mean : 1676.171
ARIMA(0,0,0) with zero mean     : 2021.869
ARIMA(1,0,2) with non-zero mean : 1371.159
ARIMA(0,0,2) with non-zero mean : 1483.114
ARIMA(1,0,1) with non-zero mean : 1393.76
ARIMA(1,0,3) with non-zero mean : 1373.209
ARIMA(0,0,3) with non-zero mean : 1416.832
ARIMA(2,0,1) with non-zero mean : 1380.572
ARIMA(2,0,3) with non-zero mean : 1371.847
ARIMA(1,0,2) with zero mean     : 1369.118
ARIMA(0,0,2) with zero mean     : 1481.118
ARIMA(1,0,1) with zero mean     : 1391.729
ARIMA(2,0,2) with zero mean     : 1372.142
ARIMA(1,0,3) with zero mean     : 1371.159
ARIMA(0,0,1) with zero mean     : 1674.154
ARIMA(0,0,3) with zero mean     : 1414.829
ARIMA(2,0,1) with zero mean     : 1378.532
ARIMA(2,0,3) with zero mean     : 1370.053

Now re-fitting the best model(s) without approximations...

ARIMA(1,0,2) with zero mean     : 1369.843

Best model: ARIMA(1,0,2) with zero mean
```

图 4.4.4　自动定阶的结果

```
> arima(time1,order = c(1,0,2),include.mean = F)

Call:
arima(x = time1, order = c(1, 0, 2), include.mean = F)

Coefficients:
         ar1     ma1     ma2
      0.6957  0.3071  0.2714
s.e.  0.0450  0.0571  0.0521

sigma^2 estimated as 0.9401: log likelihood = -680.88,
aic = 1367.76
```

```
> arima(time1,order = c(2,0,2),include.mean = F)

Call:
arima(x = time1, order = c(2, 0, 2), include.mean = F)

Coefficients:
         ar1     ar2     ma1     ma2
      0.6932  0.0021  0.3095  0.2717
s.e.  0.2088  0.1751  0.2040  0.0584

sigma^2 estimated as 0.9401: log likelihood = -680.88,
aic = 1369.76
```

图 4.4.5　参数估计的结果

ARMA(2,2)模型的滞后 2 阶的自回归系数较小，接受 $\varphi_2 = 0$ 的原假设，所以，最优模型是 ARMA(1,2)模型. 下面对 ARMA(1,2)模型的残差序列是否为白噪声序列进行检验，其结果如图 4.4.6 所示.

从图 4.4.6 可以看出，残差序列滞后 8 阶的 LB 统计量值为 5.3369，P 值为 0.3762，接受残差列是白噪声时间序列，其时序图、样本自相关系数和 LB 统计量对应的 P 值图如图 4.4.7 所示.

从图 4.4.7 可以看出，ARMA(1,2)模型将时间序列"time1"所有有用的信息已经提取完毕了，剩下的残差序列是白噪声时间序列. 下面对特征根进行检验(图4.4.8).

```
> Box.test(mod1$residuals,lag=8,type = c("Ljung-Box"),
+           fitdf=3)

        Box-Ljung test

data: mod1$residuals
X-squared = 5.3369, df = 5, p-value = 0.3762
```

图 4.4.6　残差序列的滞后 8 阶的 LB 统计量的值和 P 值

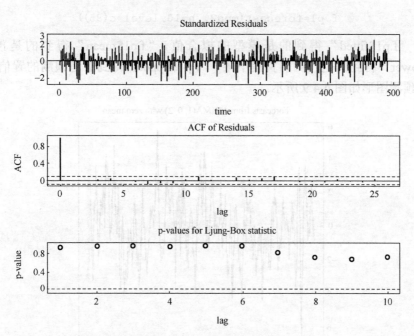

图 4.4.7　残差序列的时序图、样本自相关系数和 LB 统计量对应的 P 值图

从图 4.4.8 可以看出，AR 部分对应的一个特征根的模小于 1，MA 部分对应的两个特征根，其模都小于 1，所以，建立的 ARMA(1,2)模型满足平稳性和可逆性.

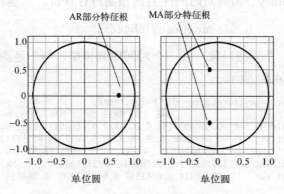

图 4.4.8　ARMA(1,2)模型的特征根检验

R 中采用 forecast() 函数对时间序列进行预测, 其基本语法为

```
forecast(object, h, level)
```

其中"object"是一个对象, 或一个模型, "h"是预测步长, "level"是置信度水平, 通常取 80% 和 95% 两种置信度水平. 基于所构建的 ARMA(1,2)模型, 进行步长为 10 步、置信度为 95%的预测, 其命令为

```
f.p1=forecast(mod2, h=10,level=c(95))
```

相应的"f.p1\$fitted"得到的是模型的拟合值, "f.p1\$mean"得到的是预测值, "f.p1\$lower"得到的是预测的置信下限, "f.p1\$upper"得到的是预测的置信上限, 相应的预测图形如图 4.4.9 所示.

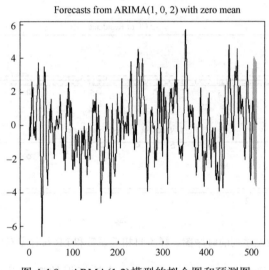

图 4.4.9　ARMA(1,2)模型的拟合图和预测图

R 中采用 accuracy() 函数对时间序列的预测进行评价, 其基本语法为

```
accuracy(object, x)
```

其中"object"是一个预测对象, 或一个时间序列模型, "x"是测试集的数据. 程序中所得结果如图 4.4.10 所示.

```
> accuracy(forecast(mod2, h=10),time2)
                    ME       RMSE       MAE        MPE
Training set -0.0004997133 0.9695882 0.7862531 -8.116669
Test set     -0.8323088934 1.7668779 1.3627739 81.588138
                  MAPE       MASE       ACF1   Theil's U
Training set 167.36972 0.9279393 0.001519984        NA
Test set      81.58814 1.6083517 0.603132970  1.064034
```

图 4.4.10　ARMA(1,2)模型预测的评价结果

图 4.4.10 中分别呈现了训练集和测试集进行预测得到的评价结果. 针对训练集部分, 利用拟合值与真实值, 而测试集部分, 利用预测值与真实值, 分别计算预平均误差 ME、均方根误差 RMSE、平均绝对误差、平均相对百分比误差 MPE (mean percentage error)、平均绝对百分误差 MAPE (mean absolute percentage error)、平均绝对尺度化误差 MASE (mean absolute scaled error)、滞后 1 阶自相关系数 ACF1 (autocorrelation of errors at lag 1)、希尔不等系数 Theil's U. 从上面的结果可以看出, 时间序列的预测效果并不理想, 这是因为, 针对 ARMA(1,2) 模型, 两步预测后, 预测函数满足齐次差分方程, 呈现负指数衰减到零.

习 题 4

1. 对于一个 AR(1) 模型, 已知 $x_t = 25$, 而且 $\hat{X}_t(1)$ 的 95% 的置信区间为 (9.5,15.5), 求模型的 σ_ε^2 和参数 φ_1 的估计值.

2. 对于模型 $(1-0.6B)X_t = \varepsilon_t - 0.5\varepsilon_{t-1}$, 表示超前期 $l=1$ 和 $l=2$ 的格林函数预测形式、逆函数预测形式、差分预测形式.

3. 设有 AR(2) 模型

$$X_t = 1.2X_{t-1} - 0.55X_{t-2} + \varepsilon_t$$

若已知观测值 $x_t = 7.61$, $x_{t-1} = 6.02$, $\hat{\sigma}_\varepsilon^2 = 0.08^2$, 求模型超前三步的预测值和相应的 95% 的置信区间.

4. 已知某超市的月销售额近似服从 AR(2) 模型 (单位: 万元/月):

$$X_t = 10 + 0.6X_{t-1} + 0.3X_{t-2} + \varepsilon_t, \quad \varepsilon_t \sim N(0,36)$$

今年第一季度该超市的月销售额 (单位: 万元) 分别为: 101, 96, 97.2, 求该超市第二季度每月销售额的 95% 的置信区间.

5. 已知某地区每年常住人口数量近似服从 MA(3) 模型 (单位: 万):

$$X_t = 100 + \varepsilon_t - 0.8\varepsilon_{t-1} + 0.6\varepsilon_{t-2} - 0.2\varepsilon_{t-3}$$

最近 3 年的常住人口数量及一步预测数量如下:

年份	统计人数	预测人数
2019	104	110
2020	108	100
2021	105	109

预测未来 2 年该地区常住人口的 95% 置信区间.

6. 已知 ARMA(1, 1) 模型为

$$X_t = 0.8X_{t-1} + \varepsilon_t - 0.6\varepsilon_{t-1}$$

而且 $x_{100} = 0.3$ ，$\tilde{\varepsilon}_{100} = 0.01$ ，预测未来 3 期序列值的 95% 的置信区间.

7. 对于一个 AR(1) 模型

$$X_t - \mu = \varphi_1(X_{t-1} - \mu) + \varepsilon_t$$

已知观测值 $x_t = 10.1$ ，$x_{t-1} = 9.6$ ，而且 $\hat{\mu} = 10$ ，$\hat{\varphi}_1 = 0.3$ ，$\hat{\sigma}_\varepsilon^2 = 9$ 的 95% 的置信区间. 假定新获得观测数据 $x_{t+1} = 10.5$ ，利用新数据修正 X_{t+3} 的 95% 的置信区间.

8. 对以下 ARMA(1，1) 模型

$$X_t - X_{t-1} = (1 - \theta_1 B)\varepsilon_t$$

(1) 导出预测公式

$$\hat{X}_t(l) = \hat{X}_{t-1}(l) + \lambda(X_t - \hat{X}_{t-1}(l))$$

其中 $\lambda = 1 - \theta_1$.

(2) 对于这个模型给定 $x_{t-3} = 457$ ，$x_{t-2} = 452$ ，$x_{t-1} = 459$ ，$x_t = 462$ ，$\hat{\lambda} = 0.9$ ，求 $\hat{X}_t(l), l = 1, 2, 3$ 的预测值.

9. 已知序列 $\{x_t\}$ 适合 AR(2) 模型：

$$X_t - \varphi_1 X_{t-1} - \varphi_2 X_{t-2} = \varepsilon_t$$

试推导出差分预报公式，并当 $\hat{\varphi}_1 = 0.3$ ，$\hat{\varphi}_2 = -0.6$ ，$x_t = 1$ ，$x_{t-1} = 0.8$ ，$\hat{\sigma}_\varepsilon = \sqrt{D\varepsilon_t} = 1/1.96$ 时，

(1) 求 $\hat{X}_t(l), l = 1, 2, 3$ 的预测值及它们的 95% 的置信区间.

(2) 当 $x_{t+1} = 1$ 时，修正 $\hat{X}_t(l), l = 2, 3$.

第 5 章 时间序列的确定性分析

一元时间序列通常分为两大类：平稳时间序列和非平稳时间序列. 前面的章节主要介绍了平稳时间序列的建模与预测. 实际上，在自然界中绝大部分时间序列都是非平稳的，因而对非平稳时间序列的分析是更普遍、更重要的. 对于非平稳序列的分析方法有两大类：一类为确定性分析，另一类为随机性分析.

时间序列是长期趋势变动、季节性变动、循环变动和不规则变动，这四种或其中几种变动因素的综合作用的结果. 确定性时间序列分析就是克服其他变动因素的影响，单纯用确定性函数测度出某一个变动因素对时间序列的影响，推断出各种变动因素彼此之间的相互作用关系及它们对时间序列的综合影响.

5.1   时间序列的分解

确定性时间序列分析的理论依据是沃尔德分解定理和克拉默分解定理.

定理 5.1.1(沃尔德分解定理)   对于任何一个平稳时间序列 $\{X_t\}$，它可以分解为两个不相关的序列之和，其中一个为确定性的，另一个为随机性的，即

$$X_t = V_t + \xi_t$$

其中 $\{V_t\}$ 是确定性序列，$\{\xi_t\}$ 为随机性序列，而且 $\xi_t = \sum_{i=0}^{\infty} \phi_i \varepsilon_{t-i}$，它们需要满足

(1) $\phi_0 = 1, \sum_{i=0}^{\infty} \phi_i^2 < +\infty$;

(2) $E\varepsilon_i = 0, E\varepsilon_i \varepsilon_j = \begin{cases} \sigma_\varepsilon^2, & i = j, \\ 0, & i \neq j; \end{cases}$

(3) $E(V_t \varepsilon_s) = 0, \forall t \neq s$.

沃尔德分解定理说明：任何平稳时间序列可以分解为确定性部分和随机性部分，确定性部分刻画的是平稳时间序列的均值，随机性部分刻画的是平稳时间序列的平稳特性. 沃尔德分解定理是现代时间序列分析理论的灵魂，是构造 ARMA 模型拟合平稳时间序列的理论基础.

定理 5.1.2(克拉默分解定理)   任何一个时间序列 $\{X_t\}$ 都可以分解为两部分的叠加：一部分是由多项式决定的确定性趋势成分，另一部分是平稳的零均值误差成分，即

$$X_t = \sum_{j=0}^{d} \beta_j t^j + \frac{\varphi(B)}{\theta(B)} \varepsilon_t$$

式中 d 是一个非零的自然数，$\beta_0, \beta_1, \beta_2, \cdots, \beta_d$ 为常系数，$\varphi(B)$ 是自回归部分对应滞后多项式，$\theta(B)$ 是移动平均部分对应的滞后多项式，$\{\varepsilon_t\}$ 是白噪声序列，也就是说 $Y_t = \dfrac{\varphi(B)}{\theta(B)} \varepsilon_t$ 是一个零均值的平稳时间序列.

克拉默分解定理是沃尔德分解定理的推广，它说明：任何一个时间序列是确定性影响和随机性影响的综合作用. 确定性部分刻画非平稳特征，随机性部分刻画平稳特征. 克拉默分解定理是因素分解的基本思想，是确定性分析的理论基础.

实际上，一个时间序列 $\{X_t\}$ 是长期趋势变动 T_t、季节性变动(季节效应) S_t、循环变动 C_t 和不规则变动因素 I_t 共同作用的结果. 传统的因素分解方法，认为长期趋势变动 T_t、季节性变动 S_t、循环变动 C_t 存在某种固定的变化，可以用确定性函数将其信息进行提取，而且经过提取后，不规则变动因素 I_t 为零均值白噪声序列. 这种方法的重点放在确定性信息的提取，忽略对随机性信息的提取，称为时间序列的确定性分析.

常见的确定性时间序列模型有加法模型、乘法模型、混合模型三种类型.

(1) 加法模型，$X_t = T_t + S_t + C_t + I_t$.

(2) 乘法模型，$X_t = T_t \cdot S_t \cdot C_t \cdot I_t$.

(3) 混合模型，$X_t = T_t \cdot S_t + C_t + I_t$，$X_t = S_t + T_t \cdot C_t + I_t$.

式中 $T_t = f_1(t)$，$S_t = f_2(t)$，$C_t = f_3(t)$，$\{I_t\}$ 是零均值的白噪声序列.

实际分析中，由于固定周期的循环变动和季节性变动很难严格地区分开来，所以，对四种因素的确定性分析作了改进，现代的因素分解方法把时间序列分解成长期趋势变动、季节性变动和不规则变动三大因素的综合影响，即

$$X_t = f(T_t, S_t) + I_t$$

式中长期趋势变动 $T_t = f_1(t)$，季节性变动 $S_t = f_2(t)$，$f(T_t, S_t)$ 是长期趋势变动和季节性变动的确定函数，不规则变动 I_t 是一个用 ARMA 模型刻画的平稳时间序列.

5.2　趋势性分析

长期趋势变动(secular trend variation)，记为 T_t，是指时间序列受某种特定因素的影响，随时间变化在较长持续期内呈现围绕某一常数值波动的总趋势，或在较长持续期内呈现不断增加趋势，或在较长持续期内呈现不断减少趋势. 也就是长期趋势的具体表现为水平型变动、趋势上升型和趋势下降型三种类型. 分析时间序列的长期趋势变动，或对时间序列的长期趋势变动建立模型，利用该模型对时间序列的长期发展做出合理的预测，这就是趋势性分析.

5.2.1　趋势性的检验

常用的趋势性检验方法有时序图检验法、自相关系数图检验法、特征根检验法等. 时序图检验法比较直观，具有主观色彩，所以，通常采用自相关系数图检验法、特征根检验法进行趋势性检验.

例 5.2.1　以 1999 年至 2015 年每季度在澳大利亚度假的国际游客数(以百万计)，来进行趋势性检验.

解　1999 年至 2015 年每季度在澳大利亚度假的国际游客数，名称为"austourists"，放在 R 软件的"fpp2"包中，该时间序列的时序图如图 5.2.1 所示.

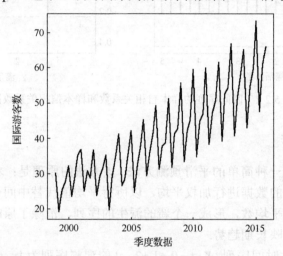

图 5.2.1　在澳大利亚度假的国际游客数随季度变化的趋势

从时序图中可以看出，每季度在澳大利亚度假的国际游客数呈递增趋势，而且有明显的周期性，该时间序列具有明显的长期趋势变动和季节性变动. 该时间序列的样本自相关系数和样本偏相关系数图如图 5.2.2 所示.

从图 5.2.2 中可以看出滞后 4 阶，滞后 8 阶、滞后 12 阶的样本自相关系数较大，不具拖尾性. 在滞后 4 阶、滞后 8 阶的样本偏相关系数较大，也不具有拖尾性. 说明该时间序列不是平稳时间序列，具有明显的长期趋势变动和季节性变动.

如果时间序列 $\{X_t\}$ 的样本自相关系数 $\{\hat\rho(k)\}$ 既不截尾，又不拖尾，那么，时间序列 $\{X_t\}$ 存在某种确定性趋势；若时间序列 $\{X_t\}$ 的样本自相关系数 $\{\hat\rho(k)\}$ 是接近 1 的常数序列，那么，时间序列 $\{X_t\}$ 存在线性趋势.

所谓特征根检验法，就是直接对时间序列 $\{X_t\}$ 建立适应性模型，利用适应性模型的自回归部分参数所组成的特征方程的特征根 λ_i 的模来检验趋势性. 如果特征方程的特征根存在 2 个实根，且其绝对值接近 1，那么，序列存在线性趋势；如果存

在 n 个实根，且其绝对值接近 1，那么，序列存在 $n-1$ 次多项式趋势；如果存在 n 个实根，且其绝对值大于 1，那么，序列存在指数增减趋势.

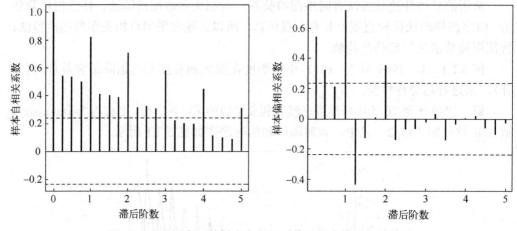

图 5.2.2　时间序列的样本自相关系数和样本偏相关系数图

5.2.2　移动平均法

移动平均法是一种简单的平滑预测方法. 该方法的原理是：将原来时间序列中的两个或多个时期的数据进行加权平均，以所得平均值代替中间一期的趋势值，经过逐期顺序计算的平均数，形成一个新的派生的序列，消除了原时间序列中偶然因素的影响，从而反映长期趋势.

定义 5.2.1　设时间序列 $\{X_t, t=0,\pm1,\pm2,\cdots\}$ 的观测序列为 $\{x_t, t=1,2,\cdots,n\}$，则 x_t 的 k 期一次移动平均为

$$M_t = \frac{1}{k}(x_t + x_{t-1} + \cdots + x_{t-k+1}), \quad t = k, k+1, \cdots, n \tag{5.2.1}$$

相应地，x_t 的 k 期中心一次移动平均为

$$M_t = \begin{cases} \dfrac{1}{k}\left(x_{t-\frac{k-1}{2}} + x_{t-\frac{k-1}{2}+1} + \cdots + x_t + \cdots + x_{t+\frac{k-1}{2}-1} + x_{t+\frac{k-1}{2}}\right), & k\text{为奇数} \\[4mm] \dfrac{1}{k}\left(\dfrac{1}{2}x_{t-\frac{k}{2}} + x_{t-\frac{k}{2}+1} + \cdots + x_t + \cdots + x_{t+\frac{k}{2}-1} + \dfrac{1}{2}x_{t+\frac{k}{2}}\right), & k\text{为偶数} \end{cases} \tag{5.2.2}$$

定义 5.2.2　设时间序列 $\{X_t, t=0,\pm1,\pm2,\cdots\}$ 的观测序列为 $\{x_t, t=1,2,\cdots,n\}$，对 x_t 进行 k 期一次移动平均基础上，再进行 k 期一次移动平均，那么，得到 x_t 的二次移动平均，即一次移动平均和二次移动平均分别为

$$M_t^{(1)} = \frac{x_t + x_{t-1} + x_{t-2} + \cdots + x_{t-k+1}}{k} \tag{5.2.3}$$

$$M_t^{(2)} = \frac{M_t^{(1)} + M_{t-1}^{(1)} + M_{t-2}^{(1)} + \cdots + M_{t-k+1}^{(1)}}{k} \tag{5.2.4}$$

其中 $\{M_t^{(1)}\}$ 是一次移动平均序列，$\{M_t^{(2)}\}$ 是二次移动平均序列.

k 期一次移动平均法是用一定时间间隔的算数平均作为某一期的估计值，使得各个时间点上的观测值中的随机因素互相抵消掉，适用于围绕一个稳定水平上下波动的时间序列. 即对于围绕一个稳定水平上下波动的时间序列 $\{X_t, t = 0, \pm1, \pm2, \cdots\}$，常常采用 x_t 的 k 期一次移动平均 $\{M_t, t = k, k+1, \cdots, n\}$ 作为时间序列长期趋势的估计.

对于存在趋势性和周期性的时间序列 $\{X_t, t = 0, \pm1, \pm2, \cdots\}$，通常以周期长度 s 作为期数，采用 s 期中心一次移动平均作为 x_t 的长期趋势的估计.

例如，对于月度数据，常使用 6 个月的中心移动平均对长期趋势进行估计，即

$$M_t = \frac{0.5x_{t-6} + x_{t-5} + \cdots + x_t + \cdots + x_{t+5} + 0.5x_{t+6}}{12} \tag{5.2.5}$$

同样，对于季度数据，常使用 4 个月中心移动平均对长期趋势进行估计，即

$$M_t = \frac{0.5x_{t-2} + x_{t-1} + x_t + x_{t+1} + 0.5x_{t+2}}{4} \tag{5.2.6}$$

对于存在线性趋势的数据，通常利用二次移动平均与一次移动平均的差异，对时刻 $t+m$ 做预测作为趋势性的估计，即

$$F_{t+m} = a_t + b_t m \tag{5.2.7}$$

式中 $a_t = 2M_t^{(1)} - M_t^{(2)}$，$b_t = \frac{2}{n-1}\left(M_t^{(1)} - M_t^{(2)}\right)$.

定义 5.2.3　设时间序列 $\{X_t, t = 0, \pm1, \pm2, \cdots\}$ 的观测序列为 $\{x_t, t = 1, 2, \cdots, n\}$，采用 k 期一次移动平均对时间序列预测，即

$$F_t = \frac{1}{k}(x_{t-1} + x_{t-2} + \cdots + x_{t-k}) \tag{5.2.8}$$

式中 F_t 是 t 时刻时间序列的预测值，x_{t-j} 是 $t-j$ 时刻时间序列的实际观测值，那么，预测均方误差(mean squared error，MSE) 为

$$\text{MSE} = \frac{1}{n-k-1} \sum_{t=k+1}^{n} (x_t - F_t)^2 \tag{5.2.9}$$

移动平均的期数 k 越大，平滑后的序列表现出的长期趋势就越清晰，但对近期变化的反映就不敏感；移动平均的期数 k 越小，平滑后的序列反映近期变化越敏感，但反映长期趋势不清晰. 所以，移动平均的期数确定应考虑到长期趋势清晰性的要

求，以及近期变化敏感性的要求，通常采用预测均方误差最小准则来确定 k.

例 5.2.2　统计年鉴上仅有 2018 年 1 月至 2 月的我国平板玻璃两个月的累计产量为 12972 万重量箱，所以，本例中将累计产量的算术平均值作为 2018 年 1 月、2018 年 2 月我国平板玻璃月产量，2018 年 1 月至 12 月我国平板玻璃月产量（单位，万重量箱）如表 5.2.1 所示. 取 $k=3,5$，对表 5.2.1 数据进行一次移动平均预测，并计算均方误差，选择使均方误差最小的 k 来预测 2019 年 1 月和 2 月我国平板玻璃月产量.

表 5.2.1　2018 年 1 月至 12 月我国平板玻璃月产量

2018 年 1 月	2018 年 2 月	2018 年 3 月	2018 年 4 月	2018 年 5 月	2018 年 6 月
6486.4	6486.4	6875.1	7099.5	7137.3	7395.1
2018 年 7 月	2018 年 8 月	2018 年 9 月	2018 年 10 月	2018 年 11 月	2018 年 12 月
7293	7281.4	7267.1	7361.9	7150.3	7569.8

解　根据

$$F_t = \frac{1}{k}(x_{t-1} + x_{t-2} + \cdots + x_{t-k})$$

分别计算 $k=3,5$ 的一次移动平均预测值，以及均方误差，其计算结果如表 5.2.2 所示.

表 5.2.2　真实值、一次移动平均预测值和均方误差

时间	真实值	$k=3$ 的预测值	$k=5$ 的预测值	$k=3$ 的误差平方值	$k=5$ 的误差平方值
2018 年 1 月	6486.4	NA	NA	NA	NA
2018 年 2 月	6486.4	NA	NA	NA	NA
2018 年 3 月	6875.1	NA	NA	NA	NA
2018 年 4 月	7099.5	6616.0	NA	233804.5	NA
2018 年 5 月	7137.3	6820.3	NA	100467.9	NA
2018 年 6 月	7395.1	7037.3	6816.94	128020.8	334269.0
2018 年 7 月	7293	7210.6	6998.68	6784.3	86624.3
2018 年 8 月	7281.4	7275.1	7160	39.3	14738.0
2018 年 9 月	7267.1	7323.2	7241.26	3143.5	667.7
2018 年 10 月	7361.9	7280.5	7274.78	6626.0	7589.9
2018 年 11 月	7150.3	7303.5	7319.7	23460.0	28696.4
2018 年 12 月	7569.8	7259.8	7270.74	96120.7	89436.9
		均方误差		66496.3	80288.9

表中 "NA" 表示数据是缺失的. 从表中可以看出，$k=3$ 时预测的均方误差最小，所以，2019 年 1 月我国平板玻璃月产量的预测值为

$$\hat{x}_t(1) = \frac{1}{3}(7569.8 + 7150.3 + 7361.9) \approx 7360.7$$

2019 年 2 月我国平板玻璃月产量的预测值为

$$\hat{x}_t(2) = \frac{1}{3}(7360.7 + 7569.8 + 7150.3) \approx 7360.3$$

读者可以查询相关资料, 看这个预测值是否与 2019 年 2 月我国玻璃实际月产量相符.

5.2.3　指数平滑法

移动平均法是用一个简单的加权平均数作为某一期趋势的估计值, 其权重基本相同. 但是, 通常近期观测值对当前观测值和预测值的影响会大些, 远期观测值对当前观测值和预测值的影响会小些, 所以, 移动平均法忽略了时间间隔对当前观测值和预测值的影响.

改进移动平均法, 不同时间的观测值所赋予的权数不等, 近期观测值的权数较大, 远期观测值的权数较小, 各期的权数随时间间隔的增大而呈指数衰减, 这就是指数平滑法 (exponential smooth) 的基本思想. 即指数平滑法实际上是一种特殊的加权移动平均法, 它不舍弃过去的数据, 随着数据的远离, 赋予逐渐收敛为零的权数, 加大近期观测值的权数, 减弱远期观测值的权数. 指数平滑法一般分为一次指数平滑法、二次指数平滑法和三次指数平滑法, 是一种提取时间序列长期趋势性的方法.

定义 5.2.4　如果时间序列 $\{X_t, t = 0, \pm 1, \pm 2, \cdots\}$ 的观测序列为 $\{x_t, t = 1, 2, \cdots, n\}$, 则一次指数平滑为

$$S_t^{(1)} = \alpha x_t + (1 - \alpha) S_{t-1}^{(1)} \tag{5.2.10}$$

式中 $S_t^{(1)}$ 是 t 时刻的一次指数平滑值, x_t 是 t 时刻时间序列的实际观测值, $S_{t-1}^{(1)}$ 是 $t-1$ 时刻的一次指数平滑值, α 为平滑系数, 其取值范围为 $[0, 1]$.

实际上, 一次指数平滑为

$$
\begin{aligned}
S_t^{(1)} &= \alpha x_t + (1-\alpha) S_{t-1}^{(1)} = \alpha x_t + (1-\alpha)(\alpha x_{t-1} + (1-\alpha) S_{t-2}^{(1)}) \\
&= \alpha x_t + \alpha(1-\alpha) x_{t-1} + (1-\alpha)^2 (\alpha x_{t-2} + (1-\alpha) S_{t-3}^{(1)}) \\
&= \alpha x_t + \alpha(1-\alpha) x_{t-1} + \alpha(1-\alpha)^2 x_{t-2} + \cdots \\
&= \sum_{j=0}^{\infty} \alpha(1-\alpha)^j x_{t-j}
\end{aligned}
\tag{5.2.11}
$$

所以, 一次指数平滑中第 $t-j$ 期观测值 x_{t-j} 的权重为 $\alpha(1-\alpha)^j$, 近期观测值的权数较大, 远期观测值的权数较小, 各期的权数随时间间隔的增大而呈指数衰减到零.

由于一次指数平滑法是无穷多项的求和, 在实际中需要设定初始值, 将无穷多项的和转换为有限多项求和来计算, 即

$$
\begin{aligned}
S_t^{(1)} &= \alpha x_t + (1-\alpha) S_{t-1}^{(1)} \\
S_{t-1}^{(1)} &= \alpha x_{t-1} + (1-\alpha) S_{t-2}^{(1)} \\
&\cdots\cdots
\end{aligned}
$$

$$S_2^{(1)} = \alpha x_2 + (1-\alpha)S_1^{(1)}$$
$$S_1^{(1)} = \alpha x_1 + (1-\alpha)S_0^{(1)}$$

将上列式子逐项代入，得

$$S_t^{(1)} = \alpha x_t + \alpha(1-\alpha)x_{t-1} + \alpha(1-\alpha)^2 x_{t-2} + \cdots + \alpha(1-\alpha)^{t-1}x_1 + (1-\alpha)^t S_0^{(1)} \qquad (5.2.12)$$

这样一来无穷多项的和转换为有限多项求和来计算，其中 $S_0^{(1)}$ 为初始值，需要设定. 数据较多，初值对计算结果影响并不大，通常设定初始值为 $S_0^{(1)} = x_1$；数据较少，初值对计算结果影响较大，通常设定初始值为 $S_0^{(1)} = \dfrac{x_1 + x_2 + x_3}{3}$.

定义 5.2.5　设时间序列 $\{X_t, t = 0, \pm 1, \pm 2, \cdots\}$ 的观测序列为 $\{x_t, t = 1, 2, \cdots, n\}$，采用平滑系数为 α 的一次指数平滑对时间序列预测，即

$$F_{t+1} = \alpha x_t + (1-\alpha)S_{t-1}^{(1)} \qquad (5.2.13)$$

式中 F_{t+1} 是 $t+1$ 时刻时间序列的预测值，x_t 是 t 时刻时间序列的实际观测值，$S_{t-1}^{(1)}$ 是 $t-1$ 时刻的一次指数平滑值，也就是将 t 时刻的一次指数平滑值 $S_t^{(1)}$ 作为 $t+1$ 时刻时间序列的预测值.

例 5.2.3　采用例 5.2.2 的数据，取 $\alpha = 0.3, 0.5, 0.7$，对 2018 年 1 月至 12 月我国平板玻璃月产量进行一次指数平滑预测，计算出相应的平滑预测序列，并预测 2019 年 1 月我国平板玻璃月产量.

解　设定初始值 $S_0^{(1)}$ 为

$$S_0^{(1)} = x_1 = 6486.4$$

那么，$S_1^{(1)} = \alpha x_1 + (1-\alpha)S_0^{(1)}$，$S_2^{(1)} = \alpha x_2 + (1-\alpha)S_1^{(1)}$，$\cdots$，$S_t^{(1)} = \alpha x_t + (1-\alpha)S_{t-1}^{(1)}$，依次类推，求得 $\alpha = 0.3, 0.5, 0.7$ 的一次指数平滑预测值，其计算结果如表 5.2.3 所示.

表 5.2.3　真实值和指数平滑预测值

时间	真实值	$\alpha = 0.3$ 平滑预测	$\alpha = 0.5$ 平滑预测	$\alpha = 0.7$ 平滑预测
2018 年 1 月	6486.4	NA	NA	NA
2018 年 2 月	6486.4	6486.4	6486.4	6486.4
2018 年 3 月	6875.1	6603.0	6680.8	6758.5
2018 年 4 月	7099.5	6752.0	6890.1	6997.2
2018 年 5 月	7137.3	6867.6	7013.7	7095.3
2018 年 6 月	7395.1	7025.8	7204.4	7305.2
2018 年 7 月	7293	7106.0	7248.7	7296.6
2018 年 8 月	7281.4	7158.6	7265.1	7286.0
2018 年 9 月	7267.1	7191.2	7266.1	7272.8
2018 年 10 月	7361.9	7242.4	7314.0	7335.2
2018 年 11 月	7150.3	7214.8	7232.1	7205.8
2018 年 12 月	7569.8	7321.3	7401.0	7460.6

当 $\alpha = 0.3$ 时，2019 年 1 月的预测值为 $0.3 \times 7569.8 + (1-0.3) \times 7321.3 \approx 7395.9$，

当 $\alpha = 0.5$ 时，2019 年 1 月的预测值为 $0.5 \times 7569.8 + (1-0.5) \times 7401.0 \approx 7485.4$，

当 $\alpha = 0.7$ 时，2019 年 1 月的预测值为 $0.7 \times 7569.8 + (1-0.7) \times 7460.6 \approx 7537.0$．

由表 5.2.3 可知，当 $\alpha = 0.3, 0.5, 0.7$ 时，均方误差分别为

$$\mathrm{MSE}_{0.3} \approx 49089.0，\quad \mathrm{MSE}_{0.5} \approx 15725.0，\quad \mathrm{MSE}_{0.7} \approx 4518.7$$

从均方误差的结果可以看出，采用 $\alpha = 0.7$ 的指数平滑更能刻画时间序列的趋势性，预测的精度也更高一些．

从上述的例子中可以看出，指数平滑值序列出现一定的滞后偏差，滞后偏差的程度随着平滑系数 α 的增大而减少．换句话说，一次指数平滑法不能反映线性变化趋势、季节波动等有规律的变动．对于围绕一个稳定水平上下波动的时间序列，才能采用一次指数平滑法来估计其长期趋势．

定义 5.2.6　设时间序列 $\{X_t, t = 0, \pm 1, \pm 2, \cdots\}$ 的观测序列为 $\{x_t, t = 1, 2, \cdots, n\}$，对 x_t 进行平滑系数为 α 的一次指数平滑基础上，再进行平滑系数为 α 的一次指数平滑，那么，得到 x_t 的二次指数平滑，即一次指数平滑和二次指数平滑分别为

$$S_t^{(1)} = ax_t + (1-a)S_{t-1}^{(1)} \tag{5.2.14}$$

$$S_t^{(2)} = aS_t^{(1)} + (1-a)S_{t-1}^{(2)} \tag{5.2.15}$$

其中 $\{S_t^{(1)}\}$ 是一次指数平滑序列，$\{S_t^{(2)}\}$ 是二次指数平滑序列．

对于存在线性趋势的数据，通常利用二次指数平滑与一次指数平滑的差异，对时刻 $t+m$ 做预测作为趋势性的估计，即二次指数平滑法的预测模型：

$$F_{t+m} = a_t + b_t m \tag{5.2.16}$$

式中 $a_t = 2S_t^{(1)} - S_t^{(2)}$，$b_t = \dfrac{\alpha}{1-\alpha}(S_t^{(1)} - S_t^{(2)})$，该式是布朗(R. G. Brown)所提出，称为**布朗单一参数线性指数平滑法**．

若时间序列的变动呈现出二次曲线趋势，则需要采用三次指数平滑法的预测模型作为长期趋势．三次指数平滑是在二次指数平滑的基础上再进行一次平滑，其计算公式为

$$S_t^{(3)} = aS_t^{(2)} + (1-a)S_{t-1}^{(3)}$$

三次指数平滑法的预测模型为

$$F_{t+m} = a_t + b_t m + c_t m^2 \tag{5.2.17}$$

式中

$$a_t = 3S_t^{(1)} - 3S_t^{(2)} + S_t^{(3)}，\quad c_t = \frac{\alpha^2}{2(1-\alpha)^2}(S_t^{(1)} - 2S_t^{(2)} + S_t^{(3)})$$

$$b_t = \frac{\alpha}{2(1-\alpha)^2}((6-5\alpha)S_t^{(1)} - 2(5-4\alpha)S_t^{(2)} + (4-3\alpha)S_t^{(3)})$$

霍尔特(Holt)和温特斯(Winters)对于存在线性趋势,不存在季节性的时间序列,提出了两参数平滑法拟合其长期趋势, 其计算公式如下:

$$S_t = \alpha x_t + (1-\alpha)(S_{t-1} + b_{t-1})$$
$$b_t = \beta(S_t - S_{t-1}) + (1-\beta)b_{t-1}$$
$$F_{t+m} = S_t + b_t m$$

式中 b_{t-1} 是前一期的趋势值, S_{t-1} 是前一期的指数平滑值, S_t 是当期的指数平滑值. 当期的指数平滑值 S_t 被前一期的趋势值 b_{t-1}、前一期的平滑值 S_{t-1} 修正和当前观测值 x_t 修正, 当前的预测值 b_t 被前一期的趋势值 b_{t-1} 和前一期的平滑值 S_{t-1} 与当期的指数平滑值 S_t 之间的差异修正. 当期的指数平滑值 S_t 是时间序列线性趋势的截距项, 当期的趋势值 b_t 是时间序列线性趋势的斜率项. α, β 为平滑系数, 其取值范围为 $[0,1]$. F_{t+m} 是 $t+m$ 时刻时间序列的预测值, 作为长期趋势的拟合值. 上式被称为**霍尔特-温特斯指数平滑法**, 又称为**两参数平滑法**.

对于一个增长或递减趋势并存在季节性可被描述成为加法模型的时间序列,可以使用**三参数霍尔特-温特斯加法模型**拟合其长期趋势, 其计算公式如下:

$$a_t = \alpha(x_t - S_{t-s}) + (1-\alpha)(a_{t-1} + b_{t-1})$$
$$b_t = \beta(a_t - a_{t-1}) + (1-\beta)b_{t-1}$$
$$S_t = \gamma(x_t - a_t) + (1-\gamma)S_{t-s} \tag{5.2.18}$$
$$F_{t+m} = a_t + b_t m + S_{t+m-s}, \quad m = s+1, s+2, \cdots$$

式中 a_t 是当期的水平项, b_t 是当期的趋势项, S_t 是当期的季节指数, α, β, γ 为平滑系数, 其取值范围为 $[0,1]$, s 是季节周期长度, 月度数据 $s=12$, 季度数据 $s=4$, F_{t+m} 是 $t+m$ 时刻时间序列的预测值, 作为长期趋势的拟合值. 需要用简单的方法给出季节指数的初始值, 以及截距和斜率的初值, 才能递推计算出长期趋势的拟合值.

对于一个增长或递减趋势并存在季节性可被描述成为乘法模型的时间序列,可以使用**三参数霍尔特-温特斯乘法模型**拟合其长期趋势, 其计算公式如下:

$$a_t = \alpha\frac{x_t}{S_{t-s}} + (1-\alpha)(a_{t-1} + b_{t-1})$$
$$b_t = \beta(a_t - a_{t-1}) + (1-\beta)b_{t-1}$$
$$S_t = \gamma\frac{x_t}{a_t} + (1-\gamma)S_{t-s} \tag{5.2.19}$$
$$F_{t+m} = (a_t + b_t m)S_{t+m-s}, \quad m = s+1, s+2, \cdots$$

三参数霍尔特-温特斯乘法模型与三参数霍尔特-温特斯加法模型对比, 可以看出, 乘法模型和加法模型最大区别是将加减变成了乘除. 在式(5.2.19)中, 第一个公式, a_t 表示水平平滑, 将减去季节指数改为了除以季节指数, 以去除季节性影响. 第二个公式, b_t 表示趋势平滑, 加法与乘法一样, 不变. 第三个公式, S_t 表示季节性平滑, 将减去水平平滑改为了除以水平平滑, 以测算季节指数. 第四个公式, F_{t+m} 是 $t+m$ 时刻时间序列的预测值, 作为长期趋势的拟合值, 将加上季节指数改为了乘以季节指数.

5.2.4 长期趋势的拟合法

长期趋势的拟合法是通过建立序列值随时间变化的回归模型, 来描述时间序列的趋势性. 常用的拟合模型有以下几种:

(1) 线性方程 $T_t = a + bt$;

(2) 二次曲线 $T_t = a + bt + ct^2$;

(3) 指数曲线 $T_t = e^{a+bt}$;

(4) 修正指数曲线 $T_t = k + ab^t$;

(5) 龚帕兹曲线 $\ln T_t = k + ab^t$;

(6) 逻辑斯谛曲线 $T_t^{-1} = k + ab^t$.

对于以上模型中的线性方程, 其参数估计采用最小二乘法或极大似然估计法得到; 对于以上模型中的非线性拟合方程, 其指导思想是尽量将其转换为线性模型, 用线性最小二乘法进行参数估计. 如果非线性拟合方程不能转换成线性的, 用迭代法对参数进行估计.

5.3 季节效应分析

季节性变动是指时间序列由于受自然气候、生产条件、生活习惯等因素的影响, 在一定时间中随季节的变化而呈现出周期性的变化规律. 如农副产品受自然气候影响, 形成市场供应量的季节性变动; 节日商品、礼品性商品受民间传统的影响, 其销售量也具有明显的季节性变动.

季节性变动的主要特点是, 每年都重复出现, 各年同月 (或季) 具有相同的变动方向, 变动幅度一般相差不大. 因此, 研究数据的季节性变动, 收集时间序列的资料一般应以月 (或季) 为单位, 并且至少需要有 3 年或 3 年以上的市场现象各月 (或季) 的资料, 才能观察到季节性变动的一般规律性. 对季节性变动进行分析构建定量地刻画季节性变动的指标及模型, 称为季节效应分析.

从数学角度来说, 如果一个时间序列经过长度为 s 的时间间隔后呈现出相似性, 则称该序列具有季节效应 (或具有周期性). s 为具有季节效应数据的周期长度, 一个周期内包含的时间点称为周期点. 如对于月份数据来说, 基本时间间隔为 1 个月, 周期长度为 12 (即 $s=12$), 同一个周期内有 12 个周期点; 对于季节数据, 基本时间间隔为一个季度, 周期长度为 4 (即 $s=4$), 同一个周期内有 4 个周期点. 当周期长度

$s \leqslant 12$ 时, 其周期性通常称为季节性波动; 当 $s > 12$ 时, 其周期性通常称为循环变动.

研究具有季节效应的时间序列, 目的是把时间序列中的随机成分消除掉, 呈现数据的季节效应的规律. 通常通过计算季节指数, 或计算季节变差, 或周期趋势拟合来呈现季节效应.

5.3.1 季节指数和季节变差

定义 5.3.1 具有季节效应的时间序列 $\{X_t\}$, 其观测序列为 $\{x_{ij}, i = 1, 2, \cdots, L, j = 1, 2, \cdots, s\}$, x_{ij} 表示第 i 个周期(或年、季度、月)第 j 个周期点的数据, 那么, 季节指数和季节变差分别为

$$S_k = \frac{\bar{x}_k}{\bar{x}} = \frac{\dfrac{1}{L}\sum_{i=1}^{L} x_{ik}}{\dfrac{1}{Ls}\sum_{i=1}^{L}\sum_{j=1}^{s} x_{ij}} = \frac{s\sum_{i=1}^{L} x_{ik}}{\sum_{i=1}^{L}\sum_{j=1}^{s} x_{ij}}, \quad k = 1, 2, \cdots, s \tag{5.3.1}$$

$$C_k = \bar{x}_k - \bar{x} = \frac{1}{L}\sum_{i=1}^{L} x_{ik} - \frac{1}{Ls}\sum_{i=1}^{L}\sum_{j=1}^{s} x_{ij}, \quad k = 1, 2, \cdots, s \tag{5.3.2}$$

式中 S_k 为第 k 期季节指数, C_k 为第 k 期季节变差, 各周期点的平均数为

$$\bar{x}_k = \frac{1}{L}\sum_{i=1}^{L} x_{ik}, \quad k = 1, 2, \cdots, s \tag{5.3.3}$$

全时期的总平均为

$$\bar{x} = \frac{1}{Ls}\sum_{i=1}^{L}\sum_{j=1}^{s} x_{ij} \tag{5.3.4}$$

理论上, 计算季节指数时, 若以月为周期, 则 12 个月的季节指数之和应为 12, 即 $\sum_{k=1}^{12} S_k = 12$, 若以天为周期, 则一周 7 天的季节指数之和应为 7, 即 $\sum_{k=1}^{7} S_k = 7$; 如果计算时由于舍入误差, 使季节指数之和不等于相应标准时, 需用比例法将其调整为标准形态. 同理, 季节变差之和应等于 0, 否则也应作调整.

例 5.3.1 已知我国 2015—2019 年各季度的国内生产总值(亿元)数据如表 5.3.1 所示. 计算各季度的季节指数和季节变差.

解 第 1 季度的平均数为

$$\bar{x}_1 = \frac{1}{5}\sum_{i=1}^{5} x_{i1}$$

$$= \frac{1}{5}(150593.8 + 160967.3 + 179403.4 + 197920.0 + 218062.8)$$

$$\approx 181389.5$$

表 5.3.1　我国 2015—2019 年各季度的国内生产总值(亿元)数据

年度	第 1 季度 (第 1 周期点)	第 2 季度 (第 2 周期点)	第 3 季度 (第 3 周期点)	第 4 季度 (第 4 周期点)
2015(第 1 周期)	150593.8	318468.4	494272.1	685992.9
2016(第 2 周期)	160967.3	340846.0	530183.6	740060.8
2017(第 3 周期)	179403.4	378581.1	588405.3	820754.3
2018(第 4 周期)	197920.0	417215.4	646710.9	900309.5
2019(第 5 周期)	218062.8	460636.7	712845.4	990865.1

同理，可得第 2，3，4 季度的平均数，以及总平均数分别为

$$\bar{x}_2 \approx 383149.5, \quad \bar{x}_3 \approx 594483.5, \quad \bar{x}_4 \approx 827596.5, \quad \bar{x} \approx 496654.7$$

所以，第 1，2，3，4 季度的季节指数分别为

$$S_1 = \frac{\bar{x}_1}{\bar{x}} \approx 0.37, \quad S_2 = \frac{\bar{x}_2}{\bar{x}} \approx 0.77, \quad S_3 = \frac{\bar{x}_3}{\bar{x}} \approx 1.20, \quad S_4 = \frac{\bar{x}_4}{\bar{x}} \approx 1.67$$

所以，第 1，2，3，4 季度的季节变差分别为

$$C_1 = \bar{x}_1 - \bar{x} \approx -315265.2, \quad C_2 = \bar{x}_2 - \bar{x} \approx -113505.2,$$
$$C_3 = \bar{x}_3 - \bar{x} \approx 97828.8, \quad C_4 = \bar{x}_4 - \bar{x} \approx 330941.8$$

5.3.2　季节效应的周期趋势拟合法

季节效应的周期趋势拟合法通常分为三个步骤来进行，从而呈现时间序列的季节效应.

第一步是直接对时间序列 $\{X_t\}$ 建立适应性模型，利用适应性模型的自回归部分参数所组成的特征方程的特征根 λ_i 来判断周期性以及周期长度. 理论上，自回归部分的特征根中的虚根与时间序列中的周期趋势一一对应. 给定周期长度 s，也就确定了一对复共轭特征根的值，反过来，一对绝对值接近 1 的复共轭特征根，也就确定了序列中周期波动规律的周期长度 s. 表 5.3.2 给出了一些典型周期所对应的自回归部分特征根的理论值.

第二步是对已经确定时间序列中含有的周期趋势且判明周期长度 s 的序列，建立相应的拟合模型. 如果序列无长期趋势，仅存在一对复共轭特征根接近或者大于 1 时，则序列仅含有一个周期，可以用

$$S_t = B\sin(\omega t + \psi)$$

模型来拟合，其中 B 刻画该周期波动的振幅，ψ 为该周期波动的相位，ω 为该周期波动的频率，且 $\omega = \dfrac{2\pi}{s}$.

表 5.3.2　一些典型周期所对应的特征根的理论值

周期长度 s	3	4	5	6
特征根	$-0.500\pm i\,0.866$	$\pm i$	$0.039\pm i\,0.951$	$0.500\pm i\,0.866$
周期长度 s	7	8	9	10
特征根	$0.624\pm i\,0.782$	$0.707\pm i\,0.707$	$0.766\pm i\,0.463$	$0.809\pm i\,0.588$
周期长度 s	12	14	15	20
特征根	$0.866\pm i\,0.500$	$0.901\pm i\,0.434$	$0.914\pm i\,0.407$	$0.951\pm i\,0.309$
周期长度 s	21	24	25	28
特征根	$0.956\pm i\,0.295$	$0.966\pm i\,0.259$	$0.969\pm i\,0.249$	$0.975\pm i\,0.222$

如果序列具有趋势性, 仅存在一对复共轭特征根接近或者大于 1 时, 则时间序列的季节效应可以用

$$S_t = Be^{bt}\sin(\omega t + \psi)$$

模型来拟合, 其中 e^{bt} 表示其长期递增(或递减)的趋势.

如果序列具有长期趋势, 并存在 m 对复共轭特征根接近或者大于 1 时, 则序列含有一个主周期之外, 还存在若干次周期, 其中主周期为绝对值最大的复共轭特征根所对应的周期, 常用

$$S_t = \sum_{j=1}^{m} B_j e^{b_j t}\sin(j\omega_j t + \psi_j)$$

模型来拟合, 其中 m 为周期项数及其谐波的个数.

第三步是对已经确定的拟合模型进行参数化, 采样非线性最小平方法估计模型中的参数, 确立模型.

由于周期波动的相位 ψ 估计非常困难, 所以必须对拟合模型进行参数化. 参数化通过令 $c_j = \cos\psi_j$ 来实现, 即相当于对模型

$$S_t = \sum_{j=1}^{m} B_j e^{b_j t}\left[c_j\sin(j\omega t) + \sqrt{1 - c_j^{\,2}}\cos(j\omega t)\right]$$

中的参数采用非线性最小平方法进行估计, 从而确立模型, 刻画时间序列的季节效应.

5.4　X-11 方法简介

1931 年 Macauley 提出了季节调整的比率滑动平均法(ratio to moving average method), 1954 年美国商务部人口普查局在研究的比率滑动平均法的基础上, 开发了关于季节调整的最初的电子计算机程序, 开始大规模对经济时间序列进行了季节调整. 此后, 季节调整方法不断改进, 每次改进都以 X 再加上序号表示. 1960 年发

表了 X-3 方法；1961 年发表了 X-10 方法；1965 年 10 月发表了 X-11 方法. X-11 方法历经几次演变，已成为一种相当精细、典型的季节调整方法.

　　X-11 方法的核心是滑动平均方法. 它的特征在于除了能适应各种经济指标的性质，根据各种季节调整的目的，选择计算方式外，在不作选择的情况下，也能根据事先编入的统计基准，按数据本身的特征自动选择计算方式.

　　在 X-11 方法中，时间序列的变动假定由下面四个要素构成：①趋势与循环要素（TC_t）；②季节性变动要素（S_t）；③不规则变动要素（I_t）；④周工作日变动要素（D_t）；因经济指标的性质不同，这四种要素的构成也不同，通常有乘法与加法模型两种形式：

　　　　乘法模型　　$X_t = TC_t \times S_t \times I_t \times D_t$

　　　　加法模型　　$X_t = TC_t + S_t + I_t + D_t$

最常用的是乘法模型. X-11 方法的基本步骤为：趋势与循环要素项估计、分离趋势与循环要素项、季节因素估计与过滤、周工作日变动要素过滤、调整异常值、增补缺损值.

　　下面针对乘法模型来介绍.

　　(1)趋势与循环要素估计. X-11 方法采样两次中心移动平均对序列 X_t 趋势与循环要素进行估计. 对月度时间序列常常采样 2×12 的两次中心移动平均，对季度时间序列采用 2×4 的两次中心移动平均. 所谓 2×12 的两次中心移动平均，就是先对序列作期数为 12 的中心移动平均得到新序列，然后对新序列作期数为 2 的中心移动平均得到最终序列，即

$$Y_t = \frac{0.5X_{t-6} + X_{t-5} + \cdots + X_t + \cdots + X_{t+5} + 0.5X_{t+6}}{12} \tag{5.4.1}$$

$$TC_t = \frac{0.5Y_{t-1} + 0.5Y_{t+1}}{2} \tag{5.4.2}$$

　　(2)分离趋势与循环要素项. 对于加法模型，对原序列作减法剔除趋势项；对于乘法模型，对原序列作除法剔除趋势项，即

$$S_t I_t D_t = \frac{X_t}{TC_t} \tag{5.4.3}$$

　　(3)季节因素估计与过滤. 在 X-11 中，季节因素估计包括 3×3 初步的季节估计和 3×3、3×5 或 3×9 的最终季节估计两个环节. 多数情况下最终季节估计选择 3×5. 当季节模式迅速变化时用 3×3，当季节模式不是正在变化或不规则因素影响很大时用 3×9.

　　在选择最终季节估计后，得到了全程移动季节比率 S_t. 对剔除趋势项的序列作除法，过滤季节因素得到新序列，即

$$D_t I_t = \frac{X_t}{\mathrm{TC}_t S_t} \tag{5.4.4}$$

(4) 周工作日变动要素过滤. X-11 方法中的周工作日调整方法有两种. 一种是用户已了解该指标的周工作日变动状况，由用户先验地指定星期一、二至星期日各自的权数，从而得到周工作日调整要素，进行周工作日调整，称为先验的周工作日调整；另一种是通过回归分析自动求出星期一、二至星期日各自的权数，得到周工作日变动要素，然后根据 F 检验来判定是否进行周工作日调整，称为回归的周工作日调整.

在乘法模型中，回归的周工作日调整的回归公式如下：

$$I_i D_i - 1 = \frac{x_{i1} B_1 + x_{i2} B_2 + \cdots + x_{i7} B_7}{A_i} + R_i \tag{5.4.5}$$

在加法模型中，回归的周工作日调整的回归公式如下：

$$I_i D_i = x_{i1} B_1 + x_{i2} B_2 + \cdots + x_{i7} B_7 + R_i \tag{5.4.6}$$

其中 x_{ij} 为第 i 月中星期 j 的天数；B_i 为星期 i 的权重，权重满足 $\sum\limits_{i=1}^{7} B_i = 0$；$A_i$ 为第 i 月的天数，2 月取 28.25 天；R_i 为第 i 月的不规则要素.

通过回归方程，设得到的 B_i 的估计值为 b_i 时，则第 i 月的周工作日变动要素可由式 (5.4.5) 或式 (5.4.6) 求得. 在乘法模型中：

$$D_i = \{x_{i1}(b_1 + 1) + x_{i2}(b_2 + 1) + \cdots + x_{i7}(b_7 + 1)\} / A_i \tag{5.4.7}$$

(5) 调整异常值. 异常值是在不规则变动中具有显著异常值的项，如罢工、气候恶劣的影响所造成的数据的误差. 为了准确地分解经济时间序列中的各因素，必须修正、剔除了趋势性、季节性和周工作日影响的序列，使其不受异常值的影响.

从原时间序列剔除了趋势性、季节性和周工作日影响得到新序列：

$$I_t = \frac{X_t}{\mathrm{TC}_t S_t D_t} \tag{5.4.8}$$

计算 I_t 的标准差：

$$\sigma_t = \sqrt{\frac{1}{N} \sum_t (I_t - 1)^2} \tag{5.4.9}$$

当采用乘法模型时，将满足 $|I_i - 1| > 2.5\sigma_i$ 的 I_i 认为是异常的，在采用加法模型时，将 $|I_i| > 2.5\sigma_i$ 的 I_i 认为是异常的.

当采用乘法模型，异常值的修正权数 w_i 为

$$w_i = \begin{cases} 0, & \text{当 } |I_i - 1| > 2.5\sigma_i \text{ 时} \\ 1, & \text{当 } |I_i - 1| < 1.5\sigma_i \text{ 时} \\ 2.5 - |I_i - 1|/\sigma_i, & \text{当 } 1.5\sigma_i \leqslant |I_i - 1| \leqslant 2.5\sigma_i \text{ 时} \end{cases} \qquad (5.4.10)$$

当采用加法模型时, 异常值的修正权数 w_i 为将 (5.4.10) 的各式中的 $I_i - 1$ 换成 I_i.

利用上述的不等式可修正序列 I_i 的异常项. 对应于 $w_i < 1$ 的 I_i, 以该 w_i 为权, 与相近的前后各两项的 $I_{i-2}, I_{i-1}, I_{i+1}, I_{i+2}$ (注意所取的项对应的 w_i 必须等于 1, 否则取旁边的值) 共 5 项作加权平均, 用这样得到的 $\tilde{I}_i$ 替换 I_i. 若对应于 $w_i < 1$ 的 I_i 位于两端时, 以该 w_i 为权, 与其相近的 3 项 $w_i = 1$ 的 I_i 值共 4 项作加权平均, 用得到的这个平均值 $\tilde{I}_i$ 替换 I_i. 修正异常项后的 I_i 序列记 I_i^w.

修正异常值后, 数据的模型得以建立, 其模型为

$$X_t = \text{TC}_t \times S_t \times D_t \times I_t^w$$

(6) 增补缺损值. 进行移动平均是两端各损失了 $(n-1)/2$ 项. 如果是进行 2×12 的移动平均, 则两端各损失了 6 项. 所以, 必须对缺失的数值进行增补. 增补的方法通常是用相邻的两个周期点上的数值的算术平均值来增补.

5.5　时间序列的确定性分析

现代的因素分解方法, 将时间序列分析分解成三种成分: 长期趋势变动 T_t、季节效应 S_t, 不规则变动因素 I_t, 采用加法、乘法以及混合三种结合方式, 即

(1) 加法模型: $X_t = T_t + S_t + I_t$.

(2) 乘法模型: $X_t = T_t \cdot S_t \cdot I_t$.

(3) 混合模型: $X_t = S_t + T_t \cdot I_t$, $X_t = T_t \cdot S_t + I_t$.

通常采用加法模型或乘法模型. 如果季节效应和不规则因素的变动围绕长期趋势值上下波动, 但这种波动表现为一个大于或小于 1 的系数或百分比, 则采用乘法模型; 如果这种波动表现为正值或负值, 则采用加法模型.

对季节效应与长期趋势变动交织在一起的时间序列, 首先是剔除季节效应, 还是剔除趋势性变动, 存在两类观点. 一类观点是直接对原有数据计算相应的季节指数 (或季节变差), 剔除季节效应, 然后再对趋势项进行相应分析, 这种方法称为季节指数模型; 另一类观点是先对原有数据进行适当的移动平均, 剔除部分趋势性变动, 再计算季节指数, 然后再对剔除季节效应后的序列做适当的趋势拟合, 这种方法称为含趋势变动的季节指数模型.

建立季节指数模型的一般步骤如下:

第一步, 确定确定性时间序列的模型;

第二步, 计算每一周期点 (每季度、每月等等) 的季节指数 S_k (乘法模型) 或季节

变差 C_k（加法模型）；

第三步，用时间序列的每一个观测值除以适当的季节指数（或减去季节变差），消除季节影响；

第四步，对消除了季节影响的时间序列进行适当的趋势性分析；

第五步，剔除趋势项，检验不规则变动因素 I_t 是否为零均值的白噪声序列；

第六步，利用趋势模型进行预测；

第七步，用预测值乘以季节指数（或加上季节变差），计算出最终的带季节影响的预测值.

含趋势变动的季节指数模型方法的步骤如下：

第一步，确定确定性时间序列的模型，并计算原数列的移动平均（中心移动平均或单侧移动平均）；

第二步，用原数列各项观测值除以（或减去）该期相应的移动的平均数，得到一系列比率，这一步的目的是从原数列中剔除部分长期趋势，把季节影响显示出来，所得之每一比率中含有季节影响和一部分不规则影响；

第三步，对处理后的序列计算季节指数（或季节变差），调整季节指数，去掉季节项；

第四步，对消除了季节影响的时间序列进行趋势性拟合；

第五步，剔除趋势项，检验不规则变动因素 I_t 是否为零均值的白噪声序列；

第六步，进行预测.

5.6　基于 R 软件的确定性分析

例 5.6.1　获取 2020 年 1 月 2 日至 2020 年 5 月 30 日的贵州茅台收盘价，绘制其 5 日、10 日、20 日均线.

解　"5 日均线"属于股票术语，一般指股票最近 5 天内的成交价或者收盘价的平均值，也就是 $k=5$ 的一次移动平均. 均线指标是反映股票价格运行趋势的重要指标，运行趋势一旦形成将在一段时间内继续保持. 当某一只股票从下上穿五日均线时，说明最近 5 天投资者购买股票后整体是获利的，也就是投资这只股票赚钱. R 软件中的程序代码如下：

```
library(TTR)
library(pedquant)
moutai=md_stock("600519.SS",
                from="2020-01-02",to="2020-5-30",
                source="163",adjust=NULL)
time1=as.ts(moutai$'600519.ss'$close)
#SMA
```

```
sma5=SMA(time1,5)
sma10=SMA(time1,10)
sma20=SMA(time1,20)
#SMA
plot(time1,type='l',
    main="SMA 的黄金交叉和死亡交叉",ylab="SMA 均线")
lines(sma5,type='l',col="green",lty=6,lwd=2)
lines(sma10,col="red",lty=6,lwd=2)
lines(sma20,col="blue",lty=6,lwd=2)
```

下面将 5 日均线的前 18 个结果呈现在表 5.6.1 中.

表 5.6.1　原价格与 5 日移动平均的结果

时间	2020 年 1 月 2 日	2020 年 1 月 3 日	2020 年 1 月 6 日	2020 年 1 月 7 日	2020 年 1 月 8 日	2020 年 1 月 9 日
原价格	1130.00	1078.56	1077.99	1094.53	1088.14	1102.70
5 日移动平均	NA	NA	NA	NA	1093.844	1088.384
时间	2020 年 1 月 10 日	2020 年 1 月 13 日	2020 年 1 月 14 日	2020 年 1 月 15 日	2020 年 1 月 16 日	2020 年 1 月 17 日
原价格	1112.50	1124.27	1107.40	1112.13	1107.00	1091.00
5 日移动平均	1095.172	1104.428	1107.002	1111.800	1112.660	1111.660
时间	2020 年 1 月 20 日	2020 年 1 月 21 日	2020 年 1 月 22 日	2020 年 1 月 23 日	2020 年 2 月 3 日	2020 年 2 月 4 日
原价格	1091.00	1075.30	1052.80	1052.80	1003.92	1038.01
5 日移动平均	1105.006	1098.586	1091.262	1080.422	1059.706	1049.108

下面将 R 软件画出的图呈现如图 5.6.1 所示.

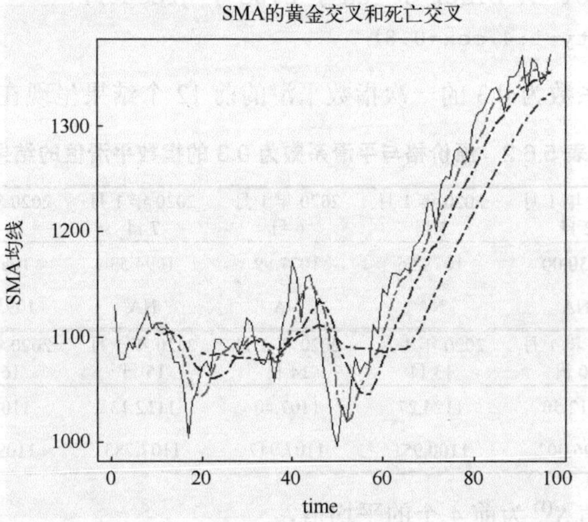

图 5.6.1　五日均线、十日均线、二十日均线与原始序列的交互图

例 5.6.2 获取 2020 年 1 月 2 日至 2020 年 5 月 30 日的贵州茅台收盘价, 对其进行平滑系数分别为 0.3,0.7 的一次指数平滑, 同时进行平滑系数 $\alpha=0.7$ 的二次指数平滑, 并在同一张图上绘制上述曲线.

解 输入下列代码并运行:

```
library(TTR)
library(pedquant)
moutai=md_stock("600519.SS",
          from="2020-01-02",to="2020-5-30",
          source="163",adjust=NULL)
time1=as.ts(moutai$`600519.ss`$close)
#EMA
ema.3=EMA(time1,4,ratio=0.3)
ema.7=EMA(time1,4,ratio=0.7)
dema.10=DEMA(time1,4,ratio=0.7)
plot(time1,type='l',main="EMA",
     xlab="Time",ylab="Price")
lines(ema.3,lty=3,lwd=2,type="o",pch="^",cex=1.2,col = "red")
lines(ema.7,lty=3,lwd=2,type="o",pch=".",cex=1.2,col = "blue")
lines(dema.10,lty=3,lwd=2,type="o",pch="*",cex=1.2,col =
"green")
legend("topleft",legend=c("data","ema0.3","ema0.7","dema0.7"),
       col=c('black','red','blue','green'),
       lty=1:4,cex=0.8)
```

下面将平滑系数为 0.3 的一次指数平滑的前 12 个结果呈现在表 5.6.2 中.

表 5.6.2　原价格与平滑系数为 0.3 的指数平滑值的结果

时间	2020 年 1 月 2 日	2020 年 1 月 3 日	2020 年 1 月 6 日	2020 年 1 月 7 日	2020 年 1 月 8 日	2020 年 1 月 9 日
原价格	1130.00	1078.56	1077.99	1094.53	1088.14	1102.70
平滑值	NA	NA	NA	NA	1095.270	1093.131

时间	2020 年 1 月 10 日	2020 年 1 月 13 日	2020 年 1 月 14 日	2020 年 1 月 15 日	2020 年 1 月 16 日	2020 年 1 月 17 日
原价格	1112.50	1124.27	1107.40	1112.13	1107.00	1091.00
平滑值	1096.002	1100.951	1107.947	1107.783	1109.087	1108.461

也就是初始值 $S_0^{(1)}$ 为前 4 个的平均值,

$$S_0^{(1)} = \frac{1}{4}(x_1 + x_2 + x_3 + x_4)$$
$$= \frac{1}{4}(1130.00 + 1078.56 + 1077.99 + 1094.53)$$
$$\approx 1095.270$$

2020 年 1 月 2 日至 2020 年 1 月 7 日的平滑值是缺失的, 2020 年 1 月 8 日的值是 $S_0^{(1)}$, 2020 年 1 月 9 日平滑值是 $S_1^{(1)}$, 即

$$S_1^{(1)} = \alpha x_1 + (1-\alpha)S_0^{(1)}$$
$$= 0.3 \times 1088.14 + (1-0.3) \times 1095.270$$
$$= 1093.131$$

下面将 R 软件画出的图呈现如图 5.6.2 所示.

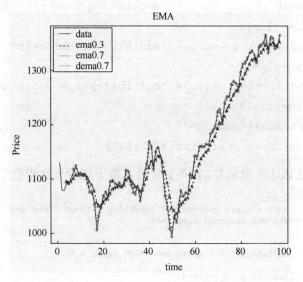

图 5.6.2 不同参数下的一次指数平滑与原始序列、二次指数平滑的交互图

例 5.6.3 对在 R 软件 "fpp2" 包中的名称为 "austourists" 的, 1999 年至 2015 年每季度在澳大利亚度假的国际游客数据, 进行霍尔特-温特斯的指数平滑.

解 输入下列代码并运行:

```
library(fBasics)
library(forecast)
library(TTR)
library(fpp2)
library(stats)
austourists
```

```
aust=window(austourists,start=1999,end=2013)
mod1=HoltWinters(aust,beta=F,gamma=F)
mod2=HoltWinters(aust,alpha=0.5,beta=F,gamma=F)
mod3=HoltWinters(aust,gamma=F)
mod4=HoltWinters(aust,seasonal="additive")
mod5=HoltWinters(aust,seasonal="multiplicative")
ylim1= c(min(aust), max(aust))
plot(mod1$fitted, main = "Simple Exponential Smooth",
    ylim=ylim1)
plot(mod2$fitted, main = "Simple Exponential Smooth (aphl = 0.5)",
    ylim=ylim1)
plot(mod3$fitted, main = "double  Exponential Smooth",
    ylim=ylim1)
plot(mod4$fitted, main = "additive HoltWinters",
    ylim=ylim1)
plot(mod4$fitted, main = "multiplicative HoltWinters",
    ylim=ylim1)
fore3=forecast(mod3,h=7)
accuracy(fore3,austourists[62:68])
```

模型 mod1 是估计平滑系数, 在得到平滑系数下进行一次指数平滑, 其结果如下:

```
> mod1
Holt-Winters exponential smoothing without trend and
without seasonal component.

Call:
HoltWinters(x = aust, beta = F, gamma = F)

Smoothing parameters:
 alpha: 0.1965294
 beta : FALSE
 gamma: FALSE

Coefficients:
    [,1]
a 54.79131
```

模型 mod1 中平滑系数 α 的估计值大约为 0.197, 基于平滑系数 $\alpha \approx 0.197$ 进行一次指数平滑时, 初始值大约为 54.79.

模型 mod2 是给定平滑系数下进行一次指数平滑, 模型 mod3 是霍尔特-温特斯两参数平滑模型, 模型 mod4 是霍尔特-温特斯三参数加法平滑模型, 模型 mod5 是霍尔特-温特斯三参数乘法平滑模型, 模型 mod5 的结果如下:

```
> mod5
Holt-Winters exponential smoothing with trend and
 multiplicative seasonal component.

Call:
HoltWinters(x = aust, seasonal = "multiplicative"
)

Smoothing parameters:
 alpha: 0.3689006
 beta : 0.0423406
 gamma: 0.334532

Coefficients:
    [,1]
a 56.5610782
b  0.5936613
s1 0.7410533
s2 0.9314767
s3 0.9879656
s4 1.1899569
```

模型 mod4 中平滑系数估计值分别为 $\alpha \approx 0.37, \beta \approx 0.04, \gamma \approx 0.33$，水平项 a_t 的初始值大约为 56.56，趋势项 b_t 的初始值大约为 0.59，季节指数 S_t 的初始值分别为 0.74,0.93,0.99,1.19，模型 mod4 的拟合值的图像如图 5.6.3 所示.

multiplicative Holt-Winters

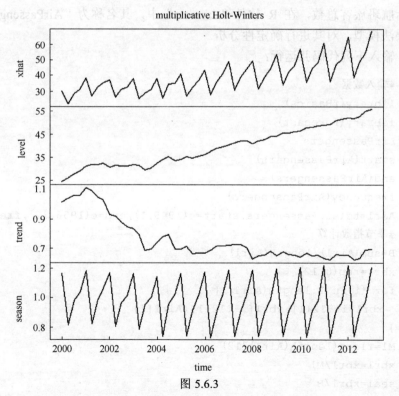

图 5.6.3

图 5.6.3 中的 "level" 为水平项，即 $a_t = \alpha \dfrac{x_t}{S_{t-s}} + (1-\alpha)(a_{t-1} + b_{t-1})$，"trend" 为趋

势项, 即 $b_t = \beta(a_t - a_{t-1}) + (1-\beta)b_{t-1}$, "season" 为季节效应项, 即 $S_t = \gamma \dfrac{x_t}{a_t} + (1-\gamma)S_{t-s}$,

"xhat" 是预测值, 即 $F_{t+m} = (a_t + b_t m)S_{t+m-s}, m = s+1, s+2, \cdots$.

"fore3" 是基于模型 mod3, 向前预测 7 步, 其预测精度利用 "accuracy()" 来计算, 相应的结果如下:

```
> fore3
        Point Forecast    Lo 80    Hi 80
2014 Q2       60.23622  46.98573 73.48671
2014 Q3       62.60791  47.59723 77.61858
2014 Q4       64.97959  47.09656 82.86262
2015 Q1       67.35128  45.59696 89.10560
2015 Q2       69.72297  43.26751 96.17843
2015 Q3       72.09465  40.25202 103.93728
2015 Q4       74.46634  36.65545 112.27723
           Lo 95    Hi 95
2014 Q2  39.97135   80.50109
2014 Q3  39.65106   85.56475
2014 Q4  37.62986   92.32933
2015 Q1  34.08091  100.62164
2015 Q2  29.26283  110.18310
2015 Q3  23.39555  120.79375
2015 Q4  16.63957  132.29311
```

```
> accuracy(fore3,austourists[62:68])
                   ME      RMSE       MAE
Training set  1.117848  10.31218  8.440093
Test set     -9.385048  12.50564 11.072404
                  MPE      MAPE      MASE
Training set -0.07649217 23.82525 0.899046
Test set     -18.80909819 21.11244 1.179442
                  ACF1
Training set -0.04639987
Test set          NA
```

例 5.6.4　选用 Box & Jenkins 经典教材中航空数据, 即从 1949 年到 1960 年的每月国际航班旅客总数, 在 R 软件 "datasets" 中, 其名称为 "AirPassengers", 现在利用乘法模型, 对其进行确定性分析.

解　输入下列代码并运行:

```
#输入数据
library(fBasics)
library(forecast)
AirPassengers
start(AirPassengers)
end(AirPassengers)
frequency(AirPassengers)
Air1=ts(AirPassengers,start=c(1949,1),end=c(1956,12),freq=12)
#季节指数计算
B=sum(Air1)/length(Air1)
xbr1=rep(0,12)
for (i in 1:length(Air1)){
  xbr1[i%%12+1]=xbr1[i%%12+1]+Air1[i]
}
M1=floor(length(Air1)/12)
xbr1=xbr1/M1
sea1=xbr1/B
seafactor=rep(0,12)
seafactor[1:11]=sea1[2:12]
```

```
seafactor[12]=sea1[1]
#季节调整
seaadj=c(0)
for (i in 1:length(Air1)){
  seaadj[i]=Air1[i]/sea1[i%%12+1]
  }
seaadj=ts(seaadj,frequency = 12,start=c(1949,1))

#趋势拟合
tt1=c(1:length(Air1))
tt2=tt1^2
#线性回归拟合
fit_1=lm(seaadj~tt1)
summary(fit_1)
par(mfrow=c(2,2))
plot(fit_1,which=c(1:4))
#二次曲线拟合
fit_2=lm(seaadj~tt1+tt2)
summary(fit_2)
par(mfrow=c(2,2))
plot(fit_2,which=c(1:4))
add0=fit_2$coefficients[1]
add1=fit_2$coefficients[2]*tt1
add2=fit_2$coefficients[3]*tt2
trend1=add0+add1+add2
trend1=ts(trend1,frequency = 12,start=c(1949,1))
#残差提取
resd1=c(0)
for (i in 1:length(Air1)){
  resd1[i]=seaadj[i]/trend1[i]
}
resd1=ts(resd1,frequency = 12,start=c(1949,1))
#画图
par(mfrow=c(2,2))
ts.plot(Air1,main='原始序列')
ts.plot(seaadj,main='季节调整')
ts.plot(trend1,main='趋势提取')
ts.plot(resd1,main='残差')
```

整个程序分为五个部分. 第一个部分通过循环程序, 将不同周期同一周期点上的数

据进行求和，然后计算季节指数. 由于在循环程序中采用的是取余运算（A%%B 为取余
运算），所以，1 月的季节指数赋值给了 xbr1 的第 2 个元素，12 月的季节指数赋值给了
xbr1 的第 1 个元素，所以，重新赋值得到了季节指数，季节指数命名为"seafactor". 第
二部分通过循环程序，实现了原始序列除以所对应的季节指数，从而达到季节调整的
目的. 第三部分是对季节调整后的序列拟合其趋势性，分别建立了一元线性回归模型和
二次曲线模型来拟合趋势性，最后，是用二次曲线模型来提取的趋势项. 第四部分是剔
除趋势项，获得残差序列. 由于模型采用的是乘法模型，所以，剔除方式就是除法，最
后得到了残差序列. 第五部分是绘制图像，其图像的结果如图 5.6.4 所示.

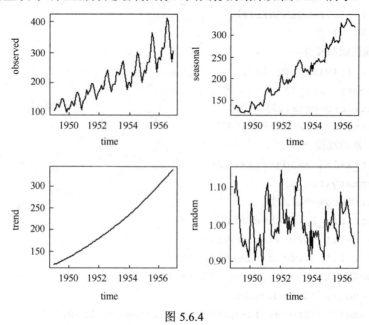

图 5.6.4

在 R 软件中提供了"decompose()"函数，它可以直接对时间序列进行确定性
分析，下面是相关代码：

```
Result2=decompose(Air1,type="mult")
plot(Result2)
pResult2$figure
plot.ts(Result2$trend)
abline(lm(Result2$trend~time(Air1)),col="red")
```

其中 Result2 是采用乘法模型，对 Air1 进行确定分析，其过程是首先使用移动平均
确定趋势项，并将趋势项从时间序列中剔除. 然后，对剔除趋势项得到的时间序列，
来计算季节指数（或季节变差）. 最后，通过从原始时间序列中剔除趋势项和季节性
项，来确定残差序列."Result2"的图像如图 5.6.5 所示.

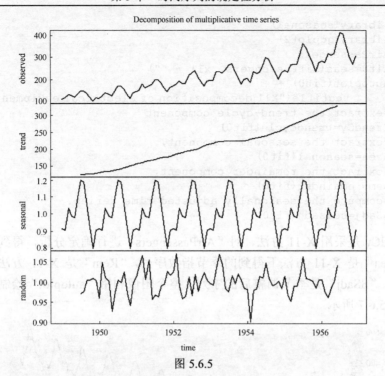

图 5.6.5

其中"observed"是原始序列,"trend"是趋势性的拟合,"seasonal"是季节指数的重复性序列,"random"是残差序列."Result2\$figure"是计算所得的季节指数,其结果为

```
> Result2$figure
 [1] 0.9100037 0.8873765 1.0182037 0.9754120
 [5] 0.9798128 1.1115898 1.2221466 1.2135961
 [9] 1.0609168 0.9217670 0.8002132 0.8989616
```

Result2\$trend 是趋势项,它是一个时间序列,将其画出,并画上一元线性回归的直线,以呈现出移动平均法和一元线性回归的差异性,其图如图 5.6.6 所示.

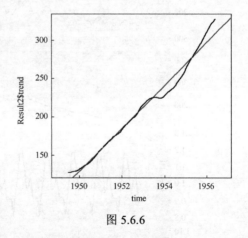

图 5.6.6

例 5.6.5 选用从 1949 年到 1960 年的每月国际航班旅客总数"AirPassengers",现在利用 X-11 方法,对其进行确定性分析.

解 在 R 软件的"seasonal"包中提供了"seas()"函数,它可以对时间序列进行 X-11 方法,下面是相关代码:

```
library(fBasics)
library(forecast)
```

```
library(seasonal)
library(ggplot2)
AirPassengers
fit0=seas(AirPassengers, x11 = "")
autoplot(fit0) +
       ggtitle("X11 decomposition of electrical equipment index")
#extract the trend-cycle component
TrendCy=trendcycle(fit0)
#extract the seasonal component,
Ssea=seasonal(fit0)
#extract the remainder component,
Rem=remainder(fit0)
#compute the seasonally adjusted time series.
SSadj=seasadj(fit0)
```

其中 TrendCy 是采用 X-11 方法,对"AirPassengers"进行确定分析,得到的趋势循环项."Ssea"是 X-11 方法下得到的季节指数序列,"Rem"是 X-11 方法下得到的残差序列,"SSadj"是季节调整后的序列,整个图像利用"autoplot"绘制出来,其图像如图 5.6.7 所示.

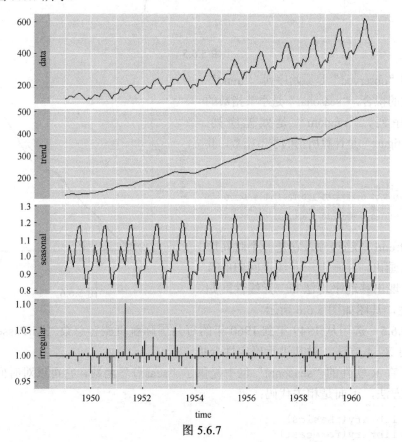

图 5.6.7

其中"trend"是 TrendCy 所对应的图像,是趋势循环项的拟合,"seasonal"是
"Ssea"的图像,也就是季节指数序列的图像,是季节性变动的拟合,"irregular"是
残差序列所对应的图像,"data"是原始数据的图像.

习　题　5

1. 某一观测值序列最后 4 期的观测值为

$$5, \ 5.5, \ 5.8, \ 6.2$$

(1)使用 4 期移动平均法预测 $\hat{x}_{T+2}$.

(2)求在二期预测值 $\hat{x}_{T+2}$ 中 x_T 前面的系数等于多少?

2. 对某一观测值序列 $\{x_t\}$ 使用指数平滑法. 已知 $x_T = 10$, $x_{T-1} = 10.5$,平滑系数 $\alpha = 0.25$,

(1)求二期预测值 $\hat{x}_T(2)$.

(2)求在二期预测值 $\hat{x}_T(2)$ 中 x_T 前面的系数等于多少?

3. 下表是我国 1980—1981 年平板玻璃月产量.

(1)试求 3 期和 5 期一次移动平均法进行预测.

(2)利用下表数据运用一次指数平滑法对 1981 年 1 月我国平板玻璃月产量进行预测(取 $\alpha = 0.3$, 0.5 , 0.7). 并计算均方误差选择使其最小的 α 进行预测.

时间	1980 年 1 月	1980 年 2 月	1980 年 3 月	1980 年 4 月	1980 年 5 月	1980 年 6 月
观测值	203.8	214.1	229.9	223.7	220.7	198.4
时间	1980 年 7 月	1980 年 8 月	1980 年 9 月	1980 年 10 月	1980 年 11 月	1980 年 12 月
观测值	207.8	228.5	206.5	226.8	247.8	259.5

4. 某企业某种产品 2004 年 1—11 月份的销售额如下表所示, a 取值分别为 0.2,0.8,试运用一次指数平滑预测 2004 年 12 月份的销售额.

时间	2004 年 1 月	2004 年 2 月	2004 年 3 月	2004 年 4 月	2004 年 5 月	2004 年 6 月
销售额	38	45	35	49	70	43
时间	2004 年 7 月	2004 年 8 月	2004 年 9 月	2004 年 10 月	2004 年 11 月	2004 年 12 月
销售额	46	55	45	65	64	

5. 使用指数平滑法得到 $\tilde{x}_{t-1} = 5$, $\tilde{x}_{t+1} = 5.26$,已知序列观测值 $x_t = 5.25$, $x_{t+1} = 5.5$ 求平滑指数 α .

6. 某公司 1990—2000 年的产品销售数据如下表(单位:万元):

年份	1990	1991	1992	1993	1994	1995
销售额	80	83	87	89	95	101
年份	1996	1997	1998	1999	2000	
销售额	107	115	125	134	146	

(1)应用三年和五年移动平均法计算趋势值.

(2)拟合趋势直线,并计算各年的趋势值.

第6章 非平稳时间序列随机性分析

时间序列 $\{X_t\}$ 是长期趋势变动 T_t、季节效应 S_t、循环变动 C_t 和不规则变动因素 I_t 共同作用的结果. 确定性时间序列分析方法,其原理是用确定性函数对长期趋势变动 T_t、季节效应 S_t、循环变动 C_t 进行拟合,将非平稳时间序列平稳化. 这种方法原理简单、操作简便. 但确定性分析对随机性信息浪费比较严重,而且没有明确有效的方法判断是采用加法模型,还是乘法模型或混合模型,所以不能充分提取时间序列中非平稳信息,拟合精度不够理想. 为弥补确定性分析方法的不足,随机性分析方法得到了发展. 本章围绕非平稳时间序列的随机性分析方法展开.

6.1 ARIMA 模型

6.1.1 ARIMA 模型的结构

如果时间序列 $\{X_t\}$ 蕴含着显著的线性趋势,而季节性的影响不明显,那么根据确定性分析的方法,可以对时间序列建立线性模型,

$$X_t = \beta_0 + \beta_1 t + \varepsilon_t, \quad \varepsilon_t \sim \mathrm{WN}(0, \sigma_\varepsilon^2)$$

那么,时间序列 $\{X_t\}$ 的一阶差分后得到的时间序列 $\{Y_t\}$ 为

$$Y_t = \nabla X_t = (1 - B) X_t = \beta_1 + \varepsilon_t - \varepsilon_{t-1}$$

所以,一阶差分后消除了线性趋势的影响,实现了具有显著线性趋势的时间序列的平稳化.

如果时间序列蕴含着二次曲线趋势,即

$$X_t = \beta_0 + \beta_1 t + \beta_2 t^2 + \varepsilon_t, \quad \varepsilon_t \sim \mathrm{WN}(0, \sigma_\varepsilon^2)$$

那么,时间序列 $\{X_t\}$ 的一阶差分后得到的时间序列 $\{Y_{1t}\}$ 为

$$Y_{1t} = \nabla X_t = (1 - B) X_t = \beta_1 + \beta_2 (2t - 1) + \varepsilon_t - \varepsilon_{t-1}$$

对时间序列 $\{Y_{1t}\}$ 再进行一阶差分,也就是对时间序列 $\{X_t\}$ 进行二阶差分,其得到的时间序列 $\{Y_{2t}\}$ 为

$$
\begin{aligned}
Y_{2t} &= \nabla Y_{1t} = Y_{1t} - Y_{1t-1} \\
&= \nabla^2 X_t = (1 - B)^2 X_t \\
&= 2\beta_2 + \varepsilon_t - 2\varepsilon_{t-1} + \varepsilon_{t-2}
\end{aligned}
$$

　　所以，二阶差分后消除了二次曲线趋势的影响，实现了具有显著二次曲线趋势的时间序列的平稳化.

　　记 $\nabla^d X(t)(d=1,2,\cdots)$ 是时间序列 $\{X_t\}$ 的 d 阶差分算子，实际上，

$$\nabla^d X(t) = \nabla(\nabla^{d-1}X_t - \nabla^{d-1}X_{t-1})$$

$$= (1-B)^d X(t) = \sum_{m=0}^{d} C_d^m (-1)^m B^m X(t)$$

$$= \sum_{m=0}^{d} C_d^m (-1)^m X_{t-m} \tag{6.1.1}$$

所以，对时间序列 $\{X_t\}$ 进行 d 阶差分，实际就是使用特定系数的线性回归方程消除时间序列 $\{X_t\}$ 的趋势性，从而实现了具有显著长期趋势时间序列的平稳化.

　　定义 6.1.1　如果一个时间序列 $\{X_t\}$ 经过 d 阶差分后变为了平稳时间序列，而且能利用 ARMA 模型对差分后的时间序列建模，那么，时间序列 $\{X_t\}$ 的模型结构称为**自回归求和移动平均模型**（auto regressive integrated moving average model），简称 ARIMA(p,d,q) 模型，具体表达式如下：

$$\begin{cases} (1-\varphi_1 B - \varphi_2 B^2 - \cdots - \varphi_p B^p)(1-B)^d X_t = (1+\theta_1 B + \theta_2 B^2 + \cdots + \theta_q B^q)\varepsilon_t \\ E(\varepsilon_t)=0,\ \ \mathrm{Var}(\varepsilon_t)=\sigma_\varepsilon^2, E(\varepsilon_t \varepsilon_s)=0, s \neq t \\ E X_s \varepsilon_t = 0, \forall s < t \end{cases} \tag{6.1.2}$$

其中 $\varphi(B)=1-\varphi_1 B - \varphi_2 B^2 - \cdots - \varphi_p B^p$ 满足平稳性条件，$\theta(B)=1+\theta_1 B + \theta_2 B^2 + \cdots + \theta_q B^q$ 满足可逆性条件，$\varphi(B)$ 和 $\theta(B)$ 之间无公共因子，d 为差分阶数，p 为自回归阶数，q 为移动平均阶数，$d,p,q \in \mathbf{N}$，$\mathbf{N}$ 表示自然数集合.

　　在 ARIMA(p,d,q) 模型中，若 $p=0$，则该模型称为求和移动平均模型，简记为 IMA(d,q)；若 $q=0$，则该模型称为求和自回归模型，简记为 ARI(p,d). 若 $d=1$，$p=0$，$q=0$，则该模型称为随机游走模型（random walk model）. 若 $d=0$，自回归求和移动平均模型就变为了自回归移动平均模型.

　　尽管一个时间序列可以用自回归求和移动平均模型来描述，但并不能肯定它就是非平稳时间序列；同样，一个非平稳时间序列也不一定就符合自回归求和移动平均模型. 例如，时间序列 $\{X_t\}$ 和 $\{Y_t\}$ 的结构分别如下：

$$X_t = 0.5 X_{t-1} + \varepsilon_t, \quad Y_t = 10.5 Y_{t-1} + \varepsilon_t, \quad \varepsilon_t \sim \mathrm{WN}(0,\sigma_\varepsilon^2)$$

那么，

$$X_t - X_{t-1} = -0.5 X_{t-1} + \varepsilon_t, \quad Y_t - Y_{t-1} = 9.5 Y_{t-1} + \varepsilon_t$$

显然，时间序列 $\{X_t\}$ 是符合 ARIMA 模型的定义，但是它是一个平稳时间序列. 而时间序列 $\{Y_t\}$ 无论经过多少阶差分，其差分所得时间序列都不是平稳时间序列，不

满足 ARIMA 模型的定义. 实际上，时间序列 $\{Y_t\}$ 是一个非平稳时间序列，而且不符合自回归求和移动平均模型.

定义 6.1.2　在 ARIMA(p,d,q)模型中，称 $\Phi(B) = (1 - \varphi_1 B - \varphi_2 B^2 - \cdots - \varphi_p B^p)(1-B)^d$ 为广义自回归多项式，其所对应的特征方程:

$$f(z) = (z^p - \varphi_1 z^{p-1} - \varphi_2 z^{p-2} - \cdots - \varphi_p)(z-1)^d = 0 \qquad (6.1.3)$$

为广义自回归的特征方程.

广义自回归特征方程的特征根共有 $d+p$ 个，其中 d 个单位根，p 个模小于 1 的特征根，而且这 p 个特征根完全由自回归部分的特征方程决定. 由于时间序列 $\{X_t\}$ 经过 d 阶差分后变为了平稳序列，所以其余 p 个特征根的模小于 1，即对于 ARIMA(p,d,q)，其广义自回归特征方程的特征根有 d 个特征根在单位圆上，p 个在单位圆内，这是 ARIMA(p,d,q)模型与平稳 ARMA(p,q)模型最大的区别.

6.1.2　ARIMA 模型的统计特征

性质 6.1.1　如果一个时间序列 $\{X_t\}$ 符合 ARIMA(p,d,q)模型，即

$$(1 - \varphi_1 B - \varphi_2 B^2 - \cdots - \varphi_p B^p)(1-B)^d X_t = (1 + \theta_1 B + \theta_2 B^2 + \cdots + \theta_q B^q)\varepsilon_t$$

那么，其方差函数 $D(X_t)$ 是时间 t 的函数，协方差函数 $\mathrm{Cov}(X_t, X_{t-k})$ 是 t,k 的二元函数，不满足平稳性.

下面以 $d=1$ 和 $d=2$ 的两种情况来说明性质 6.1.1.

假设时间序列 $\{X_t\}$ 符合 ARIMA$(p,1,q)$模型，即

$$Y_t = X_t - X_{t-1} = \nabla X_t, \qquad \varphi(B)Y_t = \theta(B)\varepsilon_t$$

其中 $\varepsilon_t \sim \mathrm{WN}(0, \sigma_\varepsilon^2)$，$\varphi(B)$ 满足平稳性条件，$\theta(B)$ 满足可逆性条件，时间序列 $\{Y_t\}$ 是平稳时间序列，那么，

$$X_t = X_t - X_{t-1} + X_{t-1} - X_{t-2} + \cdots + X_2 - X_1 + X_1 = X_1 + \sum_{j=1}^{t-1} Y_{j+1} \qquad (6.1.4)$$

$$X_{t-k} = X_{t-k} - X_{t-k-1} + X_{t-k-1} - X_{t-k-2} + \cdots + X_2 - X_1 + X_1 = X_1 + \sum_{j=1}^{t-k-1} Y_{j+1} \qquad (6.1.5)$$

当 X_1 是常数时，

$$D(X_t) = (t-1)D(Y_t) = (t-1)\sigma_Y^2$$

$$D(X_{t-k}) = (t-k-1)D(Y_t) = (t-k-1)\sigma_Y^2$$

所以，符合 ARIMA$(p,1,q)$模型的时间序列 $\{X_t\}$ 的方差依赖于时间 t，且 $D(X_t) \neq D(X_{t-k})$，当 $t \to +\infty$ 时，$D(X_t)$ 的值是无界的.

假设 $1 < t-k-1 < t-1$，当 X_1 是常数时，计算协方差函数，得

$$\text{Cov}(X_t, X_{t-k}) = \text{Cov}\left(\sum_{j=1}^{t-1} Y_{j+1}, \sum_{j=1}^{t-k-1} Y_{j+1}\right) = D\left(\sum_{j=1}^{t-k-1} Y_{j+1}\right) + \text{Cov}\left(\sum_{j=t-k}^{t-1} Y_{j+1}, \sum_{j=1}^{t-k-1} Y_{j+1}\right)$$

$$= (t-k-1)\sigma_Y^2 + \text{Cov}\left(\sum_{j=t-k}^{t-1} Y_{j+1}, \sum_{j=1}^{t-k-1} Y_{j+1}\right)$$

所以，协方差函数 $\text{Cov}(X_t, X_{t-k})$ 是 t, k 的二元函数，不满足平稳性.

假设时间序列 $\{X_t\}$ 符合 $\text{ARIMA}(p,2,q)$ 模型，即

$$W_t = X_t - 2X_{t-1} + X_{t-2} = (1-B)^2 X_t = \nabla^2 X_t, \quad \varphi(B)W_t = \theta(B)\varepsilon_t$$

其中，时间序列 $\{W_t\}$ 是平稳时间序列，$\varepsilon_t \sim \text{WN}(0, \sigma_\varepsilon^2)$. 那么，

$$X_{t+1} = X_{t+1} - X_t + X_t - X_{t-1} + \cdots + X_3 - X_2 + X_2 = X_2 + \sum_{j=1}^{t-1} \nabla X_{j+2} \tag{6.1.6}$$

$$X_t = X_t - X_{t-1} + X_{t-1} - X_{t-2} + \cdots + X_2 - X_1 + X_1 = X_1 + \sum_{j=1}^{t-1} \nabla X_{j+1} \tag{6.1.7}$$

将式 (6.1.6) 减去式 (6.1.7) 得

$$\nabla X_{t+1} = \nabla X_2 + \sum_{j=1}^{t-1} \nabla^2 X_{j+2}, \quad t > 2 \tag{6.1.8}$$

也就是 $\nabla X_{j+1} = \nabla X_2 + \sum_{m=1}^{j-1} \nabla^2 X_{m+2}, j > 2$，将其代入式 (6.1.7) 得

$$X_t = X_1 + \nabla X_2 + \sum_{j=2}^{t-1}\left(\nabla X_2 + \sum_{m=1}^{j-1} \nabla^2 X_{m+2}\right)$$

$$= X_1 + (t-1)\nabla X_2 + \sum_{j=2}^{t-1}\sum_{m=1}^{j-1} W_{m+2}$$

$$= X_1 + (t-1)(X_2 - X_1) + \sum_{m=1}^{t-2}(t-m-1)W_{2+m}$$

同理，可得

$$X_{t-k} = X_1 + (t-k-1)(X_2 - X_1) + \sum_{m=1}^{t-k-2}(t-k-m-1)W_{2+m}$$

显然，时间序列 $\{X_t\}$ 的方差依赖于时间 t 的，$D(X_t) \neq D(X_{t-k})$. 协方差函数 $\text{Cov}(X_t, X_{t-k})$ 是 t, k 的二元函数.

也就是说，如果一个时间序列 $\{X_t\}$ 经过 d 阶差分后变为了平稳序列 $\{W_t\}$，那么，

平稳序列 $\{W_t\}$ 必须经过累次求和才能恢复原来的时间序列 $\{X_t\}$. 正因为累次求和才能恢复原来的时间序列 $\{X_t\}$，所以，满足 ARIMA 模型的时间序列 $\{X_t\}$ 的方差依赖于时间 t，协方差函数 $\mathrm{Cov}(X_t,X_{t-k})$ 是 t,k 的二元函数，不满足平稳性.

虽然，满足 ARIMA(p,d,q) 模型的时间序列 $\{X_t\}$，其方差依赖于时间 t，协方差函数 $\mathrm{Cov}(X_t,X_{t-k})$ 是 t,k 的二元函数，但其格林函数的求法和预测方法，与 ARMA(p,q) 模型是一致的.

例 6.1.1　已知 ARIMA(1,1,1) 模型为：$(1-0.8B)(1-B)X_t=(1-0.6B)\varepsilon_t$，而且 $x_{t-1}=4.5$，$x_t=5.3$，$\hat{\varepsilon}_t=0.8$，$\sigma_\varepsilon^2=1$，求 $\hat{X}_t(3)$ 的 95% 的置信区间.（保留两位小数）

解　$(1-0.8B)(1-B)X_t=(1-0.6B)\varepsilon_t$ 等价于

$$X_t=1.8X_{t-1}-0.8X_{t-2}+\varepsilon_t-0.6\varepsilon_{t-1}$$

根据条件期望的预测公式知

$$\hat{x}_t(1)=1.8x_t-0.8x_{t-1}-0.6\varepsilon_t=5.46$$
$$\hat{x}_t(2)=1.8\hat{x}_t(1)-0.8x_t\approx5.59$$
$$\hat{x}_t(3)=1.8\hat{x}_t(2)-0.8\hat{x}_t(1)\approx5.69$$

将 $X_t=\sum_{j=0}^{\infty}G_jB^j\varepsilon_t$ 代入 ARIMA(1,1,1) 模型，得

$$(1-1.8B+0.8B^2)\sum_{j=0}^{\infty}G_jB^j\varepsilon_t=(1-0.6B)\varepsilon_t$$

比较 B 的同次幂的系数得

$$G_0=1，\quad G_1-1.8G_0=-0.6，\quad G_2-1.8G_1+0.8G_0=0$$

$$(1-1.8B+0.8B^2)G_l=0,\quad l\geqslant 2$$

记 λ_1,λ_2 是方程 $\lambda^2-1.8\lambda+0.8=0$ 的两个根，则 $\lambda_1=1,\lambda_2=0.8$，格林函数的通解为

$$G_j=g_1\lambda_1^j+g_2\lambda_2^j=g_1+g_2 0.8^j,\quad j\geqslant 2\quad (g_1,g_2\text{ 为常数})$$

显然，

$$G_1=1.8-0.6=1.2,\quad G_2=1.8G_1-0.8=1.36$$

$$(1+G_1^2+G_2^2)\hat{\sigma}_\varepsilon^2=4.2896$$

令 $\hat{\sigma}_t(3)=\sqrt{(1+G_1^2+G_2^2)\hat{\sigma}_\varepsilon^2}=\sqrt{4.2896}$，则 $\hat{X}_t(3)$ 的置信度为 95% 的预测区间为

$$(\hat{X}_t(3)-1.96\hat{\sigma}_t(3),\hat{X}_t(3)+1.96\hat{\sigma}_t(3))=(1.63,9.75)$$

6.1.3　过差分和单位根检验

在建立 ARIMA(p,d,q) 模型时，应注意差分阶数 d 的确定. 理论上，足够高阶的

差分运算能充分提取非平稳时间序列的长期趋势性，将非平稳时间序列转化为平稳时间序列. 但是由于 d 阶差分运算是一种对信息的提取和加工的过程，若 d 太大会造成有用信息的浪费，也会造成残差方差变大，这就是所谓的过差分现象.

例如，假设时间序列 $\{X_t\}$ 蕴含着显著的线性趋势，其结构如下：

$$X_t = \beta_0 + \beta_1 t + \varepsilon_t, \quad \varepsilon_t \sim \mathrm{WN}(0, \sigma_\varepsilon^2)$$

那么，一阶差分的时间序列 $\{Y_{1t}\}$ 和二阶差分的时间序列 $\{Y_{2t}\}$ 分别为

$$Y_{1t} = \nabla X_t = X_t - X_{t-1} = \beta_1 + \varepsilon_t - \varepsilon_{t-1}$$

$$Y_{2t} = \nabla^2 X_t = \nabla X_t - \nabla X_{t-1} = X_t - 2X_{t-1} + X_{t-2} = \varepsilon_t - 2\varepsilon_{t-1} + \varepsilon_{t-2}$$

显然，$\{Y_{1t}\}$ 与 $\{Y_{2t}\}$ 都是平稳性序列，但是，

$$\mathrm{Var}(Y_{1t}) = 2\sigma^2, \qquad \mathrm{Var}(Y_{2t}) = 6\sigma^2$$

而且针对样本容量为 n 的观测序列 $\{x_1, x_2, \cdots, x_n\}$，时间序列 $\{Y_{1t}\}$ 的观测值出现一个缺失值，时间序列 $\{Y_{2t}\}$ 的观测值出现两个缺失值，时间序列 $\{Y_{2t}\}$ 导致了有效信息的无谓浪费. 所以，在确定差分的阶数时，不仅应考虑差分后序列的平稳性，还应比较差分后残差序列的方差变化，同时应尽可能避免有效信息的浪费. 通常采用单位根检验的方法来确定恰当的差分阶数.

单位根检验是通过假设检验的方法来确定恰当的差分阶数，其目的在于确定一个时间序列经过恰当阶数的差分后成为平稳时间序列，而且不会出现过差分的现象，它是建立 ARIMA 模型的基础工作. 常用的单位根检验方法是增广迪基-福勒检验 (augmented Dickey-Fuller test)，简称 ADF 检验.

为了说明 ADF 检验方法的思想，先对一个 $\mathrm{AR}(p)$ 模型进行改写. 将一个 $\mathrm{AR}(p)$ 模型改写为

$$X_t = \rho X_{t-1} + (1-B)(\xi_1 X_{t-1} + \xi_2 X_{t-2} + \cdots + \xi_{p-1} X_{t-p+1}) + \varepsilon_t$$

其中 $\xi_{p-1} = -\varphi_p$，$\xi_j = -(\varphi_{j+1} + \cdots + \varphi_p), j = 1, 2, \cdots, p-2$，$\rho = \varphi_1 + \varphi_2 + \cdots + \varphi_p$，所以，

$$\varphi(B) = 1 - \varphi_1 B - \varphi_2 B^2 - \cdots - \varphi_p B^p = (1 - \rho B) - (\xi_1 B + \xi_2 B^2 + \cdots + \xi_{p-1} B^{p-1})(1-B)$$

$$\nabla X_t = (\rho - 1) X_{t-1} + \xi_1 \nabla X_{t-1} + \xi_2 \nabla X_{t-2} + \cdots + \xi_{p-1} \nabla X_{t-p+1} + \varepsilon_t$$

当 $\rho = 1$ 时，

$$\varphi(B) = (1-B)(1 - \xi_1 B - \xi_2 B^2 - \cdots - \xi_{p-1} B^{p-1})$$

$$\nabla X_t = \xi_1 \nabla X_{t-1} + \xi_2 \nabla X_{t-2} + \cdots + \xi_{p-1} \nabla X_{t-p+1} + \varepsilon_t$$

如果方程 $\lambda^{p-1} - \xi_1 \lambda^{p-2} - \xi_2 \lambda^{p-3} - \cdots - \xi_{p-1} = 0$ 所有的根都在单位圆内，那么，在

$\rho=1$ 的条件下，AR(p) 模型只有一个单位根，满足此 AR(p) 模型的时间序列 $\{X_t\}$ 通过一阶差分后就能转化为平稳时间序列. 所以，检验 AR(p) 模型通过一阶差分能否转化为平稳时间序列，就意味着检验 AR(p) 模型是否只有一个单位根，就意味着是对参数 $\rho=\varphi_1+\varphi_2+\cdots+\varphi_p$ 进行假设检验，其假设检验为

$$H_0:\rho=1, \quad H_1:|\rho|<1$$

由于 $|\rho|>1$，时间序列 $\{X_t\}$ 的二阶矩不存在，所以，备择假设为 $H_1:|\rho|<1$. 此假设检验就是既不含趋势项又不含截距项的 ADF 检验.

ADF 检验通常考虑下列三种形式的线性回归模型：

$$\nabla X_t = (\rho-1)X_{t-1}+\xi_1\nabla X_{t-1}+\xi_2\nabla X_{t-2}+\cdots+\xi_{p-1}\nabla X_{t-p+1}+\varepsilon_t \tag{6.1.9}$$

$$\nabla X_t = \alpha+(\rho-1)X_{t-1}+\xi_1\nabla X_{t-1}+\xi_2\nabla X_{t-2}+\cdots+\xi_{p-1}\nabla X_{t-p+1}+\varepsilon_t \tag{6.1.10}$$

$$\nabla X_t = \alpha+\delta t+(\rho-1)X_{t-1}+\xi_1\nabla X_{t-1}+\xi_2\nabla X_{t-2}+\cdots+\xi_{p-1}\nabla X_{t-p+1}+\varepsilon_t \tag{6.1.11}$$

其中 $\varepsilon_t\sim\text{WN}(0,\sigma_\varepsilon^2)$. 然后，利用最小二乘估计方法估计参数 $\alpha,\delta,\rho,\xi_1,\xi_2,\cdots,\xi_{p-1}$，并对参数 $\gamma=\rho-1$ 进行显著性检验，其假设检验为

$$H_0:\gamma=0, \quad H_1:\gamma<0$$

式 (6.1.9) 线性回归模型下的假设检验为**既不含趋势项又不含截距项的 ADF 检验**，式 (6.1.10) 线性回归模型下的假设检验为**含截距项不含趋势项的 ADF 检验**，式 (6.1.11) 线性回归模型下的假设检验为**含截距项又含趋势项的 ADF 检验**.

不论是哪一种形式的 ADF 检验，其假设检验都是对参数 $\gamma=\rho-1$ 进行显著性检验，其假设检验都为

$$H_0:\gamma=0, \quad H_1:\gamma<0$$

而且在原假设 H_0 成立的前提下，统计量 $\tau=\dfrac{\hat{\gamma}}{\sqrt{D(\hat{\gamma})}}$ 都不再服从 t 分布. 统计量 τ 的分布依赖于线性回归的形式 (依赖于是否引进了截距项和趋势项) 和样本容量. 麦金农 (Mackinnon) 进行了大规模的蒙特卡罗模拟，给出了不同线性回归模型、不同样本容量、不同显著性水平下统计量 τ 的临界值. 这样一来，就可以根据需要，选择适当的显著性水平，通过统计量 τ 来决定是否接受或拒绝原假设. 如果接受原假设 H_0，那么对时间序列 X_t 进行一阶差分，并对一阶差分后的时间序列 $X_{1t}=\nabla X_t$ 再次进行 ADF 检验；如果针对时间序列 X_{1t} 的 ADF 检验拒绝原假设 H_0，那么说明时间序列 $\{X_t\}$ 通过一阶差分能转化为平稳时间序列，$d=1$. 如果接受针对时间序列 X_{1t} 的 ADF 检验的原假设，那么再次进行差分并进行 ADF 检验，如此循环，最终确定最恰当的差分阶数 d 使得时间序列 $\{X_t\}$ 转化为平稳时间序列.

6.2　乘积季节模型

6.2.1　乘积季节模型的结构

如果时间序列 $\{X_t\}$ 蕴含着显著的长期趋势和明显的季节性, 仅仅对时间序列作差分运算是不够的, 还需要对时间序列作季节差分.

定义 6.2.1　如果一个时间序列 $\{X_t\}$ 经过 d 阶差分和 D 阶长度为 s 的季节差分后变为了平稳序列, 而且可以利用 ARMA 模型对差分后的平稳序列建模, 那么, 称时间序列 $\{X_t\}$ 的模型结构为**简单季节模型**, 简单季节模型的结构如下:

$$
\begin{cases}
(1-\varphi_1 B-\varphi_2 B^2-\cdots-\varphi_p B^p)(1-B)^d(1-B^s)^D X_t=(1+\theta_1 B+\theta_2 B^2+\cdots+\theta_q B^q)\varepsilon_t \\
E(\varepsilon_t)=0, \quad \mathrm{Var}(\varepsilon_t)=\sigma_\varepsilon^2, \quad E(\varepsilon_t \varepsilon_k)=0, \quad k\neq t \\
EX_k\varepsilon_t=0, \quad \forall k<t
\end{cases}
\tag{6.2.1}
$$

其中 $\varphi(B)=1-\varphi_1 B-\varphi_2 B^2-\cdots-\varphi_p B^p$ 满足平稳性条件, $\theta(B)=1+\theta_1 B+\theta_2 B^2+\cdots+\theta_q B^q$ 满足可逆性条件, $\varphi(B)$ 和 $\theta(B)$ 之间无公共因子, d 为差分阶数, s 为季节差分的长度, D 为季节差分的阶数, p 为自回归阶数, q 为移动平均阶数, $d,p,q\in\mathbf{N}, s,D\in\mathbf{N}$.

通常情况下, 对于非平稳时间序列 $\{X(t),t=0,\pm1,\pm2,\cdots\}$, 其长期趋势效应、季节效应和随机波动之间相互作用, 彼此之间不容易分开, 经过 d 阶差分和 D 阶长度为 s 的季节差分后, 并不能转化为平稳序列, 所以, 需要引入乘积季节模型.

定义 6.2.2　如果时间序列 $\{X(t),t=0,\pm1,\pm2,\cdots\}$ 有如下结构的模型, 称为**乘积季节模型**:

$$
\begin{cases}
\varphi(B)U(B^s)(1-B)^d(1-B^s)^D X_t=\theta(B)V(B^s)\varepsilon_t \\
E(\varepsilon_t)=0, \quad \mathrm{Var}(\varepsilon_t)=\sigma_\varepsilon^2, \quad E(\varepsilon_t\varepsilon_k)=0, \quad s\neq k \\
EX_k\varepsilon_t=0, \quad \forall k<t
\end{cases}
\tag{6.2.2}
$$

由于式 (6.2.2) 中, 对于 D 阶长度为 s 的季节差分 $(1-B^s)^D$ 与 d 阶差分 $(1-B)^d$ 是采用乘法方式进行组合的, 所以, 上述模型称为乘积季节模型, 记为 $\mathrm{ARIMA}(p,d,q)\times(P,D,Q)_s$, 其中

$$
U(B^s)=1-u_1 B^s-u_2 B^{2s}-\cdots-u_P B^{Ps}, \quad V(B^s)=1-v_1 B^s-v_2 B^{2s}-\cdots-v_Q B^{Qs},
$$

$$
\varphi(B)=1-\varphi_1 B-\varphi_2 B^2-\cdots-\varphi_p B^p, \quad \theta(B)=1+\theta_1 B+\theta_2 B^2+\cdots+\theta_q B^q
$$

$U(B^s)$ 称为季节 AR 算子, $V(B^s)$ 称为季节 MA 算子. $U(B^s)$ 和 $V(B^s)$ 之间无公共因子, 是对不同周期的同一周期点之间的相关性进行拟合; $\varphi(B)$ 满足平稳性条件,

$\theta(B)$ 满足可逆性条件；$\varphi(B)$ 和 $\theta(B)$ 之间无公共因子，是消除同一周期不同周期点之间的相关性；p 和 q 是消除同一周期不同周期点之间相关性的自回归阶数和移动平均阶数；P 和 Q 是消除不同周期的同一周期点之间的相关性的季节自回归阶数和季节移动平均阶数，s 为周期长度，d 为差分阶数，D 为季节差分阶数，$d,p,q \in \mathbf{N}$，$s,D \in \mathbf{N}$.

　　在实际问题中，由于具体的系统组成要素和动态性不同，因而，乘积季节模型的形式也是多种多样的. 下面是几类常用的乘积季节模型：

(1) $(1-B^{12})(1-B)X_t = (1-\theta_1 B)(1-\theta_{12} B^{12})\varepsilon_t$；

(2) $(1-B^{12})X_t = (1-\theta_1 B)(1-\theta_{12} B^{12})\varepsilon_t$；

(3) $(1-B^s)X_t = C + (1-\theta_1 B)(1-\theta_s B^s)\varepsilon_t$；

(4) $(1-B)X_t = (1-\theta_s B^s)\varepsilon_t$；

(5) $(1-B^s)X_t = (1-\theta_s B^s)\varepsilon_t$；

(6) $(1-\varphi B)(1-B^s)X_t = (1-\theta_s B^s)\varepsilon_t$；

(7) $(1-\varphi B^s)X_t = C + (1-\theta B)\varepsilon_t$；

(8) $(1-B^s)^2 X_t = C + \theta_{2s}(B)\varepsilon_t$.

6.2.2　乘积季节模型的统计特征

　　如果时间序列 $\{X(t), t = 0, \pm 1, \pm 2, \cdots\}$ 的模型结构为 $\text{ARIMA}(0,0,1) \times (0,0,1)_s$，则

$$X_t = (1+\theta_1 B)(1-v_1 B^s)\varepsilon_t \tag{6.2.3}$$

利用分配律，得

$$X_t = (1+\theta_1 B - v_1 B^s - \theta_1 v_1 B^{s+1})\varepsilon_t \tag{6.2.4}$$

可见 $\text{ARIMA}(0,0,1) \times (0,0,1)_s$ 实际是一个特殊的移动平均模型，该移动平均模型的阶数为周期长度 s 加 1，而且 $\theta_1 = \theta_1, \theta_2 = \theta_3 = \cdots = \theta_{s-1} = 0, \theta_s = -v_1, \theta_{s+1} = -\theta_1 v_1$，只有两个自由参数 θ_1 和 v_1，所以，通常称 $\text{ARIMA}(0,0,1) \times (0,0,1)_s$ 模型为疏系数 $\text{MA}(s+1)$ 模型.

　　根据移动平均模型的统计特征，不难求出 $\text{ARIMA}(0,0,1) \times (0,0,1)_s$ 模型的自相关系数

$$R_0 = \text{Var}(X_t) = (1+\theta_1^2 + v_1^2 + \theta_1^2 v_1^2)\sigma_\varepsilon^2 = (1+\theta_1^2)(1+v_1^2)\sigma_\varepsilon^2$$

$$\rho_1 = \frac{R_1}{R_0} = \frac{\theta_1 + \theta_1 v_1^2}{(1+\theta_1^2)(1+v_1^2)} = \frac{\theta_1}{1+\theta_1^2}, \quad \rho_2 = \rho_3 = \cdots = \rho_{s-2} = 0$$

$$\rho_{s-1} = \frac{R_{s-1}}{R_0} = \frac{-\theta_1 v_1}{(1+\theta_1^2)(1+v_1^2)}, \quad \rho_s = \frac{R_s}{R_0} = \frac{-v_1}{(1+\theta_1^2)(1+v_1^2)}$$

$$\rho_{s+1} = \frac{R_{s+1}}{R_0} = \frac{-\theta_1 v_1}{(1+\theta_1^2)(1+v_1^2)} = \rho_{s-1} = \rho_1 \rho_s, \quad \forall k > s+1, \quad \rho_k = 0$$

　　可见，对于 ARIMA$(0,0,1) \times (0,0,1)_s$ 模型，当 $k=1$，$k=s-1$，$k=s$ 和 $k=s+1$ 时，自相关系数都不等于零，其余自相关系数都等于零，而且 $\rho_{s-1} = \rho_{s+1} = \rho_1 \rho_s$. 通常对于季度采样获得的时间序列，设置 $s=4$，月度采样的设置 $s=12$，然后分别计算样本自相关系数，并判断是否 $\hat{\rho}_{s-1} \approx \hat{\rho}_{s+1} \approx \hat{\rho}_1 \hat{\rho}_s$，以及检验其余的 $\hat{\rho}_k$ 是否等于零，从而建立 ARIMA$(0,0,1) \times (0,0,1)_s$，并估计参数 θ_1, v_1 和 σ_ε^2.

　　如果时间序列 $\{X(t), t=0, \pm 1, \pm 2, \cdots\}$ 的模型结构为 ARIMA$(1,0,0) \times (1,0,0)_s$，则

$$(1 - \varphi_1 B)(1 - u_1 B^s) X_t = \varepsilon_t \tag{6.2.5}$$

利用分配律，得

$$(1 - \varphi_1 B - u_1 B^s + \varphi_1 u_1 B^{s+1}) X_t = \varepsilon_t \tag{6.2.6}$$

可见 ARIMA$(1,0,0) \times (1,0,0)_s$ 实际是 $\varphi_1 = \varphi_1, \varphi_2 = \varphi_3 = \cdots = \varphi_{s-1} = 0, \varphi_s = u_1, \varphi_{s+1} = -\varphi_1 u_1$，阶数为 $s+1$ 的自回归模型，通常也称 ARIMA$(1,0,0) \times (1,0,0)_s$ 模型为疏系数 AR$(s+1)$ 模型. 根据自回归模型的统计特征，ARIMA$(1,0,0) \times (1,0,0)_s$ 模型的偏相关系数在 $k=1$，$k=s-1$，$k=s$ 和 $k=s+1$ 时都不等于零，其余的偏相关系数都等于零.

　　对于一般的乘积季节模型，都可以展开为 ARMA$(p + Ps + Ds + d, q + Qs)$ 模型，虽然该 ARMA 模型的自回归阶数和移动平均阶数很高，但该模型中起决定作用的系数比较少，所以，**乘积季节模型都称为疏系数模型**，而且其自相关系数基本上在季节差分长度 s 周围明显不等于零，并随滞后阶数增大而且逐渐衰减为零.

　　在建立乘积季节模型时，应该注意季节差分阶数 D 的确定. 理论上，季节差分的阶数可以是任意的，但是从实际建模经验来看，博克思和詹金斯指出，季节差分的阶数 D 不会超过一阶，季节 AR 算子 $U(B^s)$ 和季节 MA 算子 $V(B^s)$ 的阶数不会超过二阶，而且 $P + Q \leqslant 2$.

6.3　其他随机性分析模型

6.3.1　对数 ARIMA 模型

　　定义 6.3.1　如果一个时间序列 $\{X_t\}$ 的对数时间序列 $\{\log X_t\}$ 经过 d 阶差分后变为平稳序列，而且可以利用 ARMA 模型对差分后平稳序列建模，那么，称时间序列 $\{X_t\}$ 的模型结构为对数 ARIMA 模型，模型具体表达式如下：

$$\begin{cases} (1 - \varphi_1 B - \varphi_2 B^2 - \cdots - \varphi_p B^p)(1-B)^d (\log X_t) = (1 - \theta_1 B - \theta_2 B^2 - \cdots - \theta_q B^q) \varepsilon_t \\ E(\varepsilon_t) = 0, \quad \mathrm{Var}(\varepsilon_t) = \sigma_\varepsilon^2, \quad E(\varepsilon_t \varepsilon_s) = 0, \quad s \neq t \\ EX_s \varepsilon_t = 0, \quad \forall s < t \end{cases} \tag{6.3.1}$$

　　实际上，$(1-B)(\log X_t) = \log X_t - \log X_{t-1}$ 是金融中常用的对数收益率. 即对于金

融数据常常需要将对数变换与差分运算结合使用, 从而使得金融数据平稳化.

定义 6.3.2　如果一个时间序列 $\{X_t\}$ 的对数时间序列 $\{\log X_t\}$ 服从乘积季节模型, 那么, 称时间序列 $\{X_t\}$ 的模型结构为对数乘积季节模型, 模型具体表达式如下:

$$\begin{cases} \varphi(B)U(B^s)(1-B)^d(1-B^s)^D(\log X_t) = \theta(B)V(B^s)\varepsilon_t \\ E(\varepsilon_t) = 0, \quad \mathrm{Var}(\varepsilon_t) = \sigma_\varepsilon^2, \quad E(\varepsilon_t\varepsilon_k) = 0, \quad k \neq t \\ EX_k\varepsilon_t = 0, \quad \forall k < t \end{cases} \tag{6.3.2}$$

其中 $U(B^s) = 1 - u_1B^s - u_2B^{2s} - \cdots - u_pB^{Ps}$, $V(B^s) = 1 - v_1B^s - v_2B^{2s} - \cdots - v_QB^{Qs}$, $\varphi(B) = 1 - \varphi_1B - \varphi_2B^2 - \cdots - \varphi_pB^p$, $\theta(B) = 1 - \theta_1B - \theta_2B^2 - \cdots - \theta_qB^q$.

6.3.2　组合模型

传统的确定性分析认为, 一个时间序列 $\{X_t\}$ 通过恰当的确定性函数对长期趋势变动 T_t、季节效应 S_t、循环变动 C_t 进行拟合并提取相关信息, 则剩余的不规则变动因素 I_t 就是零均值的白噪声序列. 但是, 确定性分析是一种因素分解方法, 其侧重点在于快速、便捷地提取确定性信息, 所以, 对于自相关性的分析不充分, 导致不规则变动因素 I_t 存在一定的自相关性, 不是白噪声序列. 所以, 通常确定性分析和 ARMA 模型一起建模, 从而形成了组合模型.

定义 6.3.3　如果时间序列 $\{X(t), t = 0, \pm1, \pm2, \cdots\}$ 有如下结构的模型, 称为组合加法模型:

$$\begin{cases} X_t = f(T_t, S_t, C_t) + I_t \\ \varphi(B)I_t = \theta(B)\varepsilon_t \\ E(\varepsilon_t) = 0, \quad \mathrm{Var}(\varepsilon_t) = \sigma_\varepsilon^2, \quad E(\varepsilon_t\varepsilon_s) = 0, \quad s \neq t \\ E\varepsilon_tI_s = 0, \quad \forall s < t \end{cases}$$

定义 6.3.4　如果时间序列 $\{X(t), t = 0, \pm1, \pm2, \cdots\}$ 有如下结构的模型, 称为组合乘法模型:

$$\begin{cases} X_t = f(T_t, S_t, C_t) \cdot I_t \\ \varphi(B)I_t = \theta(B)\varepsilon_t \\ E(\varepsilon_t) = 0, \quad \mathrm{Var}(\varepsilon_t) = \sigma_\varepsilon^2, \quad E(\varepsilon_t\varepsilon_s) = 0, \quad s \neq t \\ E\varepsilon_tI_s = 0, \quad \forall s < t \end{cases}$$

两式中 $T_t = f_1(t)$, $S_t = f_2(t)$, $C_t = f_3(t)$ 是用确定性函数对长期变动 T_t、季节效应 S_t、循环变动 C_t 进行拟合将其相关信息进行提取, $\varphi(B) = 1 - \varphi_1B - \varphi_2B^2 - \cdots - \varphi_pB^p$ 满足平稳性条件, $\theta(B) = 1 + \theta_1B + \theta_2B^2 + \cdots + \theta_qB^q$ 满足可逆性条件, 是利用 ARMA(p, q) 模型对不规则变动因素 I_t 中的相关信息建模.

组合模型实际上是假定通过确定性函数,将时间序列的长期趋势、季节效应与循环变动完全消除,剩余的不规则变动因素 I_t 为平稳时间序列,其实质是一种将确定性因素分解方法与平稳时间序列建模方法的结合,所以通常称为组合模型.

定义 6.3.5 如果确定性分析模型确定之后,剩余的信息能利用自回归模型进行拟合与提取,那么,这时所建立的模型称为**残差自回归模型**,其结构如下:

$$\begin{cases} X_t = f(T_t, S_t, C_t) + I_t \ \text{或} \ X_t = f(T_t, S_t, C_t) \cdot I_t \\ I_t = \varphi_1 I_{t-1} + \varphi_2 I_{t-2} + \cdots + \varphi_p I_{t-p} + \varepsilon_t \\ E(\varepsilon_t) = 0, \quad \text{Var}(\varepsilon_t) = \sigma_\varepsilon^2, \quad E(\varepsilon_t \varepsilon_s) = 0, \quad s \neq t \\ E\varepsilon_t I_s = 0, \quad \forall s < t \end{cases}$$

残差自回归模型实际上是组合模型的一种特例. 如果确定性模型确定好之后,剩余的残差显示自相关性十分显著,通常考虑利用残差自回归模型建模.

建立残差自回归模型,首先是建立确定性模型,待确定性模型确定之后,对于残差序列进行自相关检验,然后根据残差自相关性再对残差序列的信息进行二次信息提取.

对残差自相关性的检验常常利用 Durbin-Waston 检验. Durbin-Waston 检验(简称 DW 检验)是 Durbin 和 Waston 在考虑多元回归模型的残差独立性时提出的一个自相关性检验统计量,通常把它借鉴过来进行时间序列残差自相关性检验. 关于 DW 检验的原理,请参阅其他参考书.

6.3.3 X-11-ARIMA 模型

X-11 方法是美国国情调查局编制的时间序列季节调整方法,其基本原理是时间序列的确定性因素分解方法,核心是移动平均方法. 在 X-11 方法中,时间序列的变动假定由四个要素:长期趋势与循环项要素(TC_t)、季节效应要素(S_t)、周工作日变动要素(D_t)、不规则变动要素(I_t)构成,通过多次短期中心移动平均消除长期趋势和随机波动,并通过周期移动平均消除趋势,交易周期移动平均消除交易日影响. 在整个过程中用了 11 次移动平均,所以命名 X-11 方法.

X-11 方法的使用以经验为基础. 例如移动平均项数的选择、异常值判别标准的选择等都靠经验. 由于处理同一时间序列所作的选择不同,季节调整的结果也可能不同,所以,X-11 方法会导致季节调整的某种任意性. 此外,X-11 方法多次使用移动平均方法造成两端观测值丢失,虽然它采用线性外推对丢失两端观测值进行估计,但这种估计方法相当粗糙,影响了 X-11 方法的季节调整,特别是预测的效果.

为克服 X-11 方法存在上述不足,加拿大统计局提出了 X-11-ARIMA 方法. 该方法采用 ARIMA 模型拟合原始序列,然后利用 ARIMA 模型进行预测,对原始序列扩展. 然后用标准的 X-11 季节性调整方法对扩展时间序列进行季节性调整,改进了季节因素的估计，并且随着新数据的出现，减少了对季节性调整序列的修正，避免了 X-11 方法中季节调整的任意性. X-11-ARIMA 模型的建模过程分为以下几个步骤：

(1)选择 ARIMA$(p,d,q) \times (P,D,Q)_s$ 模型.

X-11-ARIMA 模型通常利用季节周期长度为 $s=4$ 或 $s=12$（季度数据用 $s=4$ 或月度数据用 $s=12$）的三种乘积季节模型 $(0,1,1) \times (0,1,1)_s$， $(0,2,2) \times (0,1,1)_s$， $(2,1,2) \times (0,1,1)_s$，对时间序列 $\{X(t)\}$ 建立模型. 如果这三种模型都不适合于观测序列，则选择其他恰当的 ARIMA$(p,d,q) \times (P,D,Q)_s$ 模型.

对时间序列 $\{X(t)\}$ 选择 ARIMA$(p,d,q) \times (P,D,Q)_s$ 模型之前，通常进行对数变换，也就是常常用时间序列 $\{\ln X_t\}$ 来代替时间序列 $\{X(t)\}$，进行 ARIMA$(p,d,q) \times (P,D,Q)_s$ 模型的选择.

(2)回报及预报.

基于 ARIMA$(p,d,q) \times (P,D,Q)_s$ 模型的结果，对时间序列左右两端进行一年的回报及预报，使得时间序列的长度在两端各增加一年.

(3)X-11 方法进行季节调整.

对扩展的时间序列用 X-11 方法进行季节调整. 如果采用乘法模型，应将 $\{\ln X_t\}$ 还原 $\{X(t)\}$，然后进行 X-11 方法的季节调整. 如果采用加法模型，可以直接对时间序列进行 X-11 方法的季节调整. X-11 方法的具体过程参见 5.4 节.

6.4　基于 R 软件的随机性分析

例 6.4.1　模拟产生满足 ARIMA(2,2,1)模型的时间序列，样本容量为 2000，对其进行单位根检验，并利用前 1980 个数据进行建模，后面 20 个数据用于预测并评价.

解　直接在操作窗口输入以下命令：

```
#加载相关的包
library(tseries)
library(urca)
library(forecast)
#ARIMA 模型模拟
set.seed(132456)
time=arima.sim(n =2000,list(order = c(2,2,1),
                 ar = c(0.7, -0.4), ma =0.2))
time1=as.ts(time[3:1982])
time2=as.ts(time[1983:2002])
tsdisplay(time1,xlab="time",ylab="series")
#单位根检验
```

```
library(urca)
root1.test=ur.df(time1,lags=5,type = 'drift')
root2.test=ur.df(time1,lags=5,type = 'trend')
summary(root1.test)
summary(root2.test)
root3.test=ur.df(time1, type="drift",selectlags = "AIC")
summary(root3.test)
#差分阶数的确定
ndiffs(time1,alpha = 0.05, test ="adf",type = "level")
ndiffs(time1,alpha = 0.05, test ="adf",type = "trend")
#一阶差分序列的生成
time11=diff(time1,1)
tsdisplay(time11,xlab="time",ylab="series")
Roottest=ur.df(time11, type="drift",selectlags = "AIC")
summary(Roottest)
#二阶差分序列的生成
time22=diff(time1,2)
tsdisplay(time22,xlab="time",ylab="series")
Roottest1=ur.df(time22, type="drift",selectlags = "AIC")
summary(Roottest1)
#稳定性分析
adf.test(time11[-1],alternative="stationary")
adf.test(time22[-2],alternative="stationary")
#模型建立
mod.fit=arima(window(time1,end=1980),order=c(2,2,1))
# 预测和评价
accuracy(forecast(mod.fit,h=20), time2)
```

(1) arima.sim() 函数可以模拟产生 ARIMA 模型. "time"产生 2002 个数据. 前面 2 个数据为零, 这是为了模拟 ARIMA(1,2,1)模型, 真正的样本容量是 2000, 所以, 用 as.ts(time[3:1982]) 命令获得前面的数据 time1, 并对其建立模型, 并对后面 20 个数据 time2 进行预测.

(2) ur.df() 函数是对时间序列进行 ADF 检验, 其常用的语法结构为

```
ur.df(y, type = c("none", "drift", "trend"), lags = 1,
    selectlags = c("Fixed", "AIC", "BIC"))
```

其中 "y" 是时间序列, "type" 是三种回归模型, "lags" 是 ADF 检验的最大滞后阶数, "selectlags" 是选择 ADF 检验滞后阶数的方法, 可以固定滞后阶数, 也可以通过 AIC 准则、BIC 准则来选择滞后阶数, summary(root1.test) 将呈现对模拟所得到的时间序列进行含截距项不含趋势项, 滞后阶数最大为 5 的 ADF 检验, 其结果如下:

```
> summary(root1.test)
###################################################
# Augmented Dickey-Fuller Test Unit Root Test #
###################################################
Test regression drift
Call:
lm(formula = z.diff ~ z.lag.1 + 1 + z.diff.lag)
Residuals:
     Min     1Q  Median      3Q     Max
-4.0311 -0.6706  0.0132  0.6958  2.9787
Coefficients:
             Estimate Std. Error t value Pr(>|t|)
(Intercept) -9.414e-02  4.681e-02  -2.011 0.044461 *
z.lag.1      2.775e-06  1.492e-06   1.860 0.062992 .
z.diff.lag1  1.892e+00  2.244e-02  84.338  < 2e-16 ***
z.diff.lag2 -1.478e+00  4.791e-02 -30.856  < 2e-16 ***
z.diff.lag3  7.135e-01  5.603e-02  12.735  < 2e-16 ***
z.diff.lag4 -1.578e-01  4.787e-02  -3.296 0.000998 ***
z.diff.lag5  2.730e-02  2.242e-02   1.218 0.223503
---
Signif. codes:  0 '***' 0.001 '**' 0.01 '*' 0.05 '.' 0.1 ' ' 1
Residual standard error: 1.028 on 1987 degrees of freedom
Multiple R-squared:  0.9991,      Adjusted R-squared:  0.9991
F-statistic: 3.563e+05 on 6 and 1987 DF,  p-value: < 2.2e-16
Value of test-statistic is: 1.8603 3.0985
Critical values for test statistics:
      1pct  5pct 10pct
tau2 -3.43 -2.86 -2.57
phi1  6.43  4.59  3.78
```

即滞后阶数 5 阶的 ADF 检验的模型为

$$\nabla X_t = \alpha + (\rho-1)X_{t-1} + \xi_1 \nabla X_{t-1} + \xi_2 \nabla X_{t-2} + \cdots + \xi_5 \nabla X_{t-5} + \varepsilon_t$$

其中 $\hat{\alpha} \approx -9.414 \times 10^{-2}$，$\hat{\gamma} \approx \hat{\rho} - 1 \approx 2.775 \times 10^{-6}$，$\hat{\xi}_1 \approx 1.892$ 等. 相应的假设检验统计量 "τ" 和 "ϕ" 的估计值分别为 $\hat{\tau} \approx 1.8603$，$\hat{\phi} \approx 3.0985$，并罗列了在 1%(1pct)、5%(5pct) 和 10%(10pct)的关于统计量 "τ" 和 "ϕ" 的临界值，通过临界值可以判定接受原假设，存在单位根.

(3) ndiffs()函数是通过对时间序列进行 ADF 检验，判断时间序列需要差分的阶数，其结果如下：

```
> ndiffs(time1,alpha = 0.05, test ="adf",
    + type = "level")
  [1]  2
```

即，对原始时间序列做两阶差分后，非平稳时间序列转化为平稳时间序列.

(4) adf.test()函数也是对时间序列进行 ADF 检验，但是无法选择三种回归类型，而且其所用 P 值是 1993 年 Banerjee 等提出的，其结果与 ur.df()函数有些差异，通常建议用 ur.df() 函数进行单位根检验.

其他未作解释的命令可参见前几章的相关解释.

例 6.4.2　利用 R 中的 1949—1960 年每月航空客运量数据 "AirPassengers"，对其进行单位根检验，并利用前 132 个数据进行建模，后面 12 个数据用于预测评价.

解　直接在操作窗口输入以下命令：

```
#加载相关的包
library(tseries)
library(urca)
library(forecast)
#载入数据
data(AirPassengers)
start(AirPassengers)
end(AirPassengers)
frequency(AirPassengers)
summary(AirPassengers)
#是否需要差分和季节差分
ndiffs(AirPassengers)
nsdiffs(AirPassengers)
#名字缩写，并进行单位根检验
air=AirPassengers
root1.test=ur.df(air,lags=5,type = 'drift')
root2.test=ur.df(air,lags=5,type = 'trend')
summary(root1.test)
summary(root2.test)
root3.test=ur.df(air, type="drift",selectlags = "AIC")
summary(root3.test)
#数据采样+自动定阶
sair=ts(as.vector(air[1:132]),frequency=12,start=c(1949,1))
auto.arima(sair,max.p = 5, max.q = 5,max.P = 2, max.Q = 2,
           max.order = 5, max.d = 2,max.D = 1, start.p = 2,
           start.q = 2, start.P = 1,start.Q = 1, stationary = FALSE,
           seasonal = TRUE, ic ="aic",trace =T)
#模型建立
fit1=arima(sair,order=c(1,1,0),
           seasonal=list(order=c(0,1,0),period=12))
fit2=arima(sair,order=c(1,1,0),
           seasonal=list(order=c(1,1,1),period=12))
#模型诊断
tsdiag(fit1)
plot(fit1)
tsdiag(fit2)
plot(fit2)
#预测
```

```
f.p1=forecast(fit1,h=12,level=c(99.5))

f.p2=forecast(fit2,h=12,level=c(99.5))
#预测画图
plot(f.p1,ylim=c(100,700))
lines(f.p1$fitted,col="green")
lines(air,col="red")
#预测评价
mod.fit=arima(window(AirPassengers,end=1956+11/12),order=c(1,1,0),
        seasonal=list(order=c(0,1,0),period=12))
# 样本内拟合的评价
accuracy(mod.fit)
# 样本外预测的评价
accuracy(forecast(mod.fit,h=12), AirPassengers)
```

习　题　6

1. 简述 ARMA(p,q)， ARIMA(p,d,q)，乘积季节模型 $(p,d,q)\times(P,D,Q)_s$，其中 s 是周期长度，这三个模型之间的异同.

2. 一个经济时间序列适应以下模型

$$\nabla X_t = (1-1.0B+0.5B^2)\varepsilon_t$$

其中 $\varepsilon_t \sim \mathrm{WN}(0,0.04)$，给定 $x_{48}=130$， $\hat{\varepsilon}_{47}=-0.3$， $\hat{\varepsilon}_{48}=0.2$，计算 $\hat{X}_{48}(l)(l=1,2)$ 的预测值.

3. 对于以下模型

$$(1-\varphi B)(1-B^s)X_t = (1-\theta_s B^s)\varepsilon_t$$

记 $w_t = (1-B^s)X_t$，试说明序列 $\{w_t\}$ 的自相关函数的特点.

4. 对于以下模型

$$(1-\varphi B)(1-B^s)X_t = (1-\theta_1 B-\theta_2 B^2)\varepsilon_t$$

记 $w_t = (1-B^s)X_t$，试说明序列 $\{w_t\}$ 的自相关函数的特点.

5. 对于以下模型

$$(1-B^{12})X_t = (1-\theta_1 B)(1-\theta_{12}B^{12})\varepsilon_t$$

记 $w_t = (1-B^{12})X_t$，试说明序列 $\{w_t\}$ 的自相关函数的特点.

6. 获得了 100 个 ARIMA(0，1，1)的序列观测值 $x_1,x_2,\cdots,x_{100}$，而且 $\hat{\theta}_1=0.3$， $x_{100}=50$， $\hat{x}_{100}(1)=51$.

(1)求 $\hat{x}_{100}(2)$；(2)假定新获得 $x_{101}=52$，求 $\hat{x}_{101}(1)$.

第 7 章　GARCH 族模型

金融时间序列普遍表现出厚尾性(fat tails)和在均值处出现过度峰度(excessive kurtosis),而且其波动持续时间较长,呈现波动的时变性(time-dependent volatilities)、波动持续性(volatility persistence)和波动聚集性(volatility clustering). 近 20 年, 时变波动性的研究一直是金融领域的一个研究热点,出现了许多描述金融时间序列波动率的模型,最为典型的是广义自回归条件异方差模型(generalized autoregressive conditional heteroscedasticity model, GARCH 模型)以及它的变化形式. 本章将围绕广义自回归异方差模型(GARCH 模型)以及它的变化形式展开.

7.1　自回归条件异方差模型

7.1.1　ARCH 模型的结构

采用 ARIMA 模型拟合非平稳序列,或使用 ARMA 模型拟合平稳时间序列时,都假设残差时间序列 $\{\varepsilon_t\}$ 为零均值白噪声,即残差时间序列 $\{\varepsilon_t\}$ 满足三个条件:

(1)零均值性　　$E(\varepsilon_t)=0$.

(2)互不相关性　　$\text{Cov}(\varepsilon_t,\varepsilon_s)=E\varepsilon_t\varepsilon_s=0, t\neq s$.

(3)方差齐次性　　$D(\varepsilon_t)=\sigma_\varepsilon^2$ 是一个确定的常数.

如果残差时间序列具有方差齐次性假设不成立,即残差时间序列的方差不再是常数, 是随时间的变化而变化, 具有时变性, 则这种情况称为异方差性(heteroskedasticity).

大量的金融时间序列呈现异方差性,如果忽略异方差的存在,会导致残差时间序列方差被严重低估,继而参数显著性检验失去意义;还会导致参数的最小二乘估计不具有有效性,模型的拟合精度降低,从而降低预测精度,预测功能失效,所以,需要构建条件异方差模型.

在各种条件异方差模型中,经济学家恩格尔(Engle)于 1982 年提出的自回归条件异方差模型(auto-regressive conditional heteroskedastic model, ARCH 模型)最为基础. ARCH 模型基本思想是, 在以前信息集的条件下,某一时刻的残差时间序列是服从正态分布, 而且该正态分布的均值为零, 方差是过去有限个残差平方的线性组合, 这样就构成了自回归条件异方差模型.

定义 7.1.1　自回归条件异方差模型的结构如下:

$$X_t = \varphi_1 X_{t-1} + \varphi_2 X_{t-2} + \cdots + \varphi_m X_{t-p} + \varepsilon_t \qquad (7.1.1)$$

$$\varepsilon_t = \sigma_t e_t \qquad (7.1.2)$$

$$\sigma_t^2 = \alpha_0 + \sum_{j=1}^{q} \alpha_j \varepsilon_{t-j}^2 \qquad (7.1.3)$$

式中 $\{e_t\}$ 是独立同标准正态分布的时间序列，$\{\varepsilon_t\}$ 是残差时间序列，而且 $\alpha_0 > 0$，$\alpha_j \geqslant 0, j = 1, \cdots, q$，$\displaystyle\sum_{j=1}^{q} a_j < 1$.

记 Ω_{t-1} 表示 $t-1$ 时刻所有可得信息的集合，则

$$E(\varepsilon_t \mid \Omega_{t-1}) = \sigma_t E e_t = 0$$

$$\mathrm{Var}(\varepsilon_t \mid \Omega_{t-1}) = \sigma_t^2 \mathrm{Var}(e_t) = \alpha_0 + \alpha_1 \varepsilon_{t-1}^2 + \alpha_2 \varepsilon_{t-2}^2 + \cdots + \alpha_q \varepsilon_{t-q}^2$$

$$E(X_t \mid \Omega_{t-1}) = f(t, X_{t-1}, X_{t-2}, \cdots, X_{t-p})$$

$$\mathrm{Var}(X_t \mid \Omega_{t-1}) = \alpha_0 + \alpha_1 \varepsilon_{t-1}^2 + \alpha_2 \varepsilon_{t-2}^2 + \cdots + \alpha_q \varepsilon_{t-q}^2$$

所以，式 (7.1.1) 称为均值方程，式 (7.1.2) 称为分布方程，式 (7.1.3) 称为方差方程，也称为 ARCH 过程，记为 $\varepsilon_t \sim \mathrm{ARCH}(q)$. 式 (7.1.1)、式 (7.1.2) 和式 (7.1.3)，称为自回归条件异方差模型，记为 $\mathrm{AR}(p) \sim \mathrm{ARCH}(q)$ 模型.

自回归条件异方差模型的方差方程中 σ_t^2 由一个常数项 α_0 和滞后 q 阶的残差时间序列平方和 $\displaystyle\sum_{j=1}^{q} \alpha_j \varepsilon_{t-j}^2$ 两部分组成. 由于方差方程描述的是残差时间序列的条件方差，为了保证 $\mathrm{Var}(\varepsilon_t \mid \Omega_{t-1}) > 0$，必须有 $a_0 > 0$，$a_j \geqslant 0, j = 1, \cdots, q$. 也正是因为 $a_j \geqslant 0$，$j = 1, \cdots, q$，σ_t^2 是滞后残差项的增函数，所以，较小的残差平方项后面紧跟着较小的残差平方项，较大的残差平方项后面紧跟着较大的残差平方项，呈现波动的时变性和波动聚集性，而且滞后的阶数 q 决定了冲击影响存留于后续残差项的时间长度，q 越大，波动的持续的时间也就越长，呈现波动的持续性. 为了保证 ARCH 过程具有平稳性特征，必须有 $\displaystyle\sum_{j=1}^{q} a_j < 1$.

7.1.2 ARCH 效应的检验

自回归条件异方差模型中方差方程刻画了残差平方的时间序列存在某种相关性，反映到实际的时间序列中则表现为时间序列波动的聚集性和持续性，所以，需要对残差时间序列进行条件异方差性检验，也就是 ARCH 效应的检验. ARCH 效应

检验方法主要有残差平方相关性检验和拉格朗日检验法.

(1)残差平方相关性检验，其基本思想是利用残差平方时间序列 $\{\varepsilon_t^2\}$ 的样本自相关系数和样本偏相关系数，如果不存在 ARCH 效应，则相应的样本自相关系数和样本偏相关系数都显著为零；反之，则不显著为零. 同时借助相应的 Ljung-Box Q 统计量，其定义如下：

$$Q = n(n+2)\sum_{k=1}^{M}\frac{[\hat{\rho}_{\varepsilon^2}(k)]^2}{n-k} \sim \chi^2(M-m) \tag{7.1.4}$$

其中 M 为残差平方时间序列 $\{\varepsilon_t^2\}$ 的样本自相关系数的最大滞后期数，m 为均值方程中估计参数的个数，n 为残差平方时间序列 $\{\varepsilon_t^2\}$ 的样本容量，$\hat{\rho}_{\varepsilon^2}(k)$ 为残差平方时间序列 $\{\varepsilon_t^2\}$ 的样本自相关系数，其计算公式为

$$\hat{\rho}_{\varepsilon^2}(k) = \frac{\sum_{t=1}^{n-|k|}(\hat{\varepsilon}_i^2 - \overline{\hat{\varepsilon}^2})(\hat{\varepsilon}_{i+|k|}^2 - \overline{\hat{\varepsilon}^2})}{\sum_{i=1}^{n}(\hat{\varepsilon}_i^2 - \overline{\hat{\varepsilon}^2})^2}, \quad k = 0, \pm 1, \pm 2, \cdots, \pm M$$

当 $Q \leqslant \chi_{1-\alpha}^2(M-m)$ 时，则接受拟合模型得到的残差平方时间序列 $\{\hat{\varepsilon}_t^2, t=1,2,\cdots\}$ 是纯随机序列，不具有自相关性，不具有 ARCH 效应. 当 $Q > \chi_{1-\alpha}^2(M-m)$ 时，则拒绝原假设，存在 ARCH 效应.

(2)拉格朗日检验法，又称 ARCH-LM 检验法，该检验的基本思想是假设残差平方时间序列存在自相关性，且有如下的自回归形式：

$$\hat{\varepsilon}_t^2 = \alpha_0 + \sum_{i=1}^{q}\alpha_i\hat{\varepsilon}_{t-i}^2 + e_t \tag{7.1.5}$$

若时间序列存在 ARCH 效应，则自回归中的系数显著不为零；反之，则显著为零. 也就是，该检验的原假设与备择假设分别是

$H_0: \alpha_1 = \alpha_2 = \cdots = \alpha_q = 0$，残差时间序列直到 q 阶都不存在 ARCH 效应.

$H_1: \exists k, \alpha_k \neq 0$，残差时间序列存在 ARCH 效应.

该假设检验的统计量为拉格朗日统计量，记为 LM，而且 $\mathrm{LM} = nR^2$，其中 n 为辅助的自回归方程(7.1.5)的样本容量，R^2 为辅助的自回归方程(7.1.5)的判定系数，在原假设 $H_0: \alpha_1 = \alpha_2 = \cdots = \alpha_q = 0$ 成立的前提下，

$$\mathrm{LM} = nR^2 \sim \chi^2(q)$$

在给定显著性水平 α 和滞后阶数 q 的条件下，当 $\mathrm{LM} > \chi_{1-\alpha}^2(q)$ 时，则拒绝原假设，存在 ARCH 效应.

7.2　广义自回归条件异方差模型

7.2.1　GARCH 模型的结构

广义自回归条件异方差模型（GARCH 模型），是经济学家波勒斯（Bollerslev）在 1986 年提出的.

定义 7.2.1　AR(m)-GARCH(p,q)-N 模型的结构如下：

$$X_t = \varphi_1 X_{t-1} + \varphi_2 X_{t-2} + \cdots + \varphi_m X_{t-m} + \varepsilon_t \tag{7.2.1}$$

$$\varepsilon_t = \sigma_t e_t \tag{7.2.2}$$

$$\sigma_t^2 = \omega + \sum_{j=1}^{q} a_j \varepsilon_{t-j}^2 + \sum_{j=1}^{p} \beta_j \sigma_{t-j}^2 \tag{7.2.3}$$

其中式(7.2.1)称为均值方程，它是时间序列 $\{X_t\}$ 的自回归模型，记为 AR(m)；式(7.2.2)称为分布方程，$\{e_t\}$ 是独立同标准正态分布的时间序列；式(7.2.3)称为方差方程，其中 $\omega > 0$，$\alpha_j \geqslant 0, j = 1, 2, \cdots, q$，$\beta_j \geqslant 0, j = 1, 2, \cdots, p$，$\sum_{j=1}^{q} a_j + \sum_{j=1}^{p} \beta_j < 1$，$\alpha_j, j = 1, 2, \cdots, q$ 称为 ARCH 项，$\beta_j, j = 1, 2, \cdots, p$ 称为 GARCH 项，记为 $\varepsilon_t \sim$ GARCH(p,q)，称为广义自回归异方差方程. 三个方程一起称为 AR(m)-GARCH(p,q)-N 模型，简称为广义自回归异方差方程.

记 Ω_{t-1} 表示 $t-1$ 时刻所有可得信息的集合，则

$$E(\varepsilon_t \mid \Omega_{t-1}) = \sigma_t E e_t = 0$$

$$\mathrm{Var}(\varepsilon_t \mid \Omega_{t-1}) = \sigma_t^2 \mathrm{Var}(e_t) = \omega + \sum_{j=1}^{q} a_j \varepsilon_{t-j}^2 + \sum_{j=1}^{p} \beta_j \sigma_{t-j}^2$$

$$E(X_t \mid \Omega_{t-1}) = \varphi_1 X_{t-1} + \varphi_2 X_{t-2} + \cdots + \varphi_m X_{t-m}$$

$$\mathrm{Var}(X_t \mid \Omega_{t-1}) = \omega + \sum_{j=1}^{q} a_j \varepsilon_{t-j}^2 + \sum_{j=1}^{p} \beta_j \sigma_{t-j}^2$$

实际上，广义自回归异方差方程就是使用残差平方序列 $\{\varepsilon_t^2\}$ 的 q 阶移动平均（ARCH 项）和波动时间序列 $\{\sigma_t^2\}$ 的 p 阶自回归（GARCH 项）来拟合当前期的异方差，p 是 GARCH 项的阶数，q 是 ARCH 项的阶数.

令 $w_t = \varepsilon_t^2 - \sigma_t^2$，则

$$E(w_t \mid \Omega_{t-1}) = E(\sigma_t^2(e_t^2 - 1) \mid \Omega_{t-1}) = \sigma_t^2 E(e_t^2 - 1) = 0$$

$$E(w_t w_s \mid \Omega_{t-1}) = E(\sigma_t^2 \sigma_s^2 (e_t^2 - 1)(e_s^2 - 1) \mid \Omega_{t-1}) \qquad t \neq s$$

$$= \sigma_t^2 \sigma_s^2 E(e_t^2 e_s^2 - e_t^2 - e_s^2 + 1) = 0, \quad t \neq s$$

$$\mathrm{Var}(w_t \mid \Omega_{t-1}) = E(\sigma_t^4 (e_t^2 - 1)^2 \mid \Omega_{t-1}) = \sigma_t^4 E(e_t^4 - 2e_t^2 + 1) = 2\sigma_t^4$$

也就是说，$w_t = \varepsilon_t^2 - \sigma_t^2$ 在已知所有可得信息集合的条件下是白噪声序列，通常称 $w_t = \varepsilon_t^2 - \sigma_t^2$ 为新息序列，或鞅差序列. 将 $\sigma_t^2 = \varepsilon_t^2 - w_t$ 代入方差方程 (7.2.3) 中，得

$$\varepsilon_t^2 - w_t = \omega + \sum_{j=1}^{q} a_j \varepsilon_{t-j}^2 + \sum_{i=1}^{p} \beta_i (\varepsilon_{t-i}^2 - w_{t-i})$$

$$\Rightarrow \varepsilon_t^2 = \omega + \sum_{j=1}^{q} a_j \varepsilon_{t-j}^2 + \sum_{i=1}^{p} \beta_i \varepsilon_{t-i}^2 + w_t - \sum_{i=1}^{p} \beta_i w_{t-i}$$

由于 $w_t = \varepsilon_t^2 - \sigma_t^2$ 在所有可得信息的集合的条件下是白噪声序列，所以，残差平方序列 $\{\varepsilon_t^2\}$ 满足 ARMA 模型，该 ARMA 模型自回归阶数为 $\max(p,q)$，移动平均阶数为 p，自回归部分的特征方程 $\lambda^{\max(p,q)} - \sum_{j=1}^{q} a_j \lambda^{\max(p,q)-j} - \sum_{i=1}^{p} \beta_i \lambda^{\max(p,q)-i} = 0$ 的所有特征根的模小于 1，移动平均部分的特征方程 $\lambda^p - \sum_{j=1}^{p} \beta_j \lambda^{p-j} = 0$ 的所有特征根的模小于 1，也就是

$$E\varepsilon_t^2 = E(E(\varepsilon_t^2 \mid \Omega_{t-1})) = \omega + \sum_{j=1}^{q} a_j E\varepsilon_{t-j}^2 + \sum_{i=1}^{p} \beta_i E\varepsilon_{t-i}^2 \qquad (7.2.4)$$

$$E\varepsilon_t^2 = E\varepsilon_{t-j}^2 = E\varepsilon_{t-i}^2 \qquad (7.2.5)$$

所以，无条件方差为 $\dfrac{\omega}{1 - \left(\sum\limits_{j=1}^{q} \alpha_i + \sum\limits_{i=1}^{p} \beta_i \right)}$，而且 $\omega > 0$，$\alpha_j \geqslant 0, j = 1, 2, \cdots, q$，$\beta_j \geqslant 0$，

$j = 1, 2, \cdots, p$，$\sum\limits_{j=1}^{q} a_j + \sum\limits_{j=1}^{p} \beta_j < 1$.

7.2.2　GARCH 模型的参数估计

若残差时间序列的分布已知，则可以采用极大似然估计的方法来估计 GARCH(p,q) 模型的参数估计. 下面以 AR(m)-GARCH(p,q)-N 模型为例来进行参数的极大似然估计.

AR(m)-GARCH(p,q)-N 模型的结构为

$$X_t = \varphi_1 X_{t-1} + \varphi_2 X_{t-2} + \cdots + \varphi_m X_{t-m} + \varepsilon_t$$

$$\varepsilon_t = \sigma_t e_t \tag{7.2.6}$$

$$\sigma_t^2 = \omega + \sum_{j=1}^{q} a_j \varepsilon_{t-j}^2 + \sum_{j=1}^{p} \beta_j \sigma_{t-j}^2$$

其中 e_t 相互独立同标准正态分布，而且与 $X_{t-i}(i=0,1,2,\cdots,m)$ 相互独立，记

$$Z_t = (1, \varepsilon_{t-1}^2, \varepsilon_{t-2}^2, \cdots, \varepsilon_{t-q}^2, \sigma_{t-1}^2, \sigma_{t-2}^2, \cdots, \sigma_{t-p}^2)^{\mathrm{T}}$$

$$b = (\varphi_1, \varphi_2, \cdots, \varphi_m)^{\mathrm{T}}, \quad \alpha = (\omega, \alpha_1, \alpha_2, \cdots, \alpha_q)^{\mathrm{T}}, \quad \beta = (\beta_1, \beta_2, \cdots, \beta_p)^{\mathrm{T}}$$

$$\delta = (\omega, \alpha_1, \alpha_2, \cdots, \alpha_q, \beta_1, \beta_2, \cdots, \beta_p)^{\mathrm{T}}, \quad \theta = (b^{\mathrm{T}}, \alpha^{\mathrm{T}}, \beta^{\mathrm{T}})^{\mathrm{T}}$$

则方差方程 (7.2.3) 可以改写为

$$\sigma_t^2 = \delta^{\mathrm{T}} Z_t$$

在所有可得信息的集合的条件下随机变量 X_t 服从正态分布，其条件概率密度函数为

$$f(X_t \mid \Omega_{t-1}, \theta) = \frac{1}{\sqrt{2\pi\sigma_t^2}} \exp\left\{ -\frac{1}{2\sigma_t^2} \left(x_t - \sum_{i=1}^{m} \varphi_i x_{t-i} \right)^2 \right\} \tag{7.2.7}$$

在已知所有可得信息集合的条件下，基于 n 个观测值下的对数似然函数为

$$\begin{aligned} L(\theta) &= \sum_{t=1}^{n} \ln f(x_t \mid \Omega_{t-1}, \theta) \\ &= -\frac{n}{2} \ln(2\pi) - \frac{1}{2} \sum_{t=1}^{n} \ln \sigma_t^2 - \frac{1}{2} \sum_{t=1}^{n} \frac{1}{\sigma_t^2} \left(x_t - \sum_{i=1}^{m} \varphi_i x_{t-i} \right)^2 \\ &= -\frac{n}{2} \ln(2\pi) - \frac{1}{2} \sum_{t=1}^{n} \ln \sigma_t^2 - \frac{1}{2} \sum_{t=1}^{n} \frac{\varepsilon_t^2}{\sigma_t^2} \end{aligned} \tag{7.2.8}$$

上式对参数向量 δ 求导得到

$$\frac{\partial L(\theta)}{\partial \delta} = -\frac{1}{2} \sum_{t=1}^{n} \frac{1}{\sigma_t^2} \frac{\partial \sigma_t^2}{\partial \delta} - \frac{1}{2} \sum_{t=1}^{n} -\frac{\varepsilon_t^2}{(\sigma_t^2)^2} \frac{\partial \sigma_t^2}{\partial \delta} = \frac{1}{2} \sum_{t=1}^{n} \frac{\partial \sigma_t^2}{\partial \delta} \frac{1}{\sigma_t^2} \left(\frac{\varepsilon_t^2}{\sigma_t^2} - 1 \right) \tag{7.2.9}$$

继续在式 (7.2.9) 两端对参数向量 δ 求导

$$\begin{aligned} \frac{\partial L^2(\theta)}{\partial \delta \, \partial \delta^{\mathrm{T}}} &= \frac{1}{2} \sum_{t=1}^{n} \left(\frac{\varepsilon_t^2}{\sigma_t^2} - 1 \right) \frac{\partial}{\partial \delta^{\mathrm{T}}} \left(\frac{1}{\sigma_t^2} \frac{\partial \sigma_t^2}{\partial \delta} \right) - \frac{1}{2} \sum_{t=1}^{n} \frac{1}{(\sigma_t^2)^2} \frac{\partial \sigma_t^2}{\partial \delta} \frac{\partial \sigma_t^2}{\partial \delta^{\mathrm{T}}} \left(\frac{\varepsilon_t^2}{\sigma_t^2} \right) \\ &= \frac{1}{2} \sum_{t=1}^{n} \omega_t \frac{\partial \left(\frac{1}{\sigma_t^2} g_t \right)}{\partial \delta^{\mathrm{T}}} - \frac{1}{2} \left(\frac{g_t}{\sigma_t^2} \right) \left(\frac{g_t}{\sigma_t^2} \right)^{\mathrm{T}} (y_t + 1) \end{aligned} \tag{7.2.10}$$

其中 $g_t = \dfrac{\partial \sigma_t^2}{\partial \delta}$，$y_t = \dfrac{\varepsilon_t^2}{\sigma_t^2} - 1$，于是参数 δ 的费希尔信息量为

$$I_\delta = -E\left[\frac{\partial L^2(\theta)}{\partial \delta \partial \delta^{\mathrm{T}}}\bigg|\Omega_{t-1}\right]$$

令 $f(\delta) = \dfrac{1}{2}\sum\limits_{t=1}^{n}\dfrac{1}{\sigma_t^2}g_t y_t$，根据牛顿切线迭代法得到参数的迭代式如下：

$$\hat{\delta}^{i+1} = \hat{\delta}^i + \frac{f(\delta)}{f'(\delta)}$$

$$= \hat{\delta}^i + \left(\sum_{t=1}^{n}\frac{1}{2}\left(\frac{g_t}{\sigma_t^2}\right)\omega_t\right)\left(\sum_{t=1}^{n}\frac{1}{2}\left(\frac{g_t}{\sigma_t^2}\right)\left(\frac{g_t}{\sigma_t^2}\right)^{\mathrm{T}}\right)^{-1} \tag{7.2.11}$$

同样对 $L(\theta)$ 求关于 b 的一阶和二阶导数，得到

$$\frac{\partial L(\theta)}{\partial b} = \sum_{t=1}^{n}\frac{\varepsilon_t}{\sigma_t^2}x_t^* + \frac{1}{2}\sum_{t=1}^{n}\frac{1}{\sigma_t^2}\frac{\partial \sigma_t^2}{\partial b}\left(\frac{\varepsilon_t^2}{\sigma_t^2}-1\right)$$

$$= \sum_{t=1}^{n}\frac{\varepsilon_t}{\sigma_t^2}x_t^* + \frac{1}{2}\sum_{t=1}^{n}\frac{1}{\sigma_t^2}y_t d_t \tag{7.2.12}$$

其中 $x_t^* = (x_{t-1}, x_{t-2}, \cdots, x_{t-m})^{\mathrm{T}}$，$d_t = \dfrac{\partial \sigma_t^2}{\partial b}$，相应的二阶导数为

$$\frac{\partial L^2(\theta)}{\partial b \partial b^{\mathrm{T}}} = -\sum_{t=1}^{n}\frac{1}{\sigma_t^2}x_t^*(x_t^*)^{\mathrm{T}} - \sum_{t=1}^{n}\frac{1}{(\sigma_t^2)^2}x_t^* d_t^{\mathrm{T}}\varepsilon_t$$

$$+ \frac{1}{2}\sum_{t=1}^{n}y_t\frac{\partial\left(\dfrac{d_t}{\sigma_t^2}\right)}{\partial b^{\mathrm{T}}} - \frac{1}{2}\left(\frac{d_t}{\sigma_t^2}\right)\left(\frac{d_t}{\sigma_t^2}\right)^{\mathrm{T}}(y_t+1)$$

于是参数 b 的费希尔信息矩阵为

$$I_b = -E\left[\frac{\partial L^2(\theta)}{\partial b \partial b^{\mathrm{T}}}\bigg|X_t\right]$$

且有

$$E\left[\frac{\partial L^2(\theta)}{\partial b \partial b^{\mathrm{T}}}\right] = -\sum_{t=1}^{n}\left[\left(\frac{1}{\sigma_t^2}\right)x_t^*(x_t^*)^{\mathrm{T}} + \frac{1}{2}\left(\frac{1}{\sigma_t^2}\right)^2 d_t d_t^{\mathrm{T}}\right]$$

若令 $f(b) = \sum\limits_{t=1}^{n}\dfrac{\varepsilon_t}{\sigma_t^2}x_t + \dfrac{1}{2}\sum\limits_{t=1}^{n}\dfrac{1}{\sigma_t^2}y_t d_t$，根据牛顿切线迭代方法得到参数 b 的迭代式

如下：

$$\hat{b}^{(i+1)} = \hat{b}^{(i)} + \frac{f(b)}{f'(b)}$$

$$= \hat{b}^{(i)} + \left[\sum_{t=1}^{n} \left(\frac{\varepsilon_t}{\sigma_t^2} x_t + \frac{d_t}{2\sigma_t^2} \omega_t \right) \right] \cdot \left[\sum_{t=1}^{n} \left(\frac{1}{\sigma_t^2} x_t^* (x_t^*)^{\mathrm{T}} + \frac{1}{2} \frac{d_t}{\sigma_t^2} \left(\frac{d_t}{\sigma_t^2} \right)^{\mathrm{T}} \right) \right]^{-1}$$

如果假设残差 ε_t 服从标准 t 分布，其密度函数为

$$f(\varepsilon_t \mid v) = \frac{\Gamma\left(\frac{v+1}{2} \right)}{\sqrt{\pi(v-2)\sigma_t^2} \, \Gamma\left(\frac{v}{2} \right)} \left[1 + \frac{\varepsilon_t^2}{(v-2)\sigma_t^2} \right]^{-\frac{v+1}{2}}$$

在 n 个观测值下，相应的对数似然函数为

$$L(\theta) = \sum_{t=1}^{n} \ln f(x_t \mid \Omega_{t-1}, \theta)$$

$$= v \ln \left[\frac{\Gamma\left(\frac{v+1}{2} \right)}{\sqrt{\pi(v-2)} \, \Gamma\left(\frac{v}{2} \right)} \right] - \frac{1}{2} \ln(\sigma_t^2) - \frac{v+1}{2} \sum_{t=1}^{n} \ln\left(1 + \frac{\varepsilon_t^2}{(v-2)\sigma_t^2} \right)$$

上述参数的估计方法是在极大似然估计的基础上借助牛顿切线迭代方法进行的估计，实际上极大似然估计在进行数值求解的过程就是一个优化的方法，上述的优化方法采用的是牛顿切线法，该方法收敛性较差，而且性能不是很优良. Berndt，B. Hall，R. E. Hall 和 Hausman 提出一种改进算法，称作 BHHH 算法[5]. 该算法步骤如下：

第一步，对待估计的参数赋初值 $\theta^{(0)}$；

第二步，进行 $\theta^{(i)}$ 的迭代计算，参数 θ 的第 $i+1$ 步迭代的值为

$$\hat{\theta}^{(i+1)} = \hat{\theta}^{(i)} + \lambda_i \left[\sum_{t=1}^{n} \left(\frac{\partial l_t}{\partial \theta} \right) \left(\frac{\partial l_t}{\partial \theta^{\mathrm{T}}} \right) \right]^{-1} \sum_{t=1}^{n} \frac{\partial l_t}{\partial \theta} \Bigg|_{\theta=\theta^{(i)}}$$

其中 $\dfrac{\partial l_t}{\partial \theta} = \dfrac{\partial \ln f(x_t \mid \Omega_{t-1}, \theta)}{\partial \theta}$，且对数似然函数 $L(\theta) = \sum_{t=1}^{n} \ln f(x_t \mid \Omega_t, \theta)$，$\lambda_i$ 为第 i 步的搜索步长.

第三步，继续第二步的过程，直到估计的参数满足相应的条件.

7.3　广义自回归条件异方差模型的扩展

自从 GARCH 模型提出以来，出现了非常多的扩展和变化. 这些扩展大多都是对方差方程进行改变，从而形成了 GARCH 族模型.

作为 GARCH 模型的简单扩展，门限广义自回归异方差模型(threshold generalized

autoregressive conditional heteroskedastic model，TGARCH 模型)，就是在 GARCH 模型加入了解释非对称性的附加项，其方差方程结构如下：

$$\sigma_t^2 = \omega + \sum_{i=1}^{q} a_i \varepsilon_{t-i}^2 + \sum_{j=1}^{p} \beta_j \sigma_{t-j}^2 + \xi \varepsilon_{t-1}^2 d_{t-1} \tag{7.3.1}$$

式中 d_{t-1} 是一个属性变量，

$$d_{t-1} = \begin{cases} 1, & \varepsilon_{t-1} < 0 \\ 0, & \text{其他} \end{cases}$$

d_{t-1} 刻画了好消息(上涨信息) $\varepsilon_{t-1} > 0$ 和坏消息(下跌信息) $\varepsilon_{t-1} < 0$ 对条件方差的作用不同. 当 $\xi > 0$ 时，通常认为存在杠杆效应(leverage)；当 $\xi \neq 0$ 时，则好消息和坏消息的影响不一致，存在非对称特性.

GJR-GARCH 模型由 Glosten，Jagannathan 和 Runkle 在 1993 年提出，它是门限自回归异方差模型的一种扩展，其方差方程结构如下：

$$\sigma_t^2 = \omega + \sum_{i=1}^{q} \alpha_i \varepsilon_{t-i}^2 + \sum_{j=1}^{p} (\beta_j \sigma_{t-j}^2 + \gamma_j d_{t-j} \varepsilon_{t-j}^2) \tag{7.3.2}$$

式中 $d_{t-j}(j=1,2,\cdots,p)$ 刻画了滞后 j 期的好消息 $\varepsilon_{t-j} > 0$ 和坏消息 $\varepsilon_{t-j} < 0$ 对条件方差的作用不同. 如果 $\gamma_2 = \gamma_3 = \cdots = \gamma_p = 0$，GJR-GARCH 模型就退化为门限自回归异方差模型.

EGARCH 模型(exponential generalized autoregressive conditional heteroskedastic model)是 1991 年 Nelson 提出的，其条件方差为

$$\log(\sigma_t^2) = \omega + \sum_{j=1}^{p} \beta_j \log(\sigma_{t-j}^2) + \sum_{j=1}^{q} \left\{ \alpha_j \frac{\varepsilon_{t-j}}{\sigma_{t-j}} + \gamma_j \left(\left| \frac{\varepsilon_{t-j}}{\sigma_{t-j}} \right| - E\left(\left| \frac{\varepsilon_{t-j}}{\sigma_{t-j}} \right| \right) \right) \right\} \tag{7.3.3}$$

显然 $e_{t-j} = \dfrac{\varepsilon_{t-j}}{\sigma_{t-j}} (j=1,2,\cdots)$ 是标准化的扰动项，$Ee_{t-j} = 0, De_{t-j} = 1$. 当存在一个 j 所对应的 $\gamma_j \neq 0$ 时，则好消息 $\varepsilon_{t-j} > 0$ 和坏消息 $\varepsilon_{t-j} < 0$ 的影响不一致，存在杠杆效应.

如果 e_t 相互独立同标准正态分布，那么，EGARCH(1,1)模型的条件方差为

$$\ln \sigma_t^2 = \omega + \beta_1 \ln \sigma_{t-1}^2 + \gamma_1 \left(\left| \frac{\varepsilon_{t-1}}{\sigma_{t-1}} \right| - \sqrt{\frac{2}{\pi}} \right) + \alpha_1 \frac{\varepsilon_{t-1}}{\sigma_{t-1}}$$

将 σ_{t-1}^2 用无条件方差 σ_u^2 来处理，那么，

$$\sigma_t^2 = \begin{cases} e^A \exp\left(\dfrac{\alpha_1 + \gamma_1}{\sigma_u} \varepsilon_{t-1} \right), & \varepsilon_{t-1} > 0 \\ e^A \exp\left(\dfrac{\alpha_1 - \gamma_1}{\sigma_u} \varepsilon_{t-1} \right), & \varepsilon_{t-1} < 0 \end{cases} \tag{7.3.4}$$

其中 $A = \omega + \beta_1 \ln \sigma_u^2 - \gamma_1 \sqrt{\dfrac{2}{\pi}}$，也就是说 EGARCH 模型中条件方差采用了自然对数形式，意味着其对应的杠杆效应是指数型.

依均值 GARCH 模型 (GARCH in mean，GARCH-M) 是在 GARCH 模型上对时间序列 $\{X_t\}$ 的均值方程上增加与波动 σ_t 相关的一项而得到的，其结构如下：

$$X_t = \varphi_1 X_{t-1} + \varphi_2 X_{t-2} + \cdots + \varphi_m X_{t-m} + g(\sigma_t) + \varepsilon_t$$
$$\varepsilon_t = \sigma_t e_t \qquad\qquad\qquad\qquad (7.3.5)$$
$$\sigma_t^2 = \omega + \sum_{i=1}^{q} a_i \varepsilon_{t-i}^2 + \sum_{j=1}^{p} \beta_j \sigma_{t-j}^2$$

式中 $g(\sigma_t)$ 是新增加的一项，是波动的函数，通常取 $g(\sigma_t) = \gamma \sigma_t$，$g(\sigma_t) = \gamma \sigma_t^2$ 或 $g(\sigma_t) = \gamma \log(\sigma_t)$，式中 $\{\varepsilon_t\}$ 是残差时间序列，$\{e_t\}$ 是独立同期望为 0、方差为 1 的某一分布的扰动序列.

为保证方差为正，绝对值 GARCH 模型 (absolute GARCH，ABS-GARCH 模型) 被提出，其方差方程是基于残差的绝对值来构造，相应的结构为

$$\sigma_t^2 = \omega + \sum_{i=1}^{q} \alpha_i |\varepsilon_{t-i}| + \sum_{j=1}^{p} \beta_j \sigma_{t-j}^2 \qquad\qquad (7.3.6)$$

其中 $\omega > 0$，$\alpha_j \geqslant 0, j = 1,2,\cdots,q$，$\beta_j \geqslant 0, j = 1,2,\cdots,p$，$\sum_{j=1}^{q} a_j + \sum_{j=1}^{p} \beta_j < 1$，$\alpha_j, j = 1,2,\cdots,q$ 称为 ARCH 项，$\beta_j, j = 1,2,\cdots,p$ 称为 GARCH 项.

PGARCH 模型 (power generalized autoregressive conditional heteroskedastic model) 是 1993 年 Ding 提出的，其条件方差为

$$\sigma_t^k = \omega + \sum_{i=1}^{q} a_i (|\varepsilon_{t-i}| - \gamma_i \varepsilon_{t-i})^k + \sum_{j=1}^{p} \beta_j \sigma_{t-j}^k \qquad\qquad (7.3.7)$$

其中 $k > 0$，$|\gamma_j| < 1, j = 1,2,\cdots,r$，其余的 $\gamma_j = 0, j = r+1, r+2,\cdots,q$，参数 $\gamma_j (j = 1,2,\cdots,r)$ 来考察滞后 1 阶到 r 阶的非对称性和杠杆效应，如果对全部的 $\gamma_j = 0, j = 1,2,\cdots,r$，$r+1, r+2,\cdots,q$，那么，PGARCH 模型退化为对称的条件自回归异方差模型.

7.4 基于 R 软件的 GARCH 族模型建模

例 7.4.1 以 2019 年 1 月 1 日至 2019 年 12 月 30 日上证指数收盘价的对数收益率作为研究对象，进行异方差检验，建立各类 GARCH 模型，同时选用 AIC 值最小的模型用于预测.

解　在 R 软件中，有一个 "rugarch" 程序包，可以处理关于 GARCH 模型的参数估计、模型检验、预测等多种任务. 下面以具体实例来展示操作过程.

```
#加载包
library(xts)
library(zoo)
library(fBasics)
library(FinTS)
library(forecast)
library(rugarch)
#获取数据
library(pedquant)
szzs=md_stock("000001.SS",
             from="2019-01-01",to="2019-12-30",
             source="163",adjust=NULL)
#构造时间序列数据
library(xts)
data_time=data.frame(day=szzs$`000001.ss`$date,
      ssClose=szzs$`000001.ss`$close)
SHSS01=xts(data_time[,2],order.by = as.Date(data_time[,1]))
selectdata=window(SHSS01, start = as.Date("2019-01-01"),
                end = as.Date("2019-12-15"))
#转化
SHZS=as.ts(selectdata)
library(forecast)
ndiffs(log(SHZS))
#对数差分，得到收益率
rxs1=diff(log(SHZS))*100
par(mfrow=c(1,2))
plot(selectdata,xlab="time",ylab="index",main="Shanghai Composite
index")
plot(rxs1)
n=length(rxs1)
#基于 AIC 准则均值方程确立
armamodel=auto.arima(rxs1)
armamodel
plot(residuals(armamodel))
#Ljung-Box TEST
res2=residuals(armamodel)^2
```

```
plot(res2)
Box.test(res2, type = "Ljung-Box", lag = 12)
#ARCH TEST
LB=rep(0,15)
P=rep(0,15)
ch=rep("hetero",15)
for(i in 1:15) {
  resul=ArchTest(armamodel$residuals,lag = i)
  LB[i]=resul$statistic
  P[i]=resul$p.value
  if(P[i]>0.05){ch[i]=c("NO")
  }else{ch[i]=c("heteroscedasticity")}
}
data.frame(LB,P,ch)
#建立 GARCH 模型
myspec0=ugarchspec(
  mean.model = list(armaOrder = c(0,0), include.mean = TRUE),
  variance.model = list(model = "sGARCH", garchOrder = c(1, 1)),
  distribution.model = "norm" )
myfit0=ugarchfit(data=rxs1,myspec0)
coef(myfit0)
head(sigma(myfit0))
AIC0=-2*myfit0@fit$LLH/n+2*4
plot(myfit0,which="all")
myforecast0=ugarchforecast(myfit0,n.head=10)
#门限 TGARCHG 模型
myspec1=ugarchspec(
  mean.model = list(armaOrder = c(0,0), include.mean = T),
  variance.model = list(model = "fGARCH",
                        garchOrder = c(1, 1),submodel="TGARCH"),
  distribution.model = "norm" )
myfit1=ugarchfit(data=rxs1,myspec1)
coef(myfit1)
AIC1=-2*myfit1@fit$LLH/n+2*5
#gjrGarchg 模型
myspec2=ugarchspec(
    mean.model = list(armaOrder = c(0,0), include.mean = TRUE),
    variance.model = list(model ="gjrGARCH", garchOrder = c(1, 1)),
    distribution.model = "norm" )
```

```
myfit2=ugarchfit(myspec2,data=rxs1)
coef(myfit2)
AIC2=-2*myfit2@fit$LLH/n+2*5
#EGARCH
myspec3=ugarchspec(variance.model=list(model="eGARCH",garchOrder=c(1,1)),
                   mean.model=list(armaOrder=c(0,0),include.mean=T),
                   distribution.model="norm")
myfit3=ugarchfit(myspec3,rxs1)  #EGARCHG 模型参数估计
coef(myfit3)    #EGARCHG 模型参数
#GARCH-M 模型
myspec4=ugarchspec(
  mean.model = list(armaOrder = c(0,0), include.mean = TRUE,
                    archm = T, archpow = 1 ),
  variance.model = list(model = "sGARCH", garchOrder = c(1, 1)),
                    distribution.model = "norm" )
myfit4=ugarchfit(myspec4,rxs1)  #GARCH-M 模型参数估计
coef(myfit4)    #GARCHG-M 模型参数
#PGARCH
myspec5=ugarchspec(
  mean.model = list(armaOrder = c(0,0), include.mean = TRUE),
  variance.model = list(model = "apARCH", garchOrder = c(1, 1)),
  distribution.model = "norm" )
myfit5=ugarchfit(myspec5,rxs1)  #PGARCHG 模型参数估计
coef(myfit5)
#选用 GARCH 模型预测
myforecast0=ugarchforecast(myfit0,n.head=10)
plot(myforecast0)
```

　　首先调用了 R 软件中关于网络爬取股票数据的 "pedquant" 程序包, 通过调用该程序包的主要函数 "md_stock", 从网易财经爬取上证指数的数据, 并选取上证指数的收盘价作为研究对象.

　　从网易财经爬取到的数据是 "xts" 类型数据, 由于 "xts" 类型数据处理起来比较不方便, 调用 "as.ts" 将采样数据转为 "ts" 类型数据. 调用 "plot" 可以绘制 "xts" 类型和 "ts" 数据所对应的图像, 图像如图 7.4.1 所示.

　　图 7.4.1 的左边是采样后上证指数收盘价的时序图, 是 "xts" 类型数据的图形, 横轴标明所对应的时间, 并画上了间距为 200 的网格线. 图 7.4.1 的右边是采样后上证指数收益率的时序图, 是 "ts" 类型数据的图形, 横轴标明所对应的样本顺序. 从上证指数收益率的时序图中, 可以看出上证指数收益率具有波动时变性、波动持续性和波动聚集性, 有明显的异方差性.

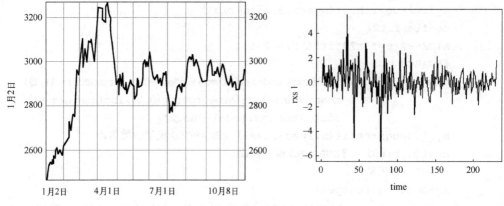

图 7.4.1   上证指数收盘价和收益率的时序图

调用"auto.arima"函数确定上证指数收益率的均值方程，并对所建立 ARMA 模型的残差平方时间序列采用 Ljung-Box Q 统计量进行异方差性检验，其结果如图 7.4.2 所示.

```
> Box.test(res2, type = "Ljung-Box", lag = 12)

        Box-Ljung test

data:  res2
X-squared = 28.618, df = 12, p-value = 0.004488
```

图 7.4.2   残差平方时间序列的自相关性检验

从滞后 12 阶的 Ljung-Box Q 统计量所对应的 P 值，可以看出残差平方时间序列具有高阶的自相关性，上证指数收盘价具有异方差的特征. 再调用"ArchTest"函数，对残差时间序列进行 ARCH 效应检验，其相应结果如图 7.4.3 所示.

```
> data.frame(LB,P,ch)
          LB          P             ch
1   0.1648393 0.684739634          NO
2   0.5212500 0.770569840          NO
3   0.5693394 0.903414127          NO
4   3.1529119 0.532569886          NO
5   6.4996701 0.260586645          NO
6   6.4875327 0.370844705          NO
7   6.5230505 0.480166105          NO
8   6.9350492 0.543656360          NO
9  23.2913363 0.005574134 heteroscedasticity
10 23.1246679 0.010295645 heteroscedasticity
11 23.1604122 0.016776605 heteroscedasticity
12 23.1522206 0.026461086 heteroscedasticity
13 24.1931750 0.029398937 heteroscedasticity
14 24.7324661 0.037302263 heteroscedasticity
15 26.6108855 0.032071367 heteroscedasticity
```

图 7.4.3   残差时间序列的 ARCH 效应检验结果

从图 7.4.3 的结果中，可以看出残差时间序列具有高阶的 ARCH 效应，因采用 GARCH 模型建模.

调用"ugarchspec"函数，设定所采用 GARCH 模型的均值方程、方差方程和分布方程的形式，"variance.model"表示的是方差方程，可以选用 GARCH，EGARCH，TGARCH，PGARCH，以及 GJR-GARCH 模型；"mean.model"表示的是均值方程，可以选用 ARMA 模型，也可以选用 GARCH-M 模型；"distribution.model"表示的是分布方程，可以选用标准正态分布，标准 t 分布，也可以选用 GED 分布.

在 GARCH 模型的类型设定好的基础上，调用"ugarchfit"对模型进行参数估计，并用"coef()"将参数估计的结果呈现出来.

调用"ugarchforecast"函数，可以对 GARCH 模型进行预测. 关于 GARCH 模型的预测请参考其他文献.

习　题　7

1. 对 2018 年 1 月—2020 年 10 月每月末的上证指数的收益率进行波动性研究和股市收益波动非对称性的研究.

2. 对美国 1963 年 4 月—1971 年 7 月每月短期国库券的月度收益率数据序列进行波动性研究和股市收益波动非对称性的研究.

第8章 向量自回归模型

在前面的章节里，主要学习一元时间序列. 然而，在分析实际数据的过程中，人们发现，仅凭借一元时间序列模型来处理问题还不够理想，还需考虑多元时间序列模型. 例如，在研究投资组合的分配时，往往不是考虑一只股票而是同时考虑多只股票，且多只股票的最优投资组合又与它们之间的相关性有着紧密联系. 这就需要建立多元时间序列模型. 多元时间序列模型也称为多维时间序列模型.

本章主要介绍向量自回归模型(vector autoregressive model)，简称 VAR 模型. VAR 模型是多元时间序列模型中最重要的模型之一，是研究多元时间序列动态相依性的有力工具，是从一元自回归模型到多元时间序列模型的一个自然推广，在描述经济和金融时间序列的动态行为以及做预测时特别实用，比起一元时间序列模型，能提供更优越的预测效果.

8.1 VAR 模型

8.1.1 VAR 模型的基本概念

多元时间序列，也常常被称为多维时间序列，也就是 t 时刻有多个相互作用的时间序列，常用 $Y_t = (Y_{1t}, Y_{2t}, \cdots, Y_{mt})^{\mathrm{T}}$，$t = 0, \pm 1, \pm 2, \cdots$ 来表示 m 维时间序列. 向量自回归模型是由著名计量经济学家克里斯托弗·西姆斯(Christopher Sims)于 1980 年提出的描述多维时间序列的一类模型. 向量自回归模型用非结构性方法来描述多维时间序列之间的动态影响关系，不需要严格的经济理论作为建模依据，只需确定两点：①模型包括的相互影响的时间序列维数；②模型的滞后阶数，就能反映多维时间序列间之间的动态相依性.

定义 8.1.1 考虑一个滞后 p 阶的 m 维向量自回归模型，简称 VAR(p) 模型，其定义为

$$Y_t = C + \Pi_1 Y_{t-1} + \Pi_2 Y_{t-2} + \cdots + \Pi_p Y_{t-p} + \varepsilon_t \tag{8.1.1}$$

其中 $Y_t = (Y_{1t}, Y_{2t}, \cdots, Y_{mt})^{\mathrm{T}}, C = (C_1, C_2, \cdots, C_m)^{\mathrm{T}}$，$\varepsilon_t = (\varepsilon_{1t}, \varepsilon_{2t}, \cdots, \varepsilon_{mt})^{\mathrm{T}}$，

$$\Pi_j = \begin{bmatrix} \pi_{11,j} & \pi_{12,j} & \cdots & \pi_{1m,j} \\ \pi_{21,j} & \pi_{22,j} & \cdots & \pi_{2m,j} \\ \vdots & \vdots & & \vdots \\ \pi_{m1,j} & \pi_{m2,j} & \cdots & \pi_{mm,j} \end{bmatrix}, \quad j = 1, 2, \cdots, p$$

简写为

$$\Pi(B)Y_t = C + \varepsilon_t \tag{8.1.2}$$

其中 $\Pi(B) = I - \Pi_1 B - \Pi_2 B^2 - \cdots - \Pi_p B^p$ 为滞后算子 B 的多项式矩阵(lag polynomial matrix)，刻画 m 维时间序列之间的动态相依性. ε_t 是 $m \times 1$ 的向量白噪声(vector white noise)，满足如下等式

$$
\begin{aligned}
E(\varepsilon_t) &= (0,0,\cdots,0)^{\mathrm{T}} \\
E(\varepsilon_t \varepsilon_t^{\mathrm{T}}) &= \Omega \\
E(\varepsilon_t \varepsilon_s^{\mathrm{T}}) &= 0_m, \quad t \neq s
\end{aligned} \tag{8.1.3}
$$

其中 Ω 为 $m \times m$ 的方差协方差矩阵，0_m 为 m 维的零方阵.

对于滞后 p 阶的 m 维向量自回归模型，ε_t 常被称为随机扰动项，它是 $m \times 1$ 的向量白噪声，也就说要求随机扰动项 ε_t 均值为零，其协方差阵 Ω 不随时间 t 变化，是对称的半正定矩阵. 在实际应用中，经常会遇到随机扰动项 ε_t 中任何一项都不是其他扰动项的线性组合，因此，一般情况下，方差协方差阵 Ω 不仅是半正定的，而且是秩为 m 的正定矩阵，即 $E(\varepsilon_{it}\varepsilon_{jt}) \neq 0,$，$E(\varepsilon_{it}\varepsilon_{js}) = 0, \forall t \neq s, \forall i, j = 1,2,\cdots,m$. 为了进一步说明这一点，我们回到 $m = 2$ 的简单情形.

定义 8.1.2　考虑一个滞后 p 阶的二维向量自回归模型，其定义为

$$
\begin{bmatrix} Y_{1t} \\ Y_{2t} \end{bmatrix} = \begin{bmatrix} C_1 \\ C_2 \end{bmatrix} + \begin{bmatrix} \pi_{11,1} & \pi_{12,1} \\ \pi_{21,1} & \pi_{22,1} \end{bmatrix} \begin{bmatrix} Y_{1,t-1} \\ Y_{2,t-1} \end{bmatrix} + \begin{bmatrix} \pi_{11,2} & \pi_{12,2} \\ \pi_{21,2} & \pi_{22,2} \end{bmatrix} \begin{bmatrix} Y_{1,t-2} \\ Y_{2,t-2} \end{bmatrix}
$$

$$
+ \cdots + \begin{bmatrix} \pi_{11,p} & \pi_{12,p} \\ \pi_{21,p} & \pi_{22,p} \end{bmatrix} \begin{bmatrix} Y_{1,t-p} \\ Y_{2,t-p} \end{bmatrix} + \begin{bmatrix} \varepsilon_{1t} \\ \varepsilon_{2t} \end{bmatrix} \tag{8.1.4}
$$

矩阵形式为

$$Y_t = C + \Pi_1 Y_{t-1} + \cdots + \Pi_p Y_{t-p} + \varepsilon_t \tag{8.1.5}$$

其中 $Y_t = \begin{bmatrix} Y_{1t} \\ Y_{2t} \end{bmatrix}$, $C = \begin{bmatrix} C_1 \\ C_2 \end{bmatrix}$, $\Pi_k = \begin{bmatrix} \pi_{11,k} & \pi_{12,k} \\ \pi_{21,k} & \pi_{22,k} \end{bmatrix}$, $Y_{t-k} = \begin{bmatrix} Y_{1,t-k} \\ Y_{2,t-k} \end{bmatrix}$, $k = 1,2,\cdots,p$, $\varepsilon_t = \begin{bmatrix} \varepsilon_{1t} \\ \varepsilon_{2t} \end{bmatrix}$, 而且,

$$
E(\varepsilon_t \varepsilon_t^{\mathrm{T}}) = E\left(\begin{bmatrix} \varepsilon_{1t} \\ \varepsilon_{2t} \end{bmatrix} [\varepsilon_{1t}, \varepsilon_{2t}] \right) = \begin{bmatrix} E\varepsilon_{1t}\varepsilon_{1t} & E\varepsilon_{1t}\varepsilon_{2t} \\ E\varepsilon_{2t}\varepsilon_{1t} & E\varepsilon_{2t}\varepsilon_{2t} \end{bmatrix} = \Omega
$$

$$
E(\varepsilon_t \varepsilon_s^{\mathrm{T}}) = E\left(\begin{bmatrix} \varepsilon_{1t} \\ \varepsilon_{2t} \end{bmatrix} [\varepsilon_{1s}, \varepsilon_{2s}] \right) = \begin{bmatrix} E\varepsilon_{1t}\varepsilon_{1s} & E\varepsilon_{1t}\varepsilon_{2s} \\ E\varepsilon_{2t}\varepsilon_{1s} & E\varepsilon_{2t}\varepsilon_{2s} \end{bmatrix} = 0_2, \quad t \neq s
$$

二维 VAR 模型描述了二维时间序列之间的相互影响的动态关系，m 维向量自回归模型描述了 m 维时间序列之间的相互影响的动态关系，其本质是每个时间序列都对其自

身的滞后期以及其他所有时间序列的滞后期进行回归. 所以, 一个 m 维的 $\text{VAR}(p)$ 模型, 假如考虑回归常数向量 C, 那么该系统一共含有的系数个数为 $m(mp+1)$.

8.1.2　VAR 模型的稳定性条件

定义 8.1.3　如果多维时间序列满足以下条件:

$$
\begin{aligned}
EY_t &= (\mu_1, \mu_2, \cdots, \mu_m)^\text{T} = \mu \\
E[(Y_t - \mu)(Y_t - \mu)^\text{T}] &= \Gamma_0 \\
E[(Y_t - \mu)(Y_{t-j} - \mu)^\text{T}] &= \Gamma_j
\end{aligned}
\tag{8.1.6}
$$

其中, $\mu_i = E(Y_{it}), i=1,2,\cdots,m$, $\mu=(\mu_1,\mu_2,\cdots,\mu_m)^\text{T}$ 是 $m \times 1$ 列向量, Γ_j 是 $m \times m$ 的方阵, 是多维时间序列 $Y_t=(Y_{1t},Y_{2t},\cdots,Y_{mt})^\text{T}$ 滞后 j 期的向量自协方差矩阵, 该自协方差矩阵与起始时刻 t 和滞后时刻 $t-j$ 无关, 仅仅由时间间隔 j 决定, 此时所对应的多维时间序列为平稳的多维时间序列.

向量自回归模型所描述的多维时间序列并不一定是平稳的多维时间序列. 当向量自回归模型满足稳定性条件时, 可以采用向量自回归模型刻画平稳的多维时间序列. 下面以滞后一阶 $\text{VAR}(1)$ 模型为例, 引入 $\text{VAR}(p)$ 模型的稳定性条件.

对于 $\text{VAR}(1)$ 模型 $Y_t = C + \Pi_1 Y_{t-1} + \varepsilon_t$, 当 $t=1$ 时, 有

$$Y_1 = C + \Pi_1 Y_0 + \varepsilon_1$$

当 $t=2$ 时, 用迭代方式计算,

$$
\begin{aligned}
Y_2 &= C + \Pi_1 Y_1 + \varepsilon_2 = C + \Pi_1(C + \Pi_1 Y_0 + \varepsilon_1) + \varepsilon_2 \\
&= (I + \Pi_1)C + \Pi_1^2 Y_0 + \Pi_1 \varepsilon_1 + \varepsilon_2
\end{aligned}
$$

当 $t=3$ 时, 进一步迭代,

$$
\begin{aligned}
Y_3 &= C + \Pi_1 Y_2 + \varepsilon_3 = C + \Pi_1[(I + \Pi_1)C + \Pi_1^2 Y_0 + \Pi_1 \varepsilon_1 + \varepsilon_2] + \varepsilon_3 \\
&= (I + \Pi_1 + \Pi_1^2)C + \Pi_1^3 Y_0 + \Pi_1^2 \varepsilon_1 + \Pi_1 \varepsilon_2 + \varepsilon_3
\end{aligned}
$$

对于 $t=k$ 时, 按上述形式推导, 有

$$Y_k = (\Pi_1^0 + \Pi_1 + \Pi_1^2 + \cdots + \Pi_1^{k-1})C + \Pi_1^k Y_0 + \sum_{i=0}^{k-1} \Pi_1^i \varepsilon_{k-i}$$

其中 $\Pi_1^0 = I$. 通过上述变换, Y_k 表示成为截距向量 C、初始值向量 Y_0 和随机扰动序列 $\varepsilon_{k-i}(i=0,1,2,\cdots,k-1)$ 的函数, 所以,

(1) 设 $t=1$ 在第 1 期时, 对 C 加一个单位的冲击, 则到 $t=k$ 期的影响为 $(I + \Pi_1 + \Pi_1^2 + \cdots + \Pi_1^{k-1})$. 如果约束 $\text{VAR}(1)$ 模型中 Π_1 的所有元素的绝对值小于 1, 那么, 当 k

趋近于无穷大时，影响是一个有限的值 $(I-\Pi_1)^{-1}$.

(2)对初始值向量 Y_0 上加一个单位的冲击，那么到 k 期的影响为 Π_1^k. 如果约束 VAR(1) 模型中 Π_1 的所有元素的绝对值小于 1，那么，随着 k 趋近于无穷大，Π_1^k 趋近于零，影响逐渐消失.

(3)在约束 VAR(1) 模型中 Π_1 的所有元素的绝对值小于 1 的条件下，从 $\sum\limits_{i=0}^{k-1}\Pi_1^i\varepsilon_{k-i}$

项可以看出，离 k 期越远的随机扰动向量 ε_{k-i} 的冲击就越小. $\lim\limits_{k\to+\infty}\sum\limits_{i=0}^{k-1}\Pi_1^i=(I-\Pi_1)^{-1}$

称为长期乘子矩阵.

(4) VAR(1) 模型中 Π_1 的所有元素的绝对值小于 1，意味着 Π_1 的特征方程 $|I_m\lambda-\Pi_1|=0$ 的所有特征根都落在单位圆以内.

(5)特征方程 $|I_m\lambda-\Pi_1|=0$ 的所有特征根都落在单位圆以内，这就是 VAR(1) 模型的稳定性条件. 满足稳定性条件，意味着 VAR(1) 模型描述的多维时间序列是平稳时间序列.

同理，VAR(p) 模型的**稳定性条件**是，特征方程

$$|\Pi(\lambda)| = |I_m\lambda^p - \Pi_1\lambda^{p-1} - \Pi_2\lambda^{p-2} - \cdots - \Pi_p| = 0 \tag{8.1.7}$$

的所有特征根都落在单位圆以内，或者表示成 $|\lambda_i|<1(i=1,2,\cdots,p)$，其中 $|\Pi(\lambda)|$ 表示求 m 维方阵的行列式，$|\lambda_i|$ 表示特征根 λ_i 的模. 当向量自回归模型满足稳定性条件，所描述的多维时间序列就满足平稳性条件，是平稳的多维时间序列.

8.1.3 VAR(p)模型与 VAR(1)模型的转化

实际上，可以利用一个矩阵将 VAR(p) 模型转化成 VAR(1) 的形式. 这样转换的主要原因是，在很多情况下，VAR(1)模型更容易分析其性质，更便于计算和推导.

已知一个平稳的 VAR(p) 模型，那么，$Y_t=(Y_{1t},Y_{2t},\cdots,Y_{mt})^{\mathrm{T}}$ 具有一个恒定不变的期望 $\mu=(\mu_1,\mu_2,\cdots,\mu_m)^{\mathrm{T}}$，对式 (8.1.1) 左右求期望得

$$\mu = C + \Pi_1\mu + \Pi_2\mu + \cdots + \Pi_p\mu$$

从而获得均值向量与系数矩阵之间的关系，即

$$\mu = (I_m - \Pi_1 - \Pi_2 - \cdots - \Pi_p)^{-1}C \tag{8.1.8}$$

这样，VAR(p)模型可以重新写成去除均值的形式，即

$$Y_t - \mu = C + \Pi_1 Y_{t-1} + \Pi_2 Y_{t-2} + \cdots + \Pi_p Y_{t-p} + \varepsilon_t - C - \Pi_1\mu - \Pi_2\mu - \cdots - \Pi_p\mu$$

化简得到

$$Y_t - \mu = \Pi_1(Y_{t-1} - \mu) + \Pi_2(Y_{t-2} - \mu) + \cdots + \Pi_p(Y_{t-p} - \mu) + \varepsilon_t \tag{8.1.9}$$

这是中心化的 **VAR(p)模型**. 下面，定义一个 $mp \times 1$ 的矩阵 $\overline{Y}_t$，即

$$\overline{Y}_t = \begin{bmatrix} Y_t - \mu \\ Y_{t-1} - \mu \\ \vdots \\ Y_{t-(p-1)} - \mu \end{bmatrix} \tag{8.1.10}$$

其中，$Y_{t-k} = [Y_{1,t-k}, Y_{2,t-k}, \cdots, Y_{m,t-k}]^{\mathrm{T}}$，$k = 0, 1, 2, \cdots, p-1$，$\mu = [\mu_1, \mu_2, \cdots, \mu_m]^{\mathrm{T}} = [EY_{1t},$ $EY_{2t}, \cdots, EY_{mt}]^{\mathrm{T}}$.

再定义一个 $mp \times mp$ 的矩阵

$$F = \begin{bmatrix} \Pi_1 & \Pi_2 & \Pi_3 & \cdots & \Pi_{p-1} & \Pi_p \\ I_m & 0_m & 0_m & \cdots & 0_m & 0_m \\ 0_m & I_m & 0_m & \cdots & 0_m & 0_m \\ 0_m & 0_m & I_m & \cdots & 0_m & 0_m \\ \vdots & \vdots & \vdots & & \vdots & \vdots \\ 0_m & 0_m & 0_m & \cdots & I_m & 0_m \end{bmatrix} \tag{8.1.11}$$

以及一个 $mp \times 1$ 的矩阵

$$V_t = \begin{bmatrix} \varepsilon_t \\ 0^* \\ \vdots \\ 0^* \end{bmatrix} \tag{8.1.12}$$

其中 I_m 为 m 维单位矩阵，0_m 为 m 维零方阵，$\varepsilon_t = [\varepsilon_{1t}, \varepsilon_{2t}, \cdots, \varepsilon_{mt}]^{\mathrm{T}}$，$0^* = [0, 0, \cdots, 0]^{\mathrm{T}}$ 是 $m \times 1$ 的零向量.

基于以上构造，VAR(p)模型可以重新写成 VAR(1)模型的形式，即

$$\overline{Y}_t = F\overline{Y}_{t-1} + V_t \tag{8.1.13}$$

其中，

$$\begin{cases} E[V_t V_t^{\mathrm{T}}] = E_{mp \times mp} \\ E[V_t V_s^{\mathrm{T}}] = 0_{mp}, \quad t \neq s \end{cases} \tag{8.1.14}$$

且

$$E_{mp \times mp} = \begin{bmatrix} \Omega & 0_m & \cdots & 0_m \\ 0_m & 0_m & \cdots & 0_m \\ \vdots & \vdots & & \vdots \\ 0_m & 0_m & \cdots & 0_m \end{bmatrix} \tag{8.1.15}$$

通过定义一个 $mp \times mp$ 的矩阵 F，将高阶 VAR(p)模型转化成 VAR(1)模型．上述 VAR(p)模型稳定性条件的导出，就是基于 VAR(p)模型转化成 VAR(1)模型得到的，所以，这种转化将高阶转化为低阶，分析也变得非常容易了．

8.1.4 VAR(p)模型的向量自相关函数

对于一个平稳的 VAR(p) 模型，其滞后 j 期的向量自协方差矩阵为

$$E[(Y_t - \mu)(Y_{t-j} - \mu)^{\mathrm{T}}]$$
$$= \Pi_1 E[(Y_{t-1} - \mu)(Y_{t-j} - \mu)^{\mathrm{T}}] + \Pi_2 E[(Y_{t-2} - \mu)(Y_{t-j} - \mu)^{\mathrm{T}}]$$
$$+ \cdots + \Pi_p E[(Y_{t-p} - \mu)(Y_{t-j} - \mu)^{\mathrm{T}}] + E[\varepsilon_t (Y_{t-j} - \mu)^{\mathrm{T}}]$$

由于向量白噪声过程 ε_t 与滞后期观测值之间是不相关的(与平稳一元时间序列模型 ARMA 模型类似的性质)，即 $E[\varepsilon_t (Y_{t-j} - \mu)^{\mathrm{T}}] = 0_m, j \geqslant 1$，所以，

$$\Gamma_j = E[(Y_t - \mu)(Y_{t-j} - \mu)^{\mathrm{T}}]$$
$$= \Pi_1 \Gamma_{j-1} + \Pi_2 \Gamma_{j-2} + \cdots + \Pi_p \Gamma_{j-p}, \quad j \geqslant 1 \tag{8.1.16}$$

另外，在式(8.1.16)中，有些下标 $j-i$ 可能为负值，所以相应地可能会出现负的滞后期的自协方差．由于这里处理的是向量，所以此时不能简单套用平稳 ARMA 模型情况下的 $R(-k) = R(k)$ 假设，实际上，在这里 $\Gamma_j \neq \Gamma_{-j}$，而是 $\Gamma_j^{\mathrm{T}} = \Gamma_{-j}$，即

$$\Gamma_j = E[(Y_t - \mu)(Y_{t-j} - \mu)^{\mathrm{T}}]$$
$$\Gamma_j^{\mathrm{T}} = E[(Y_{t-j} - \mu)(Y_t - \mu)^{\mathrm{T}}] \tag{8.1.17}$$
$$\Gamma_{-j} = E[(Y_{t-j} - \mu)(Y_t - \mu)^{\mathrm{T}}] = \Gamma_j^{\mathrm{T}}$$

对于 $j = 0$ 时，则有

$$\Gamma_0 = E[(Y_t - \mu)(Y_t - \mu)^{\mathrm{T}}]$$
$$= \Pi_1 E[(Y_{t-1} - \mu)(Y_t - \mu)^{\mathrm{T}}] + \Pi_2 E[(Y_{t-2} - \mu)(Y_t - \mu)^{\mathrm{T}}]$$
$$+ \cdots + \Pi_p E[(Y_{t-p} - \mu)(Y_t - \mu)^{\mathrm{T}}] + E[\varepsilon_t (Y_t - \mu)^{\mathrm{T}}]$$
$$= \Pi_1 \Gamma_{-1} + \Pi_2 \Gamma_{-2} + \cdots + \Pi_p \Gamma_{-p} + E[\varepsilon_t (Y_t - \mu)^{\mathrm{T}}]$$

对最后一项，我们有

$$E[\varepsilon_t (Y_t - \mu)^{\mathrm{T}}]$$
$$= \Pi_1 E[\varepsilon_t (Y_{t-1} - \mu)^{\mathrm{T}}] + \Pi_2 E[\varepsilon_t (Y_{t-2} - \mu)^{\mathrm{T}}] + \cdots + \Pi_p E[\varepsilon_t (Y_{t-p} - \mu)^{\mathrm{T}}] + E[\varepsilon_t \varepsilon_t^{\mathrm{T}}]$$
$$= 0_m + 0_m + \cdots + 0_m + \Omega = \Omega$$

所以，

$$\Gamma_0 = \Pi_1 \Gamma_{-1} + \Pi_2 \Gamma_{-2} + \cdots + \Pi_p \Gamma_{-p} + \Omega$$
$$= \Pi_1 \Gamma_1^{\mathrm{T}} + \Pi_2 \Gamma_2^{\mathrm{T}} + \cdots + \Pi_p \Gamma_p^{\mathrm{T}} + \Omega \tag{8.1.18}$$

综上所述，式(8.1.16)和(8.1.17)阐明了平稳的 $\mathrm{VAR}(p)$ 模型的滞后 j 期的向量自协方差矩阵、随机扰动向量方差协方差阵 Ω 与系数矩阵 $\Pi_j(j=1,2,\cdots,p)$ 之间的关系.

8.2　VAR 模型的估计与相关检验

8.2.1　VAR(p)模型的参数估计

在前面小节内容中，主要讲解了 VAR(p)模型的基本概念和相关性质，并无一例外地假设了 VAR 模型中的系数矩阵 $\Pi_j(j=1,2,\cdots,p)$ 是已知的. 在实际数据分析中，往往是利用观测数据去估计出系数矩阵 $\Pi_j(j=1,2,\cdots,p)$，因此接下来将介绍如何对 VAR 模型的系数矩阵进行估计.

在平稳的中心化 $\mathrm{VAR}(p)$ 模型 $Y_t=\Pi_1 Y_{t-1}+\Pi_2 Y_{t-2}+\cdots+\Pi_p Y_{t-p}+\varepsilon_t$ 中，随机扰动项 ε_t 是 m 维向量白噪声，满足如下等式：

$$E(\varepsilon_t)=(0,0,\cdots,0)^{\mathrm{T}}$$
$$E(\varepsilon_t \varepsilon_t^{\mathrm{T}})=\Omega$$
$$E(\varepsilon_t \varepsilon_s^{\mathrm{T}})=0_m, \quad t\neq s$$
$$E[\varepsilon_t Y_{t-j}^{\mathrm{T}}]=0, \quad j>0$$

同时假定 m 维随机扰动项服从 m 维正态分布，这样一来，向量自回归模型的模型系数矩阵 $\Pi_j(j=1,2,\cdots,p)$ 和 Ω 可以使用尤尔-沃克估计、最小二乘估计(ordinary least squares，OLS)，以及极大似然估计(MLE)来进行估计.

设 $y_t=(y_{1t},y_{2t},\cdots,y_{mt})^{\mathrm{T}}$，$t=1,2,\cdots,n$ 是长度为 n 的样本向量，下面分别简要地介绍一下这三种参数估计方法.

(1)尤尔-沃克估计方法.

在样本容量 n 足够大的情况下，向量自协方差矩阵的矩估计为

$$\hat{\Gamma}_h^{\mathrm{T}}=\frac{\sum_{t=p+1}^{n} y_t y_{t-h}^{\mathrm{T}}}{n-p}, \quad h=0,1,2,\cdots,p$$

这样一来，向量自回归模型系数矩阵的尤尔-沃克估计如下所示：

$$\hat{\Pi}=\begin{bmatrix}\hat{\Pi}_1^{\mathrm{T}}\\ \hat{\Pi}_2^{\mathrm{T}}\\ \vdots\\ \hat{\Pi}_p^{\mathrm{T}}\end{bmatrix}=\hat{A}^{-1}\hat{\Gamma}=\begin{bmatrix}\hat{\Gamma}_0 & \hat{\Gamma}_1 & \cdots & \hat{\Gamma}_{p-1}\\ \hat{\Gamma}_1^{\mathrm{T}} & \hat{\Gamma}_0 & \cdots & \hat{\Gamma}_{p-2}\\ \vdots & \vdots & & \vdots\\ \hat{\Gamma}_{p-1}^{\mathrm{T}} & \hat{\Gamma}_{p-2}^{\mathrm{T}} & \cdots & \hat{\Gamma}_0\end{bmatrix}^{-1}\begin{bmatrix}\hat{\Gamma}_1^{\mathrm{T}}\\ \hat{\Gamma}_2^{\mathrm{T}}\\ \vdots\\ \hat{\Gamma}_p^{\mathrm{T}}\end{bmatrix} \tag{8.2.1}$$

(2) 最小二乘估计法.

向量自回归模型的系数矩阵 $\Pi_1, \Pi_2, \cdots, \Pi_k$ 的最小二乘估计，就是求使表达式

$$Q(\Pi_1, \Pi_2, \cdots, \Pi_k) = \frac{1}{n} \sum_{t=p+1}^{n} \left(y_t - \sum_{j=1}^{p} \Pi_j y_{t-j} \right)^{\mathrm{T}} \left(y_t - \sum_{j=1}^{p} \Pi_j y_{t-j} \right) \tag{8.2.2}$$

的值达到最小的情况下的 $\hat{\Pi}_1, \hat{\Pi}_2, \cdots, \hat{\Pi}_p$ 作为 $\Pi_1, \Pi_2, \cdots, \Pi_p$ 的估计值. 显然, 系数矩阵 $\Pi_1, \Pi_2, \cdots, \Pi_k$ 的最小二乘估计为

$$\hat{\Pi} = \begin{bmatrix} \hat{\Pi}_1^{\mathrm{T}} \\ \hat{\Pi}_2^{\mathrm{T}} \\ \vdots \\ \hat{\Pi}_p^{\mathrm{T}} \end{bmatrix} = \hat{B}^{-1} \begin{bmatrix} \hat{\gamma}_1^{\mathrm{T}} \\ \hat{\gamma}_2^{\mathrm{T}} \\ \vdots \\ \hat{\gamma}_p^{\mathrm{T}} \end{bmatrix} = \begin{bmatrix} \hat{\gamma}_0 & \hat{\gamma}_1 & \cdots & \hat{\gamma}_{p-1} \\ \hat{\gamma}_1 & \hat{\gamma}_0 & \cdots & \hat{\gamma}_{p-2} \\ \vdots & \vdots & & \vdots \\ \hat{\gamma}_{p-1} & \hat{\gamma}_{p-2} & \cdots & \hat{\gamma}_0 \end{bmatrix}^{-1} \begin{bmatrix} \hat{\gamma}_1^{\mathrm{T}} \\ \hat{\gamma}_2^{\mathrm{T}} \\ \vdots \\ \hat{\gamma}_p^{\mathrm{T}} \end{bmatrix} \tag{8.2.3}$$

其中 $\hat{\gamma}_h^{\mathrm{T}} = \frac{1}{n} \sum_{t=p+1}^{n} y_t y_{t-h}^{\mathrm{T}}$, 同时协方差矩阵 Ω 的最小二乘估计为

$$\hat{\Omega} = \hat{\gamma}_0 - \hat{\Pi}^{\mathrm{T}} \hat{B} \hat{\Pi} = \frac{1}{n} \sum_{t=p+1}^{n} \hat{\varepsilon}_t \hat{\varepsilon}_t^{\mathrm{T}} \tag{8.2.4}$$

式中 $\hat{\varepsilon}_t = y_t - \hat{\Pi}_1 y_{t-1} - \hat{\Pi}_2 y_{t-2} - \cdots - \hat{\Pi}_p y_{t-p}$.

通过 (8.2.1) 和 (8.2.3) 可以看出，VAR 向量自回归模型的系数矩阵 $\Pi_1, \Pi_2, \cdots, \Pi_k$ 的最小二乘估计与用尤尔-沃克估计的形式是相同的，只不过式中向量自协方差矩阵的估计方法不尽相同. 当 n 足够大的时候，用上述两种方法估计的向量自协方差矩阵的值相差非常小，系数矩阵 $\Pi_1, \Pi_2, \cdots, \Pi_p$ 的估计值也相差非常小，这时尤尔-沃克估计和最小二乘估计等价.

(3) 极大似然估计.

假定随机扰动项 ε_t 服从 m 维正态分布，也就是 $\varepsilon_t \sim N(0, \Omega)$，那么对应的对数似然函数可以写成

$$\ln L(\Pi_1, \Pi_2, \cdots, \Pi_p, \Omega) = -\left(\frac{mn}{2} \right) \ln(2\pi) + \left(\frac{n}{2} \right) \ln |\Omega^{-1}|$$

$$- \frac{1}{2} \sum_{t=1}^{n} \left(y_t - \sum_{j=1}^{p} \Pi_j y_{t-j} \right)^{\mathrm{T}} \Omega^{-1} \left(y_t - \sum_{j=1}^{p} \Pi_j y_{t-j} \right) \tag{8.2.5}$$

要求使式 (8.2.5) 达到最大值，此时所对应的系数矩阵为其极大似然估计. 运用矩阵求导法则，得到 $\Pi_1, \Pi_2, \cdots, \Pi_p$ 的估计值为

$$\hat{\Pi}_k = \left[\sum_{t=1}^{n} y_{t-k} X_t^{\mathrm{T}}\right]\left[\sum_{t=1}^{n} X_t X_t^{\mathrm{T}}\right]^{-1}, \quad k = 1, 2, \cdots, p \tag{8.2.6}$$

其中 $X_t = \sum_{j=1}^{p} \hat{\Pi}_j y_{t-j}$ 是 $m \times 1$ 矩阵，$y_{t-j} = (y_{1,t-j}, y_{2,t-j}, \cdots, y_{m,t-j})^{\mathrm{T}}$，$j = 0, 1, 2, \cdots, p$．相应的协方差矩阵 Ω 的极大似然估计为

$$\hat{\Omega} = \hat{\gamma}_0 - \hat{\Pi}^{\mathrm{T}} \hat{B} \hat{\Pi} = \frac{1}{n} \sum_{t=p+1}^{n} \hat{\varepsilon}_t \hat{\varepsilon}_t^{\mathrm{T}} \tag{8.2.7}$$

可以看出，参数阵 $\Pi_1, \Pi_2, \cdots, \Pi_p$ 以及协方差矩阵 Ω 的极大似然估计和最小二乘估计均是等价的．

8.2.2　滞后阶数的选择

在建立向量自回归模型时，除了要满足稳定性条件外，还需要正确确定模型的滞后期 p．确定了模型的滞后期 p 后才能继续建立模型．如果滞后期 p 过小，会使随机扰动项的自相关性变得非常严重，甚至还会导致系数矩阵的估计是非一致的．在向量自回归模型中增大滞后阶数，可以消掉误差项中存在的自相关性，但此时需要估计的模型参数较多，使自由度减小，从而也影响向量自回归模型中参数估计量的有效性．所以，在进行滞后阶数选择的时候必须综合考虑，既要使得向量自回归模型的滞后项足够大，又要使得向量自回归模型的自由度也能够足够大，通常依据似然比估计量、AIC 值和 SC 值，来选择滞后阶数．

(1) 用似然比估计量（likelihood ratio，LR）来选择滞后阶数．

现在的目的是要检验假设：

H_0：m 维时间序列由 p 阶滞后的向量自回归模型生成

H_1：m 维时间序列由 $p+1$ 阶滞后的向量自回归模型生成

选择的似然比统计量如下所示：

$$\mathrm{LR} = 2[\ln L(\Pi, \hat{\Omega}_{p+1}) - \ln L(\Pi, \hat{\Omega}_p)] = n(\ln|\hat{\Omega}_{p+1}^{-1}| - \ln|\hat{\Omega}_p^{-1}|) \sim \chi^2(m^2) \tag{8.2.8}$$

其中 $\hat{\Omega}_p$ 表示滞后 p 阶向量自回归模型的残差向量的方差协方差矩阵的估计，$\hat{\Omega}_{p+1}$ 表示滞后 $p+1$ 阶向量自回归模型对应残差向量的方差协方差矩阵的估计．在给定的显著性水平 α 下，当 $\mathrm{LR} > \chi_{1-\alpha}^2(m^2)$ 的时候，就拒绝零假设 H_0，表明增大滞后阶数之后，能够明显增大对数似然函数的值；否则，表明增大滞后阶数不能显著地增大对数似然函数的取值．换句话来说，当似然比统计量的值大于临界值的时候，滞后阶数选择为 $p+1$．

当样本容量和被估计参数的个数相比不是十分大的时候，似然比统计量的有限

样本分布与 LR 渐近分布有非常大的差别, 所以, Sims 提出了一个修正的似然比检验来适应小样本的情况, 修正的似然比统计量为

$$\text{LR}^* = (n - m(p+1) - 1)\left(\ln\left|\hat{\Omega}_{p+1}^{-1}\right| - \ln\left|\hat{\Omega}_p^{-1}\right|\right) \sim \chi^2(m^2) \tag{8.2.9}$$

在给定的显著性水平 α 下, 当 $\text{LR}^* > \chi^2_\alpha(p^2)$ 的时候, 拒绝零假设, 滞后阶数选择为 $p+1$.

(2)用赤池信息准则选择滞后阶数.

针对平稳中心化的 VAR(p)模型 $Y_t = \Pi_1 Y_{t-1} + \Pi_2 Y_{t-2} + \cdots + \Pi_p Y_{t-p} + \varepsilon_t$, 当随机扰动项 ε_t 服从 m 维正态分布, 其赤池信息 AIC 的值为

$$\text{AIC} = \ln\left|\hat{\Omega}_p\right| + \frac{2m^2 p}{n} \tag{8.2.10}$$

式中 n 表示样本容量, p 表示滞后阶数, m 是多维时间序列的维数, $\hat{\Omega}_p$ 为随机扰动项的协方差矩阵估计值, $m^2 p$ 是 VAR 系统系数的总个数. 选择 p 值的原则是在增加 p 值的过程中使得 AIC 的值达到最小.

(3)用施瓦茨准则(Schwarz criterion, SC)来选择滞后阶数.

针对平稳中心化的 VAR(p)模型 $Y_t = \Pi_1 Y_{t-1} + \Pi_2 Y_{t-2} + \cdots + \Pi_p Y_{t-p} + \varepsilon_t$, 当随机扰动项 ε_t 服从 m 维正态分布时, 其施瓦茨准则 SC 的值为

$$\text{SC} = \ln|\hat{\Omega}_p| + \frac{m^2 p \ln n}{n} \tag{8.2.11}$$

式中变量的含义和赤池信息准则中变量的含义相同. 选择 p 值的原则是在增加 p 值的过程中使得 SC 的值达到最小.

8.2.3　采用向量自回归模型的注意点

向量自回归模型通过把系统中每一个内生变量作为系统中所有内生变量的滞后期的函数来构造模型, 从而回避了结构化模型的要求, 通常用于预测相互联系的时间序列系统以及分析随机扰动对变量系统的动态影响. 在采用向量自回归模型建立模型时, 需要注意以下几个问题.

(1)选用平稳时间序列还是选用非平稳时间序列来建立向量自回归模型.

有些计量经济学家, 如 Sims, Stock 和 Watson 提出, 非平稳时间序列可以放在 VAR 模型中, 他们认为, 如果原来的时间序列经过一阶差分后变成了平稳时间序列, 那么对差分后的平稳时间序列采用 VAR 模型建模, 可能会隐藏了许多非常有价值的原始时间序列之间的长期关系. 但是, 由于 VAR 模型采用的统计检验和统计推断要求分析的所有时间序列必须都是平稳的, 所以, 如果采用 VAR 模型对非平稳时间序列分析实际问题时, 则会带来统计推断方面的麻烦.

如果需要分析不同时间序列之间可能存在的长期均衡关系，则可以直接使用非平稳序列来建立 VAR 模型；如果需要分析不同时间序列之间短期的互动关系，则选用平稳时间序列来建立 VAR 模型. 一般情况下，都是对采用平稳时间序列来建立 VAR 模型. 对于非平稳序列，必须先进行差分或者去除趋势使其转化成对应的平稳序列，然后引入 VAR 模型进行分析，从而避免伪回归.

(2) VAR 模型中的变量选择.

向量自回归模型中选择哪些变量进行分析，一般来说没有确定性的严格规则. 变量的选择往往需要根据经济学、金融学理论，同时还需要考虑样本容量大小.

例如，如果央行研究人员希望分析货币政策与现实经济发展之间的互动关系，那么可以选择一个简单的二维 VAR 模型，一个时间序列能够反映货币政策，例如货币供应量增长率，另一个时间序列能反映真实经济发展状况，例如人均 GDP 增速，来研究相关问题.

由于 m 维的 VAR(p) 模型，在考虑回归常数向量 C 的条件下，估计参数个数为 $m(mp+1)$，维数较高，所以，通常情况采用二维 VAR 模型来建模.

8.3　格兰杰因果检验

从计量经济学发展的历史来看，格兰杰因果关系 (Granger causality) 的概念要早于向量自回归模型. 但是，格兰杰因果关系实质上就是利用了 VAR 模型来进行的系数矩阵的显著性检验，其本质就是用来检验某个时间序列的所有滞后项是否对另一个或者另几个时间序列的当期值存在影响.

正因为如此，格兰杰因果关系检验经常被解释为在向量自回归模型中，某个时间序列是否可以用来提高对其他时间序列的预测能力. 所以，格兰杰因果关系实质是一种"预测"关系，而不是字面意义上的"因果关系".

为了介绍格兰杰因果关系检验，考虑一个简单的二维 VAR(p) 模型，即

$$\begin{bmatrix} Y_{1t} \\ Y_{2t} \end{bmatrix} = \begin{bmatrix} C_1 \\ C_2 \end{bmatrix} + \begin{bmatrix} \pi_{11,1} & \pi_{12,1} \\ \pi_{21,1} & \pi_{22,1} \end{bmatrix} \begin{bmatrix} Y_{1,t-1} \\ Y_{2,t-1} \end{bmatrix} + \cdots + \begin{bmatrix} \pi_{11,p} & \pi_{12,p} \\ \pi_{21,p} & \pi_{22,p} \end{bmatrix} \begin{bmatrix} Y_{1,t-p} \\ Y_{2,t-p} \end{bmatrix} + \begin{bmatrix} \varepsilon_{1t} \\ \varepsilon_{2t} \end{bmatrix} \tag{8.3.1}$$

基于以上模型，如果式 (8.3.1) 里矩阵的左上角元素全为零，则我们说 Y_{2t} 不是 Y_{1t} 的格兰杰因果关系，即对应的原假设是

$$H_0 : \pi_{12,1} = \pi_{12,2} = \cdots = \pi_{12,p} = 0$$

当原假设成立时，式 (8.3.1) 的约束条件下的形式为

$$
\begin{bmatrix} Y_{1t} \\ Y_{2t} \end{bmatrix} = \begin{bmatrix} C_1 \\ C_2 \end{bmatrix} + \begin{bmatrix} \pi_{11,1} & 0 \\ \pi_{21,1} & \pi_{22,1} \end{bmatrix} \begin{bmatrix} Y_{1,t-1} \\ Y_{2,t-1} \end{bmatrix} + \begin{bmatrix} \pi_{11,2} & 0 \\ \pi_{21,2} & \pi_{22,2} \end{bmatrix} \begin{bmatrix} Y_{1,t-2} \\ Y_{2,t-2} \end{bmatrix}
$$
$$
+ \cdots + \begin{bmatrix} \pi_{11,p} & 0 \\ \pi_{21,p} & \pi_{22,p} \end{bmatrix} \begin{bmatrix} Y_{1,t-p} \\ Y_{2,t-p} \end{bmatrix} + \begin{bmatrix} \varepsilon_{1t} \\ \varepsilon_{2t} \end{bmatrix} \tag{8.3.2}
$$

根据样本数据,可分别获得无约束条件下模型(unrestrained model)(8.3.1)和有约束条件下模型(restrained model)(8.3.2)的估计结果,记各自对应残差的方差协方差矩阵为 $\hat{\Omega}_u$ 和 $\hat{\Omega}_r$,可构造似然比统计量来检验,

$$
\text{LR} = (n - \kappa)(\ln|\hat{\Omega}_r| - \ln|\hat{\Omega}_u|) \tag{8.3.3}
$$

其中 κ 表示无约束条件模型(8.3.1)中所有系数个数,这里统计量 LR 服从自由度为 p 的 χ^2 分布的统计量. 若原假设被拒绝,那么就说 Y_{2t} 不是 Y_{1t} 的格兰杰因果关系,从实质上讲,这里检验的是一个时间序列是否对另一个时间序列有预测能力,因此在使用这一检验的过程中,始终应该认识到格兰杰因果关系检验的这一实质.

上面的例子中,介绍了检验 Y_{2t} 是否是 Y_{1t} 的格兰杰因果关系. 同样地,也可以反过来检验 Y_{1t} 是否是 Y_{2t} 的格兰杰因果关系. 这一检验,首先估计下面有约束条件模型

$$
\begin{bmatrix} Y_{1t} \\ Y_{2t} \end{bmatrix} = \begin{bmatrix} C_1 \\ C_2 \end{bmatrix} + \begin{bmatrix} \pi_{11,1} & \pi_{21,1} \\ 0 & \pi_{22,1} \end{bmatrix} \begin{bmatrix} Y_{1,t-1} \\ Y_{2,t-1} \end{bmatrix} + \begin{bmatrix} \pi_{11,2} & \pi_{21,2} \\ 0 & \pi_{22,2} \end{bmatrix} \begin{bmatrix} Y_{1,t-2} \\ Y_{2,t-2} \end{bmatrix}
$$
$$
+ \cdots + \begin{bmatrix} \pi_{11,p} & \pi_{21,p} \\ 0 & \pi_{22,p} \end{bmatrix} \begin{bmatrix} Y_{1,t-p} \\ Y_{2,t-p} \end{bmatrix} + \begin{bmatrix} \varepsilon_{1t} \\ \varepsilon_{2t} \end{bmatrix}
$$

得到约束条件模型的方差协方差矩阵 $\hat{\Omega}_r^*$,然后再利用式(8.3.3)对应的似然比统计量来判断是否拒绝对应的原假设. 通常在一些统计软件中,进行格兰杰因果关系检验后,会给出似然比检验对应的统计量和 P 值,人们可根据这些结果和预先设定的显著性水平进行统计推断.

8.4　基于 R 软件的 VAR 模型建模

例 8.4.1　选用 R 软件中的数据集"Canada"来建立 VAR 模型. 该数据集是 1980 年第 1 季度到 2000 年第 4 季度加拿大的宏观经济变量的时间序列,包括加拿大的就业率(Canadian employment rate)、劳动生产率(labour productivity)、实际工资(the real wage)、失业率(unemployment rate),分别用"e, prod, rw, u"来表示这四个宏观经济变量的时间序列,选用 VAR 模型对其建模,并进行格兰杰因果检验.

解　在 R 软件中,有一个"vars"程序包,可以处理关于 VAR 模型的参数估计、模型定阶、模型检验、预测、格兰杰因果检验等多种任务. 下面以具体实例来展示操作过程.

```
# 调用所需函数包，需先下载并安装
library(zoo)
library(vars)
library(tseries)
#调入数据
data(Canada)
head(Canada)
a=c(mean(Canada[,1]),mean(Canada[,2]),
    mean(Canada[,3]),mean(Canada[,4]))
#单位根检验
adf.test(Canada[,1])
adf.test(Canada[,2])
adf.test(Canada[,3])
adf.test(Canada[,4])
#自相关系数和互相关系数
par(mfrow=c(3,1))
acf(Canada[,1],col='red',lwd=3,main='就业率的自相关函数')
acf(Canada[,2],col='red',lwd=3,main='劳动生产率的自相关函数')
ccf(Canada[,1],Canada[,2],col='red',lwd=3,main='就业率、劳动生产率
的跨项自相关函数')
#滞后阶数的确定
jie=VARselect(y=Canada, lag.max = 10,type = c("const"))
#模型建立与参数估计
var.1c=VAR(Canada,lag.max=4,ic="AIC")
summary(var.1c)
var.2c=VAR(Canada, p = 2, type = "const")
summary(var.2c)
coef(var.2c)
#特征根检验
roots(var.2c)
#格兰杰因果检验
grangertest(Canada[,1]~Canada[,2])
causality(var.2c, cause = "e")
```

当我们调用"vars"库的数据"Canada"，读取到四个宏观经济变量的时间序列后，首先用"adf.test"进行了单位根检验，判断时间序列的平稳性，然后用"acf, ccf"分别展示了它们各自的自相关函数和它们之间的跨项互相关函数，如图 8.4.1 所示.

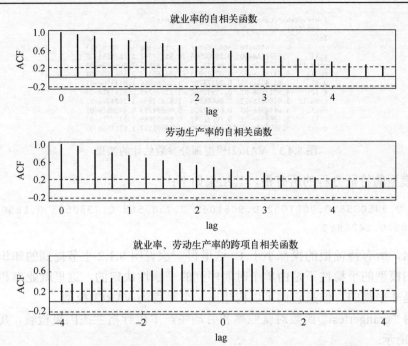

图 8.4.1　就业率和劳动生产率的自相关函数和跨项互相关函数

由图 8.4.1 可见，就业率和劳动生产率存在明显趋势，表现出非平稳性，跨项之间的相关性也较显著，可尝试建立 VAR 模型．调用"VARselect"在 AIC，SC 等准则下选择带截距项的四维向量自回归模型的最佳滞后阶数，其结果如图 8.4.2 所示．

```
> jie=VARselect(y=Canada, lag.max = 10, type = c("const"))
> jie
$selection
AIC(n)  HQ(n)  SC(n) FPE(n)
     3      2      1      3
```

图 8.4.2　基于 AIC 等准则选择滞后阶数的结果

从上可以看出，在 AIC 的准则下滞后阶数选择为 3，在 HQ 准则下滞后阶数选择为 2．选用"VAR(Canada,lag.max=4,ic="AIC")"建立了带截距项的四维向量自回归模型，其模型结果用"summary(var.1c)"来呈现；选用"VAR(Canada, p = 2, type = "const")"建立滞后 2 阶的带截距项的四维向量自回归模型，模型的部分结果如图 8.4.3 所示．

从估计的结果可以看出，一、二阶的滞后项为显著的．选用滞后 2 阶的带截距项的四维向量自回归模型能刻画这四个宏观经济变量之间的动态影响关系．

此外，还需要对所建立模型的平稳性进行检验，根据 8.1.2 小节知识，需要考察特征方程的根是否都落在单位圆内，通过 R 软件"roots"函数，可计算到所建立的

```
> var.2c=VAR(Canada, p = 2, type = "const")
> coef(var.2c)
$e
             Estimate  Std. Error     t value      Pr(>|t|)
e.l1       1.637821e+00 0.15000905 10.91814542 5.282588e-17
prod.l1    1.672717e-01 0.06113783  2.73597675 7.804027e-03
rw.l1     -6.311863e-02 0.05523873 -1.14265185 2.569170e-01
U.l1       2.655848e-01 0.20279708  1.30960846 1.944350e-01
e.l2      -4.971338e-01 0.15952604 -3.11631749 2.618341e-03
prod.l2   -1.016501e-01 0.06606918 -1.53853994 1.282402e-01
rw.l2      3.844492e-03 0.05552228  0.06924233 9.449861e-01
U.l2       1.326893e-01 0.20732747  0.63999869 5.241771e-01
const     -1.369984e+02 55.84807320 -2.45305597 1.655354e-02
```

图 8.4.3　VAR(2)模型部分参数估计的结果

VAR(2)模型的特征方程的所有根,其结果如下:

0.9950338 0.9081062 0.9081062 0.7380565 0.7380565 0.1856381
0.1428889 0.1428889

可以看出,所有特征根的模都小于 1. 这里再一次说明 8.1.2 小节提到的知识,即向量自回归模型的平稳性不是由单个时间序列的平稳性决定的,这里就业率和劳动生产率都是非平稳的,但是它们可以构建出一个平稳的 VAR(2)模型.

调用"grangertest"函数对就业率和劳动生产率进行格兰杰因果检验,其结果如图 8.4.4 所示.

```
> grangertest(Canada[,1]~Canada[,2])
Granger causality test

Model 1: Canada[, 1] ~ Lags(Canada[, 1], 1:1) + Lags(Canada[, 2], 1:1)
Model 2: Canada[, 1] ~ Lags(Canada[, 1], 1:1)
  Res.Df Df     F    Pr(>F)
1     80
2     81 -1 27.93 1.063e-06 ***
---
Signif. codes:  0 '***' 0.001 '**' 0.01 '*' 0.05 '.' 0.1 ' ' 1
```

图 8.4.4　就业率和劳动生产率的格兰杰因果检验的结果

上述结果是基于就业率和劳动生产率两个宏观经济时间序列进行的格兰杰因果检验,从 P 值可以看出,就业率和劳动生产率之间存在格兰杰因果关系. 同样可以调用"causality"函数,此时是基于滞后 2 阶的带截距项的四维向量自回归模型进行格兰杰因果检验,其结果如图 8.4.5 所示.

```
> causality(var.2c, cause = "e")
$Granger

        Granger causality H0: e do not Granger-cause prod rw U

data:  VAR object var.2c
F-Test = 6.2768, df1 = 6, df2 = 292, p-value = 3.206e-06


$Instant

        H0: No instantaneous causality between: e and prod rw U

data:  VAR object var.2c
Chi-squared = 26.068, df = 3, p-value = 9.228e-06
```

图 8.4.5　基于 VAR 模型的就业率、劳动生产率、实际工资、失业率的格兰杰因果检验

从 P 值可以看出,就业率是劳动生产率、实际工资、失业率的格兰杰因果.

习　题　8

观察新加坡 1980 年至 2020 年的就业率、失业率、劳动生产率、平均工资四个指标(请读者自主到相关网站下载数据),用所学知识和 R 语言建立恰当的四维 VAR(p)模型,并对模型加以诊断,再完成相应格兰杰因果检验.

参 考 文 献

安鸿志, 等. 1983. 时间序列的分析与应用. 北京: 科学出版社.

蔡瑞胸. 2012. 金融时间序列分析. 3 版. 北京: 人民邮电出版社.

何书元. 2004. 应用时间序列分析. 北京: 北京大学出版社.

罗伯特·H. 沙姆韦, 戴维·S. 斯托. 2020. 时间序列分析及其应用: 基于 R 软件实例. 原书第 4 版. 北京: 机械工业出版社.

潘红宇. 2006. 时间序列分析. 北京: 对外经济贸易大学出版社.

王黎明. 2022. 应用时间序列分析. 2 版. 上海: 复旦大学出版社.

王燕. 2020. 时间序列分析——基于 R. 2 版. 北京: 中国人民大学出版社.

王耀东, 等. 1996. 经济时间序列分析. 上海: 上海财经大学出版社.

王振龙, 胡永宏. 2017. 应用时间序列分析. 北京: 科学出版社.

沃尔特·恩德斯. 2017. 应用计量经济学: 时间序列分析. 原书第 4 版. 杜江, 译. 北京: 机械工业出版社.

吴喜之. 2018. 应用时间序列分析 R 软件陪同. 2 版. 北京: 机械工业出版社.

谢衷洁. 1990. 时间序列分析. 北京: 北京大学出版社.

薛毅, 陈立萍. 2020. 时间序列分析与 R 软件. 北京: 清华大学出版社.

易丹辉. 2018. 时间序列分析: 方法与应用. 2 版. 北京: 中国人民大学出版社.

詹姆斯·D. 汉密尔顿. 2015. 时间序列分析. 北京: 中国人民大学出版社.

Box G E P, Jenkins G M, Reinsel G C. 1997. 时间序列分析预测与控制. 3 版. 顾岚, 主译. 北京: 中国统计出版社.